彩图 1　故宫保和殿后云龙石雕

彩图 2　故宫汉白玉栏杆

彩图 3　隔扇门装饰（一）

彩图 4　隔扇门装饰（二）

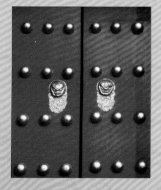

彩图 5　版门装饰

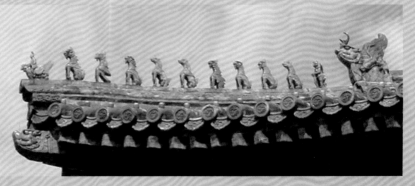

彩图 6　故宫太和殿檐角走兽

彩图 7 故宫太和门平棊天花及装饰

彩图 8 故宫万春亭内藻井

彩图 9 清代彩画（和玺、旋子、苏式）

彩图 10 砖雕装饰

彩图 11 北海九龙壁

彩图 12 故宫角楼

彩图 13 天坛祈年殿

彩图 14 垂花门

彩图 15 苏州拙政园小飞虹

彩图 16 颐和园长廊

彩图 18 南京中山陵

彩图 17 避暑山庄烟雨楼

彩图 19 上海中心大厦

彩图 20 北京大兴国际机场

彩图 21 国家速滑馆（冰丝带）

彩图 22 首钢滑雪大跳台（雪飞天）

彩图 24 人民大会堂满天星顶棚

彩图 23 人民大会堂

彩图 25 广州白天鹅宾馆故乡水中庭

彩图 26 北京香山饭店

彩图 27 巴黎圣母院彩色玫瑰窗

彩图 28 法国凡尔赛宫镜厅

彩图 29 苏比斯府邸公主沙龙

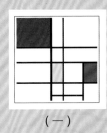

（一）

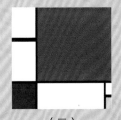

（二）

彩图 30 蒙德里安作品

彩图 31 红蓝椅

彩图 32 水晶宫内景（油画）

彩图 33 巴特罗公寓

彩图 34　法国朗香教堂

彩图 35　西班牙巴塞罗那博览会德国馆

彩图 36　美国流水别墅

彩图 37　蓬皮杜文化与艺术中心

彩图 38　澳大利亚悉尼歌剧院

彩图 39　美国新奥尔良"意大利广场"

全国优秀教材二等奖

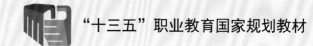

"十三五"职业教育国家规划教材

高职高专土建专业"互联网+"创新规划教材

全新修订

第三版

中外建筑史

主编◎袁新华　焦　涛
参编◎杨　扬　毛雪雁
　　　焦　通
主审◎郑　欣

北京大学出版社
PEKING UNIVERSITY PRESS

内 容 简 介

本书根据高等职业教育的特点以及高职高专建筑设计类专业的培养目标和教学要求编写而成。本书包括 20 讲，主要讲述了中外建筑的起源与发展概况，对中国古建筑发展、古建筑特征、各建筑类型及近代建筑，外国各历史阶段最具代表性的建筑风格、建筑流派、代表人物与代表作品进行了详细的阐述和分析。本书脉络清晰，重点突出，内容精练，图文并茂，言简意赅，通俗易懂。

本书可作为高职高专建筑设计、城乡规划、室内设计、装饰艺术设计及建筑装饰工程技术等专业的教学用书，也可作为设计人员的岗位培训教材、参考书或阅读资料。

图书在版编目（CIP）数据

中外建筑史/袁新华，焦涛主编. —3 版. —北京：北京大学出版社，2017.9
（高职高专土建专业"互联网+"创新规划教材）
ISBN 978-7-301-28689-0

Ⅰ. ①中… Ⅱ. ①袁… ②焦… Ⅲ. ①建筑史—世界—高等职业教育—教材 Ⅳ. ①TU-091

中国版本图书馆 CIP 数据核字（2017）第 214115 号

书　　　名	中外建筑史（第三版）
	ZHONGWAI　JIANZHUSHI（DI-SAN BAN）
著作责任者	袁新华　焦　涛　主编
策 划 编 辑	杨星璐
责 任 编 辑	伍大维
数 字 编 辑	蒙俞材
标 准 书 号	ISBN 978-7-301-28689-0
出 版 发 行	北京大学出版社
地　　　址	北京市海淀区成府路 205 号　100871
网　　　址	http://www.pup.cn　新浪微博：@北京大学出版社
电 子 邮 箱	编辑部 pup6@pup.cn　总编室 zpup@pup.cn
电　　　话	邮购部 010-62752015　发行部 010-62750672　编辑部 010-62750667
印 刷 者	河北滦县鑫华书刊印刷厂
经 销 者	新华书店
	787 毫米×1092 毫米　16 开本　20.25 印张　彩插 8　484.5 千字
	2009 年 9 月第 1 版　2014 年 2 月第 2 版　2017 年 9 月第 3 版
	2023 年 1 月全新修订　2023 年 8 月第 15 次印刷（总第 34 次印刷）
定　　　价	49.00 元

第三版 前言

　　建筑史知识是建筑设计、装饰设计、规划设计、室内设计等设计人员必备的建筑素养，其范围广博、内容纷繁芜杂。而高职高专建筑设计类专业的培养目标和教学特点，要求学生在非常有限的教学课时内，了解建筑史的基本知识，熟悉中外建筑的发展历程，掌握一些经典建筑设计风格、设计思想和案例，从中学习和借鉴优秀建筑实例的设计构思及处理手法，并能够应用于创作设计活动中。

　　本书紧扣高等职业教育的教学特点和高职高专建筑设计类专业的教学要求，对内容宽泛的建筑史知识进行概括提炼，抓纲理目，以 20 个讲座的形式，将中外建筑的发展脉络清晰地梳理出来，易于学生理解和掌握。尤其在讲座中，以案例分析的形式，对中外建筑的主要建筑类型、典型建筑风格与流派的经典实例和代表作品进行重点介绍，便于学生学习和借鉴其中的设计构思及处理手法。各学校各专业可根据教学需要和课时数的安排，灵活选择案例及其数量，以满足不同的教学要求。

　　本书在前两版的基础上进行修订的过程中，进一步结合高职学生的学习特点，使语言更加通俗易懂、配图更加形象直观，通过"特别提示"模块强调重点，通过"知识链接"模块对相关知识进行介绍，以激发学生的阅读兴趣，从而达到开阔其视野、拓展其思维、提高其建筑素养的目的。

　　为使读者了解更多的建筑史相关知识，拓展视野，编者搜集、整理了大量的图片、案例、视频等多种形式的学习素材，并通过"二维码"的形式添加在书中相关知识点旁边，读者可使用手机的"扫一扫"功能进行查看及学习。同时，编者也会根据行业发展，及时更新"二维码"所链接的资源，使书中内容与行业发展结合更加紧密。

　　本书由河南建筑职业技术学院袁新华、焦涛任主编；河南建筑职业技术学院杨扬、毛雪雁，中建七局装饰工程有限公司焦通参与编写；河南建筑职业技术学院郑欣任主审。本书在编写过程中参考了许多文献资料，在此对相关作者表示诚挚的感谢！

　　本书第一版由袁新华任主编，邢台职业技术学院赵秋菊和焦作大学吴书雷任副主编，日照职业技术学院谭婧婧、浙江广厦建设职业技术学院张伟孝和河南建筑职业技术学院杨扬参编，河南建筑职业技术学院郑欣任主审。此外，河南建筑职业技术学院的邓欣承担了一些图片编辑处理工作。本书第二版由袁新华、焦涛任主编，郑欣、杨扬、毛雪雁、焦通参编，河南省装饰装修行业管理办公室主任郝树华任主审。在此，向第一版和第二版的编者们表示衷心的感谢！

　　由于编者水平有限，书中难免有不足和疏漏之处，敬请各位读者批评指正。

编　者

2017 年 3 月

【资源索引】

目 录

第**1**讲

中国古建筑的主要特征

教学目标

　　了解中国古代建筑木构架结构体系的优点；掌握木构架的组成及主要结构构件的功能；掌握木构架的主要结构形式及各自的特点；掌握中国古代建筑在单体设计和群体组合上的典型特征；掌握中国古代建筑在门窗、屋面装饰、天花和藻井、色彩、彩画等方面的装饰特征。

教学要求

能力目标	知识要点	相关知识
能够简要分析中国古建筑的木构架结构形式、单体建筑、群体组合和装饰艺术特征	中国古建筑的木构特征	木构架结构体系的优缺点、木构架的组成、主要结构形式(叠梁式、穿斗式)及其特点
	中国古建筑的建筑特征	单体建筑特征、群体组合特征
	中国古建筑的装饰特征	门窗、屋面装饰、天花和藻井、色彩、彩画等

 课堂讨论

党的二十大报告提出"中华优秀传统文化源远流长、博大精深，是中华文明的智慧结晶"，中国传统建筑是中华优秀传统文化的重要组成部分，那么你知道中国古建筑为什么能屹立世界建筑之林？

引例

中国古建筑经过漫长的发展过程，形成了独特的建筑体系，以精巧的木构架结构、大屋顶的建筑形象、完美的建筑群体组合、精美的建筑装饰，展现出独特的建筑艺术魅力，屹立于世界建筑之林。

1.1 木 构 特 征

1.1.1 木构架的优点

中国古建筑在结构方面尽木材应用之能事，创造出独特的木结构形式，以此为骨架，既满足了实际的功能要求，同时又创造出了优美的建筑形体以及相应的建筑风格。

木构架之所以能成为中国长期广泛使用的主流建筑类型的主要结构体系，必然有其独特的优势，具体表现在以下几个方面。

(1) 承重与围护结构分工明确。房屋荷载由木构架来承担，外墙不承重，起遮风挡雨、保温隔热等围护作用。

(2) 适应性强。由于墙壁不承重，从而赋予建筑物以极大的灵活性。

(3) 有较强的抗震性能。木构架的组合采用榫卯连接，形成一定程度的可活动性，从而消减地震的破坏力，如河北蓟县独乐寺观音阁(图8.18和图8.19)，建于辽代(公元984年)，历经多次地震，至今仍巍然屹立。

(4) 施工速度快，维修方便，甚至可以整体搬迁。因木材加工较易，加上唐宋以后类似模数制的应用、构件式样的定型，使各构件可以同时加工，然后组合拼装。由于榫卯节点可拆卸，使更换构件，甚至整体拆卸搬迁都可以完成，如山西芮城永乐宫(图8.5)就是从山西芮城永乐镇整体搬迁至20余公里外的芮城县城北龙泉村。

但是，木构架体系也存在一些缺点，如木材消耗量大、易燃易朽，木构架属简支梁体系，难以适应更大、更复杂的空间需求，因而使其很难继续应用。

 **特别提示**

"墙倒屋不塌"形象地表达了中国木构架的结构特点。

【参考视频】

1.1.2 木构架的结构体系

1. 木构架的结构组成

在木构架体系中，木构架建筑的主要结构部分被称为"大木作"，它是木建筑形体和比例尺度的决定因素。

　　大木作由柱、梁、枋、檩、椽、斗栱等组成，如图1.1所示。其中，柱是垂直承重构件；梁(宋又称栿)是主要的水平受力构件；枋是柱上连接与承重的水平构件，起稳定柱梁和辅助承重的作用；檩(又称桁，宋称槫)承受屋面荷载，并将荷载传给梁和枋；椽垂直搁置在檩上，是直接承受屋面荷载的构件。

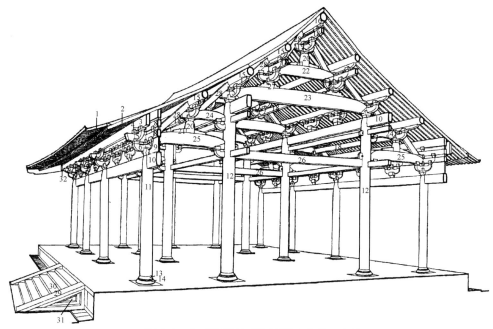

图 1.1　宋《营造法式》厅堂大木作示意图

1—飞子；2—檐椽；3—撩檐枋；4—斗；5—栱；6—华栱；7—栌斗；8—柱头枋；9—栱眼壁板；
10—阑额；11—檐柱；12—内柱；13—柱櫍；14—柱础；15—平槫；16—脊槫；17—替木；
18—襻间；19—丁华抹颏栱；20—蜀柱；21—合楷；22—平梁；23—四椽栿；24—劄牵；
25—乳栿；26—顺栿串；27—驼峰；28—叉手、托脚；29—副子；30—踏；31—象眼；32—生头木

　　斗栱是中国木构架建筑中特有的构件，主要作用是承托屋面荷载并传递给柱，同时又有很好的装饰作用。斗栱由方形的斗、升，矩形的栱，斜的昂组成，如图1.2所示。一组斗栱称作一朵(宋)或一攒(清)。

【参考视频】

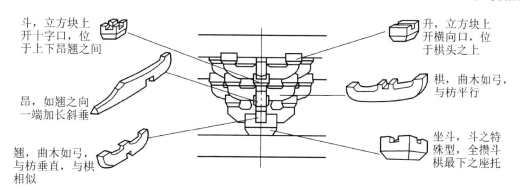

斗，立方块上开十字口，位于上下昂翘之间

升，立方块上开横向口，位于栱头之上

昂，如翘之向一端加长斜垂

栱，曲木如弓，与枋平行

翘，曲木如弓，与枋垂直，与栱相似

坐斗，斗之特殊型，全攒斗栱最下之座托

图 1.2　斗栱的组成

斗栱一般用于高级的官式建筑中，可分为外檐斗栱和内檐斗栱两大类。按照具体部位又分为柱头斗栱(宋称柱头铺作，清称柱头科)、柱间斗栱(宋称补间铺作，清称平身科)、转角斗栱(宋称转角铺作，清称角科)，如图 1.3 所示。

(a) 柱头斗栱　　　　　　　(b) 柱间斗栱　　　　　　　(c) 转角斗栱

图 1.3　斗栱的类型

斗栱的形象最早见于周代铜器；汉代斗栱的形式呈多样化；唐代，柱头斗栱有了很大发展，柱间斗栱依旧保留两汉以来的做法，这时期斗拱硕大，结构作用十分突出；至宋代斗栱已发展成熟，其尺度和形式已经统一，结构上的作用也发挥充分。经元至明清，斗栱的尺度逐渐减小，变得纤细而又丛密，结构作用减少，装饰作用加强。

 特别提示

斗栱不仅在结构和装饰方面起着重要作用，而且是衡量建筑及构件尺度的计量标准(宋规定了"材"，清以坐斗斗口宽度为标准)，还是封建社会森严等级制度中建筑等级的象征。

 课堂活动

分组用斗拱配件模型组装出一组斗拱。

 知识链接

【参考图文】

(1) 柱分为外柱、内柱两大类，按结构所处部位分为檐柱、中柱(处于脊下的柱)、金柱、山柱、角柱、童柱(没有落地的柱子)等；按形状又可分为直柱、梭柱、收分柱、瓜柱、束竹柱、盘龙柱等。

在柱的处理方面，宋辽建筑的檐柱由当心间向两端逐渐升高，每向外一间，檐柱升高 2 寸，称为"生起"(《营造法式》)，从而檐口形成缓和曲线。为了加强建筑的稳定性，柱子沿正侧两个方向微向内倾斜，而且越靠边的柱子倾斜得越明显。宋代建筑规定外檐柱在前后檐向内倾斜 10/1000，在两山向内倾斜 8/1000，角柱两个方向都倾斜。这种做法称为"侧脚"。

(2) 梁依部位分为大梁、抱头梁、抹角梁、递角梁、顺梁、扒梁、采步金梁等，依形状分为直梁和月梁。

草栿是在天花以上，未经艺术加工或处理，比较粗糙的，实际负荷屋盖重量的梁。明栿是天花以下的梁，露在外面，从下方可以看见。

(3) 枋分为额枋、平板枋、雀替 3 种。额枋(宋称阑额)是柱上联系与承重的水平构件。平板枋(宋称普拍枋)平置于额枋上，是用于承托斗栱的构件。雀替是置于梁枋下与柱相交的短木，起到缩短梁枋净跨距离的作用。

2. 木构架的结构形式

【参考视频】

中国木构建筑的结构体系有叠梁式、穿斗式、井干式 3 种结构形式。

1) 叠梁式

叠梁式又称抬梁式，是使用范围最广的一种构架形式。叠梁式的特点是在柱上搁置梁头，梁上置矮柱，矮柱支撑起较短的梁，梁头上搁置檩条，如此层叠而上，一般可达 3～5 根梁。叠梁式构架示意图如图 1.4 所示。当柱头有斗栱时，梁头搁在斗栱上。其优点是室内柱子少，可获得较大的室内空间，但梁、柱用料费。

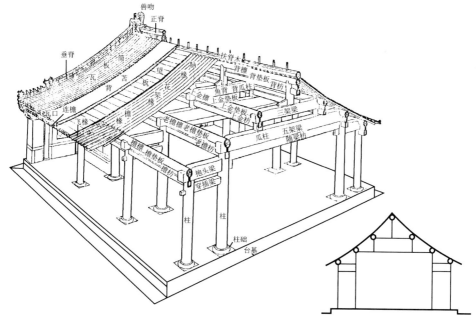

图 1.4　叠梁式构架示意图

叠梁式结构在春秋时期就已有应用，到唐代已发展成熟，如山西五台山佛光寺大殿。叠梁式多用于我国北方地区及宫殿、庙宇等规模较大的建筑。

2) 穿斗式

穿斗式的特点是沿房屋的进深方向立柱，用穿枋将柱子贯穿起来，形成一榀榀屋架；柱头上直接架檩，不用梁；每两榀屋架之间使用斗枋连接，如图 1.5 所示。其优点是用料较小、整体性强，山墙面抗风性能好；缺点是柱子较密，室内空间不够开阔。

穿斗式房屋在汉代画像石中就有其形象。穿斗式多用于南方地区，长江中下游地区至今还留有大量明清时期穿斗式构架的民居。南方规模较大的建筑多将穿斗式与叠梁式结合使用，彼此配合，相得益彰。

3) 井干式

井干式以圆木或矩形、六角形木料平行向上层层叠置，在转角处木料端部交叉咬合，形成房屋四壁，形如古代井上的木围栏，再在左右两侧壁上立矮柱承脊檩构成房屋，如图 1.6 所示。由于井干式结构耗用木材多，绝对尺度和门窗开设都受限制，因此仅用于少数森林地区。

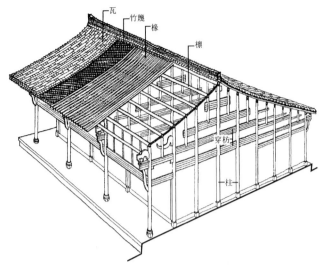
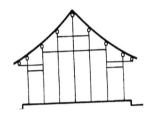

图 1.5　穿斗式构架示意图

图 1.6　井干式房屋

　　井干式早在商代墓椁中就已有应用，目前所见最早的井干式房屋形象及文献都属汉代。当今仅在东北林区、西南山区尚有井干式结构房屋。

1.2　建　筑　特　征

1.2.1　单体建筑特征

1. 以间为基本构成单位

　　间是木构建筑平面、空间和结构的基本单元。所谓间，是指相邻两榀屋架之间，由 4 根柱子围合的面积。建筑物的规模大小和形式就以间的大小、数量以及间的组合方式来确定。

木构建筑正面相邻檐柱之间的水平距离称为开间 (亦称面阔)，各开间之和称为通面阔。间的数量一般为单数，并有非常严格的等级制度，民间建筑多为 3、5 开间，宫殿、庙宇、官署多为 5、7 开间，十分尊贵的建筑用 9 开间，11 开间的目前仅见于明清太和殿、唐含元殿及麟德殿。间的名称从中间至两端分别称为"明间""次间""梢间""尽间"，9 间及以上的增加次间数。屋架上相邻两檩中心线的水平距离称为步(进深)，各步之和称为通进深。有时以建筑侧面间数表示通进深。木构建筑的"间"如图 1.7 所示。

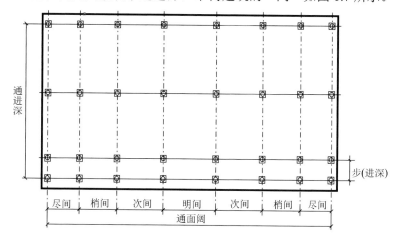

图 1.7 木构建筑的"间"

建筑的平面通常是长方形，特殊情况下也采取方形、八角形、圆形等；而园林中观赏用的建筑，则可以采取扇形、套环形等平面。

2. 独特的外观造型

我国古代单体建筑有一定的规格程式，无论建筑规模大小，其外观轮廓大致由台基、屋身、屋顶 3 部分组成，如图 1.8 所示。但单体建筑的外观造型极具特色且不乏变化，运用屋顶形式创造独特的艺术形象是我国古建筑重要的特征之一。各种屋顶组合而成的多种艺术形式，例如，柔和优美的屋面曲线、如鸟翼伸展的檐角、恰当的色彩与雕饰，使"大屋顶"成为古建筑独特的标志性造型。

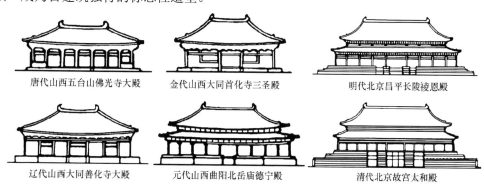

唐代山西五台山佛光寺大殿   金代山西大同首化寺三圣殿   明代北京昌平长陵祾恩殿

辽代山西大同善化寺大殿   元代山西曲阳北岳庙德宁殿   清代北京故宫太和殿

图 1.8 古建筑的外观组成

屋顶的形式有庑殿、歇山、悬山、硬山、攒尖、卷棚以及盝顶、盔顶等，每种形式又

有单檐、重檐之分，并可组合成多种形式，如图1.9所示。

庑殿为四坡顶，有一条正脊和4条垂脊，屋面稍有弧度，又称为"四阿顶"。庑殿出现较早，后成为屋顶样式中等级最高的一种，一般用于宫殿、庙宇中最主要的殿堂，特别隆重的用重檐形式。

歇山由1条正脊、4条垂脊、4条戗脊组成，故称为九脊殿。它的等级仅次于庑殿顶。

悬山是两坡顶的一种，其屋面悬挑出山墙之外，又称挑山或出山。

硬山是两坡顶的一种，其屋面不悬挑出山墙之外，山墙略高于屋面，墙头可做出各种直线、折线、曲线形式。

攒尖顶没有正脊，以若干条屋脊交汇于顶端，上覆宝顶。平面多为圆形或三角、四角、六角、八角等多边形，一般多见于亭阁式建筑。

卷棚顶没有明显的正脊，即前后坡相接处不用脊而砌成弧形曲面，有卷棚悬山和卷棚歇山等形式。

悬山　硬山　庑殿　宋画金明池图中临水殿　四川成都清真寺　北京圆明园"天地一家春"

歇山　卷棚　重檐　内蒙古百灵庙大经堂　北京圆明园"万方安和"　北京故宫午门

盝顶　圆攒尖　盔顶　北京内城角楼　福建泉州奎星楼　北京圆明园蔚林亭

三角攒尖　四角攒尖　八角攒尖　宋画黄鹤楼　宋画滕王阁　河北承德晋宁寺大乘阁

图1.9　屋顶的形式

屋顶曲线包括檐口曲线、屋面曲线和屋脊曲线3种。檐口曲线在汉代石建筑及明器中尚未出现，唐宋时有明显的檐口曲线，元明清又恢复成直线。屋面曲线在汉代文献中就有"反宇向阳"的记载，唐代建筑可见平缓的屋面曲线，宋以后屋面曲线渐趋陡峭，直至明清。

【参考图文】

图1.10　檐角的"起翘"和"出翘"

屋面曲线不仅有利于排泄雨水，而且有利于室内采光，屋面造型也更加柔和秀丽。屋脊曲线在汉代石建筑和明器中正脊已有升起，唐宋及元时正脊起翘比较生动，明清又恢复平直状态。同时，屋檐的转角处也不是一条水平的直线，而是四角微微翘起，称为"起翘"；檐角向外挑出，称为"出翘"。"起翘"和"出翘"都是因处理角梁和椽子的关系而形成的，如图1.10所示。

特别提示

中国古代建筑的造型美，在很大程度上表现为结构美。

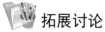拓展讨论

1. 中国古建筑的第五个立面指的是什么？为什么说第五个立面是古建筑最富有艺术魅力的组成部分？

2. 王安石的"飞檐出风雨，洒翰落虹蜺"描述的是什么景象？

屋身由木制柱枋做骨架，墙体作围护结构，其间安装门窗。我国古代的墙根据材料主要分为土墙、砖石墙；根据墙壁的性质和部位又可以分为檐墙、山墙、槛墙、八字墙、屏风墙、照壁、隔断墙等。

台基在建筑下部，最早是为了防潮防水，后则为了外观以及等级制度的需要。台基一般分为两类，一类是普通台基，其构造是四面砖墙、里面填土、上面墁砖的台子，如图 1.11(a)所示；另一类是须弥座，是由佛座演化而来的带有雕刻线脚的石台基，一般用于高级建筑，如图 1.11(b)所示。

【参考图文】

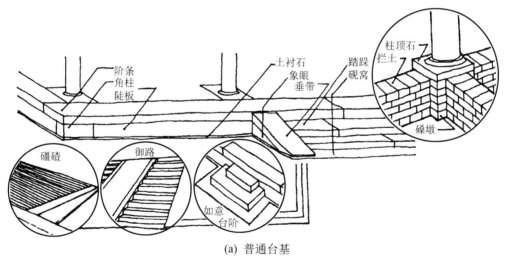

(a) 普通台基

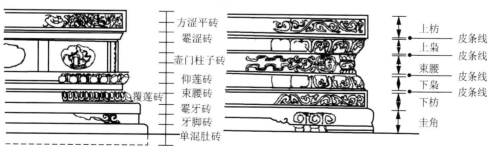

宋式须弥座   清式须弥座

(b) 须弥座

图 1.11 台基的形式

知识链接

台基处辅以踏道和栏杆。踏道是用于解决高差的交通设施,有阶梯形踏步和坡道两种形式。辇道是坡度平缓用于行车的坡道,常与踏道组合在一起,后逐渐被雕刻上云龙水浪,成为装饰构件,如彩图 1 所示。栏杆也称勾阑,一般由望柱、寻杖、阑版(栏板)等组成,如彩图 2 所示。

1.2.2 群体建筑特征

1. 以院落为组合单元

中国古代建筑如宫殿、庙宇、住宅等,一般都是由单体建筑与围墙、廊子等围合成院落,再由院落组成建筑群。

院落作为建筑群的组合单元,往往以庭院为中心布置建筑物,每个建筑物的正面均面向院子,并设置门窗。主要的建筑物多面南居中布置,称为正殿或正房,其两侧可加套间,称耳房。正房与院门之间可以围墙围合,或以廊子围合,称为廊院;也可在正房前东西两侧对称布置配殿或厢房,前面为院墙及门,称为三合院;若前面也建房屋,则称为四合院,如图 1.12 所示。

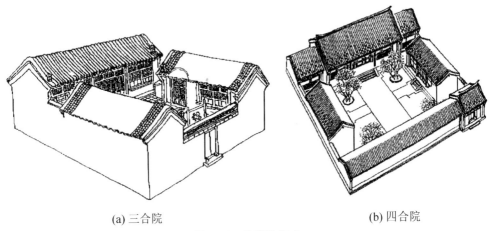

(a) 三合院　　　　　　　　　　　　　　　(b) 四合院

图 1.12　院落的组成

特别提示

院落是由房屋、围墙、廊子围合而成的内向型封闭空间,它是中国古代群体建筑布局的灵魂。

2. 纵深布局

中国古代建筑的群体组合主要是沿纵深方向布局。沿一条纵深的路线,对称(或不对称)地布置一连串形状与大小不同的院落和建筑物,并烘托出种种不同的环境氛围,同时借助于建筑群体的有机组合和衬托,使主体建筑显得格外宏伟壮丽。

这种布局方式自从奴隶制社会时期已见雏形,经唐宋发展成熟,明清时更加纯熟。北京故宫、明十三陵、北京四合院等都体现了这种群体组合的原则,显示了我国古建筑在群体布局上的卓越成就。

 特别提示

　　当建筑群规模较大、内容复杂、功能多样时，通常将纵轴线延伸，并横向展开，组成三五条轴线并列的组合群体，如北京故宫(图 4.5)；最庄重严肃的场所，如礼制建筑，则采用纵横轴线方向都对称布置，如天坛圜丘(图 5.8)；园林建筑则多采用自由灵活的不对称布局形式，如拙政园(图 7.2)。

知识链接

　　中国古代建筑注重建筑与环境的关系。首先，无论是城市还是住宅都非常重视选址问题，人们往往通过卜宅、相地，对地形、地貌、植被、水文、小气候、环境容量等方面进行勘查，究其利弊做出选择。其次，善于因地制宜地处理建筑与环境的关系，能够随地势高下、基址广狭，以及河流、山丘、道路的形势，灵活布置建筑与村落城镇。最后，积极进行环境整治，对环境的不足之处做补充与调整，以保障居住者的生活质量，如开池引流、修堤筑堰、植树造桥等。同时，还巧妙运用文学手段，通过匾联、题刻、诗文颂扬城市景观，以加强本土的吸引力和凝聚力，或运用风水术等心理补偿方法，通过避邪镇灾等方式改善建筑与环境的关系。

1.3　装　饰　特　征

　　中国古代建筑上的装饰细部大部分都是梁枋、斗栱、檩椽等结构构件经过艺术加工而发挥其装饰作用的，如图 1.13 所示。同时，还综合运用了我国工艺美术以及绘画、雕刻、书法等方面的卓越成就，丰富多彩、变化无穷，具有浓厚的传统民族风格。

【参考图文】

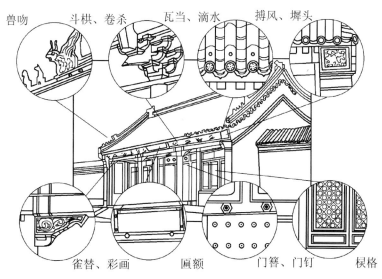

图 1.13　古建筑装饰细部

课堂活动

分享你参观古建筑的经历。古建筑上的哪些细部装饰给你留下了深刻的印象？你的第一感受是什么？

1.3.1 门窗

1. 门

在中国古建筑中，门分属于两大系统，一类是划分区域的门，多为单体建筑形式，如城门、宫门、屋宇式大门、垂花门及牌坊门等；另一类是作为建筑物的一个组成部分的门，如版门、隔扇门等。

概括起来，门可以分为版门、隔扇门和罩 3 类。

版门有棋盘版门和镜面版门两种形式。版门上往往以门钉和铺首为装饰，多用于城门、宫殿、衙署、庙宇及住宅的大门，如图 1.14 和彩图 5 所示。

隔扇门是以隔扇为门扇的门，较为通透，一般用于建筑物的外门或室内空间分隔，宋以后广泛使用。隔扇的两侧立有边梃，边梃间横装抹头，抹头将隔扇分为隔心、绦环板、裙板几部分。根据抹头数量，隔扇有三抹头、四抹头、五抹头、六抹头之分。隔心(也称花心)在上部，高度约占隔扇高度的 3/5，是隔扇中雕饰最为精美的部位，内容丰富，纹式多样；下部为裙板，也是重要装饰部位，常施以雕饰，如图 1.15、彩图 3 和彩图 4 所示。

罩是一种通透度较大的隔断，常用硬木浮雕或透雕成几何图案、动植物或神话故事等，在室内起分隔空间和装饰作用。罩有几腿罩、落地花罩、落地罩、栏杆罩、圆光罩、八角罩、太师壁、炕罩等多种形式，如图 1.16 和图 1.17 所示。

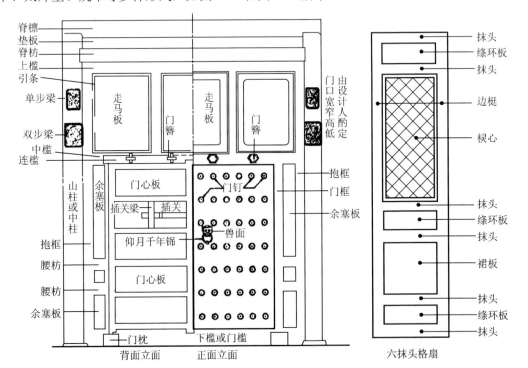

图 1.14　版门　　　　　　　　　　　　图 1.15　隔扇门

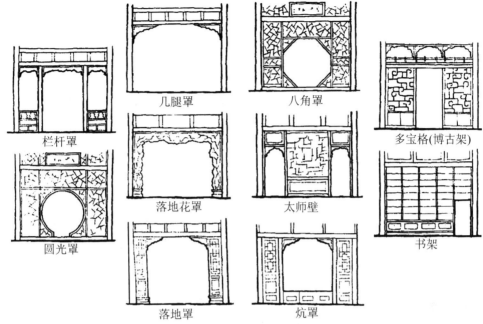

图 1.16　罩的形式

图 1.17　罩

2. 窗

窗，早期称为"囱"，后称为"牖"。窗的形式主要有直棂窗、支摘窗、槛窗和漏窗等，如图 1.18 所示。

【参考图文】

直棂窗是用直棂条在窗框内竖向排列，犹如栅栏的窗子，是最简单的一种窗子。

支摘窗是一种可以支起或摘下的窗子，一般分为上下两段，上段可以推出支起，下段则可以摘下。

槛窗是一种形制较高级的窗，常用于殿堂，也用于大型的住宅和寺庙、祠堂等。槛窗本质上说是一种隔扇窗，只是少了隔扇门的裙板部分。它多与隔扇门连用，以使建筑外立面协调统一。

(a) 直棂窗 　　　　　　　　　　　(b) 支摘窗

(c) 槛窗 　　　　　　　　　　　(d) 各式漏窗

图 1.18　窗的形式

　　漏窗也叫花窗，形式较为自由、空透，不能开启，多用于园林和住宅建筑中。漏窗的图案多姿多彩，具有很好的装饰效果。

1.3.2　屋面装饰

　　屋面覆瓦不仅解决了古建筑的防水问题，更具有很好的装饰性，大大提升了建筑的艺术形象。瓦按材料可分为陶瓦和琉璃瓦；按形状和用途可分为筒瓦、板瓦、瓦当、滴水等。古代建筑坡屋顶的正脊和各条斜脊上一般使用瑞兽装饰。

1.　兽吻

　　兽吻最早称为鸱尾，用于正脊的两端。关于兽吻最早的记载见于西汉武帝时期，反映在壁画和雕刻上，则出自北魏至隋、唐的石窟和陵墓。现知最早的兽吻实际是陕西礼泉唐太宗昭陵献殿遗址内发现的鸱尾，它高约 1.5m，最宽处 1m，厚 0.76m，表面涂有绿釉，是现知最早的鸱尾实物。早期鸱尾的外形和装饰都较简单，尾尖向内倾，外侧是鳍状纹饰。中唐及辽代鸱尾下部出现张口的兽头，尾部逐渐向鱼尾过渡。元代鸱尾向外卷曲，有的已改称鸱吻。明清时鸱尾已变成龙头，背上出现剑把，称为兽吻或大吻，如图 1.19 所示。

敦煌隋代第419窟

敦煌盛唐第172窟

唐太宗昭陵献殿鸱尾

佛光寺大殿元代
仿唐式样

蓟县独乐寺山门(辽)

朔县崇福寺弥陀殿(金)

北京智化寺万佛阁(明)

北京太和殿兽吻

图 1.19　兽吻

2. 走兽

走兽在屋角上，实际作用是保护瓦钉的钉帽，后来被赋予了装饰和等级作用，如彩图 6 所示。唐宋时，屋角的位置上只有一枚兽头，以后逐渐增加了 2~8 枚蹲兽。清代规定屋角是仙人骑凤，之后依次为龙、凤、狮子、天马、海马、狻猊、押鱼、獬豸、斗牛、行什。走兽的多少与建筑规模和等级有关，数目必须是一、三、五、七、九等单数。中国古建筑中只有太和殿用满了 10 枚走兽(不计仙人骑凤)，其他建筑都少于此数。

1.3.3　天花和藻井

1. 天花

天花是建筑物内用以遮蔽梁架的构件。天花的做法主要有两种：一是在梁下用天花枋组成木框，框内放置密而小的木方格，称作平闇，见于山西五台山佛光寺大殿和蓟县独乐寺观音阁，如图 1.20 所示；二是在木框间放较大的木板，板下施以彩绘或贴上有彩色图案的纸，称作平棊。这种做法在宋以后使用较多，如彩图 7 所示。

图 1.20　山西五台山佛光寺大殿平闇天花

2. 藻井

【参考图文】

藻井是一种高级的天花形式，是天花向上凹进的部分，如图 1.21 和彩图 8 所示。藻井一般用在重要殿堂明间的正中，如帝王宝座、神佛像座上方，形式有方形、矩形、八角、圆形等，上有雕刻或彩绘。"藻井"之名含有五行以水克火，预防火灾之意。

(a) 帝王宝座上的藻井

(b) 佛像上的藻井

图 1.21　藻井的形式

1.3.4　色彩与彩画

色彩的使用是我国古代建筑最显著的特征之一，宫殿庙宇中的黄色琉璃瓦顶，朱红色屋身，檐下阴影里用蓝绿色略加点金，再衬以白色石台基，轮廓鲜明，富丽堂皇。一般住宅中用青灰色的砖墙瓦顶，或用粉墙瓦檐，木柱、梁枋门窗等多用黑色，褐色或木本色也显得十分雅致。

1. 常用色及等级

【参考视频】

对于色彩的使用主要是彩绘。彩绘具有装饰、标志、保护、象征等多方面的作用。常用的色彩有青、赤、黄、黑、白等。从西周开始，色彩的使用就已经有严格的等级制度，至明清时期色彩以黄红为尊，青绿次之，黑灰最下。

2. 彩画

彩画是我国建筑装饰中的一个重要部分，所谓"雕梁画栋"，正是形容我国古代建筑这一特色。彩画多出现于内外檐的梁枋、斗拱，以及室内天花、藻井和柱头上，彩画的构图都密切结合构件本身的形式，将梁枋分为大致相等的 3 段，中段称枋心，左右两段的外端称箍头，枋心和箍头之间称藻头，如图 1.22 所示。整个彩画绘制精巧、色彩丰富。清代彩画主要有和玺彩画、旋子彩画和苏式彩画 3 类。

1) 和玺彩画

和玺彩画是形式最为高级、最为尊贵的彩画，主要用于宫殿和坛庙等大型建筑物的主殿、堂、门。和玺彩画常以象征皇权的龙及凤、宝珠等为主要图案，枋心内绘行龙或龙凤图案，藻头内绘升龙或降龙，箍头盒子内绘坐龙；主要线条及龙、凤、宝珠等图案均沥粉贴金，以青、绿、红作为底色衬托金色图案，如彩图 3 和彩图 9 所示。

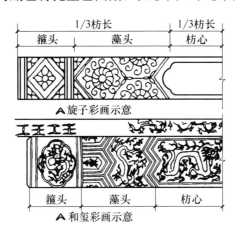

图 1.22　彩画的布局

2) 旋子彩画

旋子彩画仅次于和玺彩画，是官式建筑中运用最为广泛的彩画形式。旋子彩画的主要特点是在藻头内使用了带卷涡纹的花瓣，即旋子。箍头以西番莲、牡丹、几何图形为主，枋心绘锦纹、花卉等，如彩图 4 和彩图 9 所示。旋子彩画根据用金的多少、图案内容和颜色层次又可分为 7 个等级。

3) 苏式彩画

苏式彩画一般用于住宅和园林建筑。枋心称为包袱，多以写实手法绘山水风景、人物故事、花鸟鱼虫、博古器物等，基本不用金；箍头多用联珠、卍字、回纹等，如彩图 9 所示。

1.3.5　雕饰

雕饰是中国古建筑艺术的重要组成部分。雕饰的种类有砖雕、石雕、木雕、金银铜铁等建筑饰物，如图 1.23 和彩图 10 所示。雕饰的题材内容十分丰富，有动植物花纹、人物形象、戏剧场面及历史故事等。北京故宫保和殿后的云龙石雕，雕刻着精美的云龙图案，如彩图 1 所示。在古建筑的室内外还有许多雕刻艺术品，包括寺庙内的佛像，陵墓前的石人、石兽、铜狮、铜龟等。

【参考图文】

 知识链接

中国古建筑的室内空间分隔灵活多变。一般不用实墙，多采用隔扇、罩、屏风、书架、博古架等分隔，形式自由灵活，以满足不同功能的要求，且能获得似隔非隔、隔而不断的效果；同时，也很注重室内外空间的渗透融合，在园林建筑中表现得尤为突出。

在室内布置方面，重要的厅堂一般采用对称布置，居室、书斋则不拘一格，

【参考视频】

随意处置。室内常用家具有床、榻、桌、椅、凳、几、案、柜、架、屏风等。明代家具榫卯精确，简洁大方；清代家具华丽但过于烦琐。陈设方面，则以悬挂在墙壁或柱面的字画为多，也有嵌玉、贝、大理石的挂屏，或摆放盆景、瓷器、古玩等。

(a) 石雕

(b) 墀头砖雕装饰

(c) 木雕装饰

图 1.23　雕饰示例

本 讲 小 结

　　本讲较为详细地介绍了中国古代建筑的典型特征——木构特征、建筑特征和装饰特征。在木构特征方面，阐述了木构架结构的优势、木构架结构体系的组成、主要结构形式及其特点；在建筑特征方面，讲解了单体建筑以间为基本构成单位和独特的外观形象的特征，群体建筑的院落式组合和纵深发展的特征；在装饰特征方面，讲解了古建筑重点装饰部位的装饰特点以及彩画装饰。

思 考 题

1. 简述中国古建筑木构架体系的优缺点。
2. 比较木构架体系中 3 种结构形式的特点。
3. 简述大木作的组成及各组成构件的作用。
4. 简述斗栱的组成构件及斗栱的类型。
5. 中国古建筑在单体建筑上的特征表现在哪些方面？
6. 举例说明中国古建筑在群体组合方面的特征。
7. 举例说明中国古建筑门窗的式样。
8. 简述清代彩画的种类及其主要特征。

第2讲
古代建筑发展概况

教学目标

　　了解中国古代建筑体系的发展概况；理解不同历史时期的文化、社会意识形态、社会经济、生产技术等对中国古代建筑发展的影响和制约作用；掌握从原始社会至明清各历史时期在结构体系、材料、技术和建筑艺术等方面的发展成就。

教学要求

能力目标	知识要点	相关知识
能够简要分析中国古代建筑体系各个历史阶段在结构体系、材料、建筑技术与艺术上的发展成就	原始社会建筑	原始人类的居住方式、仰韶文化、龙山文化和河姆渡遗址、祭坛及神庙建筑遗址
	奴隶社会建筑	夏、商、西周及春秋时期，在城市、宫殿、高台建筑、木构技术及装饰的发展等
	封建社会前期建筑	战国、秦汉、三国、两晋、南北朝时期，在城市、宫殿、陵墓、佛教建筑和木构体系、砖石技术方面的发展
	封建社会中期建筑	隋唐、宋辽金时期，在城市、宫殿、陵墓、佛教建筑和木构体系、建筑艺术、砖石技术的发展
	封建社会后期建筑	元、明、清时期的建筑发展成就

引例

中国古代建筑以独特的木构架结构体系、卓越的组群布局等屹立于世界建筑历史长河中，是什么原因使中国古人选择了木材为主要建筑材料？中国古建筑又是如何发展成为成熟的建筑体系的？下面一起来找寻古建筑发展的足迹。

2.1 原始社会建筑

早在 50 万年前的旧石器时代初期，原始人类普遍利用天然山洞作为居住之所，如北京周口店北京人所居住的天然山洞。大约在六七千年前，我国进入氏族社会。随着种植作物的发现，人们逐渐向土地肥沃、靠近水源的冲积平原迁徙。居住方式随之改变，穴居、巢居等居住形式出现，《易·系辞》中就有"上古穴居而野处"的记载；《韩非子·五蠹》中记载"上古之世，人民少而禽兽众，人民不胜禽兽虫蛇，有圣人作，构木为巢，以避群害"；《孟子·滕文公》中有"下者为巢，上者为营窟"的记载。以此推测，穴居可能是地势高且干燥的地区采用的居住方式，巢居可能是地势低洼、潮湿而多虫蛇的地区采用的一种居住方式。

随着生产力的发展，人们的建筑活动日益频繁，并发生了深刻的变化，出现了群居的聚落，供生产与生活用的窑场、公共房屋、住所、窖穴和畜圈，供防御的垣墙与壕沟，原始崇拜所需的祭坛、神庙和神像以及公共墓地等。由于各地气候、地理、材料等条件的不同，建筑形式多种多样，其中较具代表性的主要有两种：一种是长江流域由巢居发展而来的干阑式建筑；另一种是黄河流域由穴居发展而来的木骨泥墙房屋。

在黄河流域，广阔的黄土层土质均匀，含有石灰质，壁立不易倒塌。因此，穴居成为黄河流域广泛采用的一种居住形式，并逐步从竖穴发展到半穴居，最后被木骨泥墙的地面建筑所代替。最具代表性的是母系氏族社会时期的仰韶文化和父系氏族社会时期的龙山文化。

知识链接

仰韶文化是黄河中游地区重要的新石器时代文化，最早发现于河南省渑池县仰韶村，故以之命名。仰韶文化距今约 5000～7000 年，主要分布于黄河中下游一带，以河南西部、陕西渭河流域和山西西南的狭长地带为中心，东至河北中部，南达汉水中上游，西及甘肃洮河流域，北抵内蒙古河套地区。

龙山文化泛指中国黄河中下游地区新石器时代晚期的一类文化遗存。因最早发现于山东章丘龙山镇而得名，距今约 3950～4350 年，分布于黄河中下游的山东、河南、山西、陕西等省。

仰韶文化时期，以农业为主的定居生活形成了原始的村落，最具代表性的是西安半坡村遗址，遗址呈南北略长东西较窄的不规则圆形，分为 3 个区域，南面是居住区，共发现 40 多座房屋遗迹，中心有一座大房子，

【参考视频】

为公共活动的场所，其他房屋面向大房子呈半月形布局。居住区外围有壕沟，沟外北部为墓葬区，东边设窑场。房屋主要有方形(图 2.1)和圆形(图 2.2)两种，墙体和屋顶采用木骨架上扎结枝条后再涂泥的做法，室内用木柱做支撑，柱数由一根至三四根不等，说明木架结构尚未规律化。

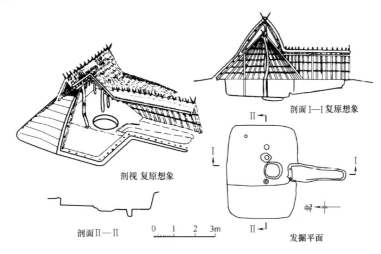

剖面 I—I 复原想象

剖视 复原想象

剖面 II—II

发掘平面

图 2.1　西安半坡村原始社会方形房屋

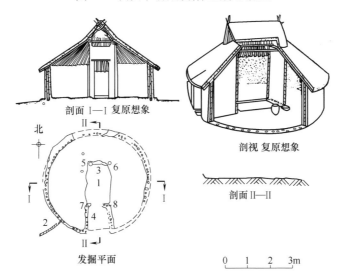

剖面 I—I 复原想象

剖视 复原想象

剖面 II—II

北

发掘平面

图 2.2　西安半坡村原始社会圆形房屋

1—灶炕；2—墙壁支柱炭痕；3，4—隔墙；5～8—屋内支柱

　　龙山文化时期的住房遗址已有家庭私有的痕迹，出现了平面呈"吕"字形的两室相连的套间式半穴居(图 2.3)，外室设有窖穴，供储藏之用。在建筑技术方面，广泛地在室内地面上涂抹光洁坚硬的白灰面层，使室内达到防潮、清洁和明亮的效果。

　　在长江流域，浙江余姚河姆渡遗址距今约六七千年(图 2.4)，已发掘部分长约 23m、进深约 8m，木构件遗物有柱、梁、枋、板等，许多构件上都带有榫卯，有的还有多处榫卯(图 2.5)。这些发现表明这时期"构木为巢"的巢居形式已发展成为干阑式建筑。

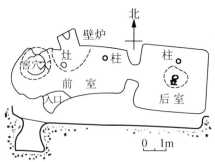

图2.3 西安客省庄龙山文化房屋遗址平面

图2.4 浙江余姚河姆渡干阑式建筑遗址

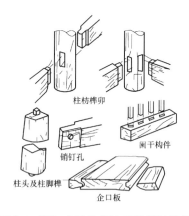

图2.5 浙江余姚河姆渡建筑遗址榫卯

 特别提示

　　浙江余姚河姆渡干阑式建筑遗址是我国已知最早的采用榫卯技术构筑的木结构房屋实例，这一实例说明当时长江下游一带木结构建筑的技术水平高于黄河流域。

　　祭坛和神庙两种祭祀建筑在各地原始社会遗址中均有发现。浙江余杭县(今余杭区)的祭坛遗址位于瑶山和汇观山，为土筑长方坛，内蒙古的大青山和辽宁喀左县东山嘴的3座祭坛则是用石块堆成的方坛和圆坛(图 2.6)。中国最古老的神庙遗址发现于辽宁西部的建平县境内，是一座建于山丘顶部的有多重空间组合的神庙，神庙室内已用彩画和线脚来装饰墙面。

　　诸多原始社会公共建筑遗址的发现，体现了原始人类已经具备了一定的建筑水平，他们开始创造一种超常的建筑形式以表示对神的崇敬之心，从而出现了沿轴线展开的多重空间建筑组合和建筑装饰艺术。

 特别提示

　　社会公共建筑的出现是建筑发展史上的一次飞跃，建筑已不仅是物质生活手段，同时成为社会意识形态的一种表征方式和物化形式。这一变化促进了建筑技术和艺术向更高的层次发展，建筑物环境规划布局也开始引起人们的注意。

图 2.6　东山嘴祭坛遗址(辽宁省喀喇沁左翼蒙古族自治县)

2.2　奴隶社会建筑

2.2.1　夏朝建筑(约公元前 21 世纪—约公元前 16 世纪)

　　夏朝的建立标志着中国进入奴隶制社会。据文献记载,夏王朝的统治中心在嵩山附近的豫西一带。河南登封告成镇北面嵩山南麓王城岗发现了 4000 年前的遗址,可能是夏朝初期的遗址,其中包括东西紧靠的两座城堡,东城已被河水冲去,西城平面略呈方形(约 90m²),筑城方法比较原始,用卵石作夯具筑成。山西夏县发现了一座规模约 140m² 的城池遗址,其地理位置与传说中的夏都安邑相吻合。许多考古学家认为河南偃师二里头遗址是夏代都城——斟鄩的遗址,共发现了大型宫殿和中小型建筑数十座。其中一号宫殿规模最大(图 2.7),其夯土台残高约 80cm,东西约 108m,南北约 100m。夯土台上有一座面阔 8 间的殿堂,周围有回廊环绕,南面有门的遗址,殿堂柱列整齐、前后左右呼应、各间面阔统一,这些迹象表明当时木构架技术已有了较大提高。

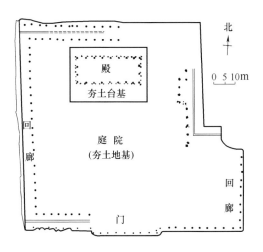

图 2.7　河南偃师二里头一号宫殿遗址平面

特别提示

河南偃师二里头一号宫殿遗址是迄今发现的我国最早的规模较大的木架夯土建筑和庭院的实例。

2.2.2 商朝建筑(约公元前16世纪—约公元前11世纪)

商朝是我国奴隶社会大发展的时期,其统治以河南中部及北部的黄河两岸一带为中心,东达大海,西至陕西,南抵安徽、湖北,北至河北、山西、辽宁。这时期,甲骨文的产生使我国开始了有文字记载的历史;青铜礼器、生产生活工具、兵器等的使用已经非常频繁,商朝后期,青铜工艺已经达到相当纯熟的程度,手工业专业化分工已很明显,加上大量奴隶劳动的集中,促使建筑技术水平有了明显提高。

商代前期的城址已发现多座。其中包括郑州商城遗址(图3.2),有考古学家认为是仲丁时的隞都;河南偃师尸乡沟商代城址——亳,其规模较郑州商城略小,由宫城、内城、外城组成。宫城位于内城的南北轴线上,外城则是后来扩建的(图2.8)。宫城中已发掘的宫殿遗址上下叠压3层,均为庭院式建筑,其中主殿长达90m,是迄今所知最宏大的商初单体建筑遗址。湖北武汉黄陂区盘龙城遗址(图2.9),面积约290m×260m,城内东北隅有大面积的夯土台基,上列平行布置3座建筑,可能是商朝某诸侯国的宫殿遗址(图2.10),其筑城技术与商城相同,这表明两地在政治、经济、文化上有密切联系。

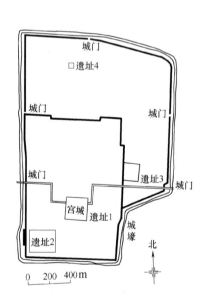

图2.9 湖北武汉黄陂区盘龙城遗址

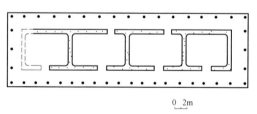

图2.8 河南偃师尸乡沟商城遗址平面　　图2.10 湖北武汉黄陂区盘龙城商代宫殿遗址

商朝后期迁都于殷(今河南安阳小屯村),殷成为商朝的政治、经济、军事、文化中心。商殷遗址范围约30km²,其中宫殿区东面、北面临洹水,西、南两面有壕沟防御。遗址大体分北、中、南3区(图2.11)。北区有基址15处,大体做东西向平行布置,基址下无人畜葬坑,考古学家推测是王室居住区。中区有21处基址,基址做庭院式布置,轴线上有门址

3道，门址下有持盾的跪葬侍卫5~6人，轴线最后有一座中心建筑，基础下有人畜葬坑，推测是商王朝廷、宗庙所在。南区规模较小，有大小基址17处，做轴线对称布置，牲人埋于西侧房基之下，牲畜埋于东侧，整齐不紊，应是商王祭祀场所。但其建造年代比北区、中区晚，由此可见殷的宫室是陆续建造的，并且用单体建筑沿着与子午线大体一致的纵轴线有主有次地组合成较大的建筑群。而宫室周围发现的奴隶住房则仍是长方形或圆形穴居，这充分体现了阶级社会的阶级对立。

【参考视频】

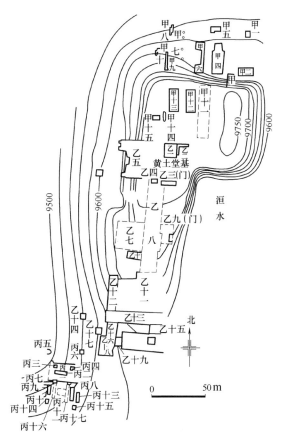

图 2.11　河南安阳小屯村殷墟宫殿遗址平面

2.2.3　西周建筑(公元前 1046—公元前 771 年)

西周的疆域西至甘肃，东北至辽宁，东至山东，南至长江以南，这是我国历史上更大范围的文化大融合，对建筑的发展具有一定的促进作用。

(1) 城市规划思想形成。西周时期，建造了一系列奴隶主实行政治、军事统治的城市，并按宗法分封制度规定了严格的等级。从城市规模到城墙高度、道路宽度以及各种重要建筑物都必须按等级制造，否则即是"僭越"。目前，西周都城丰、镐尚在探寻中，但史书《考工记》中记载了周朝都城制度(详见第 3 讲)，可见周朝在城市总体布局上已形成了理论和制度。

(2) 西周最具代表性的建筑遗址有陕西岐山凤雏村的早周遗址和湖北蕲春的干阑式木架建筑。

岐山凤雏遗址是一座相当严整的四合院式建筑(图2.12)，由二进院落组成。中轴线上依次为影壁、大门、前堂、后室。前堂与后室之间用廊连接。门、堂、室的两侧为通长的厢房，将庭院围成封闭空间，院落四周有檐廊环绕。房屋基址下设有排水陶管和卵石叠筑的排水沟。墙体全部采用版筑形式，并有木柱加固，屋顶已采用了瓦(图2.14)。

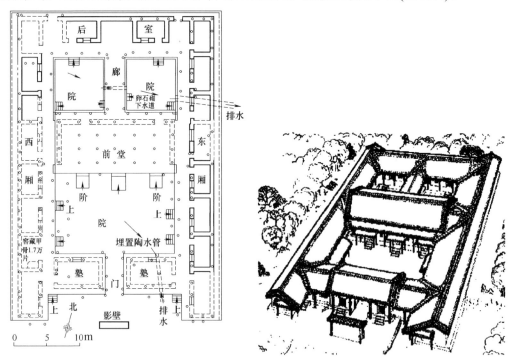

图2.12　陕西岐山凤雏村建筑遗址平面图与复原想象图

 特别提示

岐山凤雏遗址是我国已知最早、最严整的四合院实例，也是目前已知有壁柱加固的版筑墙的最早实例，被誉为"中国第一四合院"。

湖北蕲春西周木架建筑遗址散布在约5000m²的范围内(图2.13)，建筑密度很高，遗址留有大量木板、木柱、方木及木楼梯残迹，推测是干阑式建筑。类似的建筑遗迹在附近地区及荆门县(今荆门市)也有发现，说明在西周时期干阑式木构架建筑是长江中游的一种常见的建筑类型。

(3) 瓦的发明是西周在建筑上的突出成就，它使西周建筑从"茅茨土阶"的简陋状态进入了比较高级的阶段。在陕西岐山凤雏的早周遗址中发现的瓦还比较少，可能当时仅用于屋脊、天沟、檐等处(图2.14)；到西周中晚期，一些建筑遗址中发现的瓦就比较多了，有的屋顶已全部铺瓦。另外在凤雏的建筑遗址中还发现了在夯土墙或土坯墙上用三合土(白灰+沙+黄泥)抹面的做法，可使墙面平整光洁。

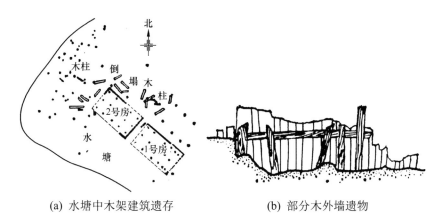

(a) 水塘中木架建筑遗存　　　　　　(b) 部分木外墙遗物

图 2.13　湖北蕲春干阑建筑遗址

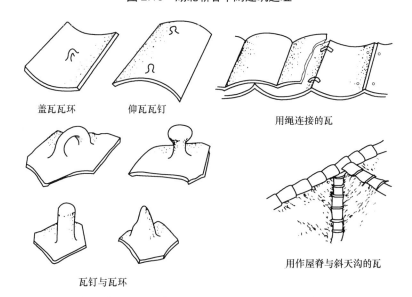

盖瓦瓦环　　　仰瓦瓦钉　　　　　　　用绳连接的瓦

用作屋脊与斜天沟的瓦

瓦钉与瓦环

图 2.14　陕西岐山凤雏村建筑遗址中出土的西周瓦据(《陕西古建筑》)

2.2.4 春秋时期建筑(公元前 770—公元前 476 年)

春秋时期是中国奴隶社会瓦解和封建制度萌芽的阶段。由于铁器和耕牛的使用,社会生产力水平有了很大提高,私田大量出现,井田制日益瓦解,封建生产关系开始出现,手工业和商业也得到了相应的发展,文化空前繁荣。这些都在不同程度上促进了建筑的发展。

(1) 夯土筑城。春秋时期存在 100 多个大大小小的诸侯国,各国之间战争频繁,"夯土筑城"成为当时重要的防御手段,并逐步形成了一套筑城的标准方法,据《周礼·考工记》中记载,墙高与基宽相等,顶宽为基宽的 2/3,门墙的尺度以"版"为基数等。

(2) 高台建筑(台榭)兴起。当时,各诸侯国出于政治、军事统治和生活享乐的需要,建造了大量高台宫室,即在城内夯筑高数米至十多米的土台若干座,上面建殿堂屋宇。如山西侯马晋故都新田遗址中的土台,面积为 75m×75m,高约 7m。

(3) 瓦的普遍使用和砖的出现。在山西侯马晋故都、河南洛阳东周故都、陕西凤翔秦雍城、江陵楚都等地的春秋遗址中,都发现了大量的板瓦、筒瓦以及部分半瓦当、全瓦当

图 2.15　东周瓦当及瓦钉

（图 2.15）。在陕西凤翔秦雍城遗址中，还出土了 36cm×14cm×6cm 的青灰色砖和质地坚硬有花纹的空心砖，这说明我国至少在春秋时期已开始使用砖。

　　（4）建筑装饰与色彩取得更大的发展。如《论语》中描述"山节藻棁"，即斗上画山，梁上短柱画藻文；《左传》记载鲁庄公丹楹刻桷，即红柱刻橼。而且建筑装饰有了严格的等级划分，如《春秋谷梁传注疏》中记载"礼楹，天子丹，诸侯黝垩，大夫苍，士黄主"。

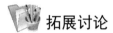 **知识链接**

　　相传，木匠公输般(鲁班)就是春秋时期的著名匠师。他发明的手工工具，如锯、钻、刨子、铲子、曲尺、墨斗等一直沿用至今。由于成就突出，我国的建筑工匠一直把他尊为"祖师"。

拓展讨论

　　党的二十大报告提出"加快建设国家战略人才力量，努力培养造就更多大师、战略科学家、一流科技领军人才和创新团队、青年科技人才、卓越工程师、大国工匠、高技能人才。"你知道成语"班门弄斧"的故事吗？鲁班为什么会被尊为建筑工匠的祖师？

2.3　封建社会前期建筑

2.3.1　战国时期建筑(公元前 475—公元前 221 年)

　　战国时期，中国进入封建制社会。生产关系的变革，社会生产力的进一步提高，促进了封建经济的发展和手工业的发展，商业和城市经济逐渐繁荣。一些大型工程的实施，如修长城、西门豹引漳水溉邺、李冰父子修建都江堰等，都表现了当时的建筑发展水平。战国时期在建筑上的主要发展有以下几方面。

　　(1) 大城市的大量涌现，著名的有齐的临淄、赵的邯郸、魏的大梁、燕的下都等。它们都是当时工商业发达的大城市，又是诸侯统治的据点。据《史记·苏秦传》记载，当时临淄(今山东淄博临淄区)居民达到 7 万户，街道上车轴相击，人肩相摩，热闹非凡。

　　(2) 大规模宫室和高台建筑的兴建。这时期，诸侯的宫室建筑盛行"高台榭，美宫室"，即在高大的夯土台上再分层建造木构架房屋。这种土木结合的方法外观宏伟、位置高敞，非常适合宫殿的要求。在咸阳市东郊发掘的一座高台建筑遗址(图 2.16)，是战国时秦咸阳宫殿之一。遗址是一座 60m×45m 的长方形夯土台，台上建筑物有殿堂、过厅、居室、浴室、回廊、仓库和地窖等，高低错落，形成一组复杂壮观的建筑群。遗址中还发现了具有陶漏斗和管道的排水系统。

 **特别提示**

　　采用以夯土台为中心，周围用空间较小的木架建筑环抱，上下层叠两三层，形成一组建筑群，这大概是在木架结构不发达条件下建造大体量建筑的一种解决办法。

（3）建筑技术有了更大发展。铁制工具斧、锯、锥、凿等的应用使木架建筑施工质量和结构技术大为提高。如筒瓦、板瓦在宫殿建筑上广泛应用，有时还涂上朱色；长一米，宽约三四十厘米的大块空心砖应用于地下墓室作墓壁与墓底，可见当时制砖技术已达到相当高的水平；战国木棺椁上的榫卯制作精确，形式多样，也反映了当时的木工技术水平。

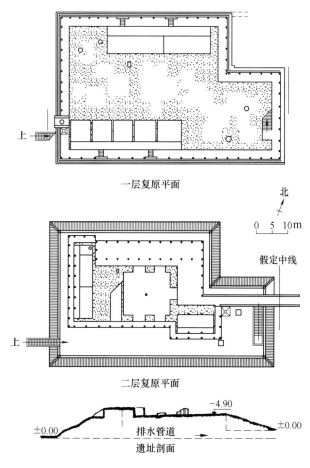

一层复原平面

二层复原平面

遗址剖面

图 2.16　秦咸阳一号宫殿遗址

2.3.2　秦代建筑(公元前 221—公元前 207 年)

秦始皇灭六国，建立了中国历史上第一个中央集权的封建帝国，实施了一系列巩固封建政权的措施，在建筑上"秦每破诸侯，写放其宫室，作之咸阳北阪上，南临渭，自雍门以东至泾渭，殿屋复道，周阁相属"，同时，开鸿沟、凿灵渠、筑长城，建造奢华宏大的阿房宫、始皇陵等，建筑活动空前活跃。

（1）秦都咸阳的建设在布局上具有独创性，它摒弃了传统的城郭制度，在渭水南北广阔的地区建造了许多离宫，《三辅旧事》中记载"离宫别馆、弥山跨谷、辇道相属、木衣绨绣、土被朱紫、宫人不移、乐不改悬、穷年忘归、犹不能遍"，反映了秦始皇的穷奢极欲。

（2）阿房宫和秦始皇陵规模宏大，在我国历史上是空前的。秦宫殿建设吸取了各国的建筑风格和技术经验，尤以阿房宫最具代表性，其遗存夯土台东西约 1km，南北约 0.5km，后部残高约 8m。秦始皇陵尚未发掘(详见第 9 讲)，但发现了大规模的兵马俑坑。

(3) 长城原是战国时期地处北方的秦、燕、赵为了防御匈奴而修建的工程设施。秦统一后,扩建原有长城,使之连成 3000 多千米的防御线,至今还留有一部分遗址。现今砖砌长城为明代遗物。

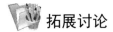
拓展讨论

不到长城非好汉,你到过长城吗? 长城在你心中代表着什么?

2.3.3 两汉时期建筑(公元前 206—公元 220 年)

两汉时期是我国封建社会的上升期,社会生产力的发展促进了建筑的显著进步,成为中国古代建筑史上的一个繁荣时期,主要的建筑发展成就有以下几方面。

(1) 木构架建筑日趋成熟。从当时的画像石、画像砖、明器陶屋等来看,叠梁式(图 2.17)、穿斗式(图 2.18)两种主要的木结构形式已经形成;多层楼阁已较普遍(图 2.19),但西汉末年长安南郊的宗庙建筑仍沿用春秋战国时期高台建筑的建筑方法,说明当时大空间建筑技术问题还未解决;斗栱已经普遍使用,如图 2.20 所示,其结构作用突出,但形式不统一;建筑屋顶形式已有庑殿、歇山、悬山和攒尖等多种形式,其中悬山和庑殿最为普遍。

图 2.17 东汉画像砖中的叠梁式房屋

图 2.18 广州出土的穿斗式结构明器

图 2.19 出土的多层楼阁明器

图 2.20 四川成都出土的明器

(2) 制砖技术和拱券结构。空心砖大量应用于西汉砖墓中,人们还创造出楔形砖和有榫的砖。洛阳等地还发现采用条砖与楔形砖砌拱作墓室的建筑形式,当时的砖砌筒拱顶有纵联砌法与并联砌法两种。到东汉,纵联拱成为主流,并出现了砖砌穹隆顶墓室(详见第9讲)。

(3) 石建筑在东汉得到突飞猛进的发展。贵族官僚们建造的岩墓、石砌梁板墓、石拱券墓在各地都有发现,四川多山地区崖墓也较流行。地面石建筑主要是贵族官僚的墓阙、墓祠、墓表、石兽、石碑等遗物(详见第9讲)。

2.3.4 三国、两晋、南北朝时期建筑(公元220—589年)

三国至南北朝是我国历史上一个长达300多年的政治不稳定、战争破坏严重、长期处于分裂状态的阶段。当时社会生产发展缓慢,在建筑上主要是继承和运用汉代的成就。但是,佛教的传入促进了佛教建筑的发展,高层佛塔出现,并带来了印度、中亚一带的绘画和雕刻艺术,使我国的石窟、佛像、壁画等有了巨大的发展,在建筑艺术上,两汉时期的质朴风格变得更为成熟、圆淳。

(1) 城市建设方面的主要成就是曹魏邺城(图3.6)的修建。全城面积6.5km²,平面成矩形,由一条东西干道分为南北两部。北部为宫室苑囿,主殿居全城南北中轴线上;南部为衙署和居住区,中间有南北干道直抵宫门。这是中国历史上第一座轮廓方正、分区明确、有中轴线的都城。

(2) 佛教建筑兴盛。佛教自汉代由印度传入我国,在两晋、南北朝时期得到了极大的推崇和发展,这一时期建造了大量的佛寺、佛塔和石窟。

早期的佛寺以塔为中心,据《洛阳伽蓝记》载,"中间置塔,四面有门,塔后为佛殿"。随着"舍宅为寺"的增多,人们将前堂改为大殿,后堂改为讲堂,形成以殿堂为主的寺庙。洛阳北魏永宁寺是当时最大的佛寺。

佛塔为埋藏舍利、供佛徒礼拜而设,传到中国后,缩小成塔刹,并与多层木构楼阁相结合,形成了楼阁式木塔,如洛阳北魏永宁寺木塔(图2.21)。同时还有砖石塔,河南登封北魏嵩岳寺砖塔(图2.22)为我国现存最早的密檐砖塔。

图2.21 洛阳北魏永宁寺塔想象复原图(杨鸿勋复原) 　　图2.22 河南登封北魏嵩岳寺砖塔

 特别提示

砖结构在汉朝多用于地下墓室,到北魏时期大量运用到地面上。

石窟是在山崖上开凿出来的窟洞型佛寺。随着佛教的传入，石窟自新疆、甘肃等地迅速传播至全国，著名的石窟有甘肃敦煌莫高窟、山西大同云冈石窟、河南洛阳龙门石窟、山西太原天龙山石窟(图2.23)、甘肃天水麦积山石窟等。石窟按功能布局分为 3 种类型：塔院型，以塔为窟的中心(将窟中支撑窟顶的中心柱刻成佛塔的形象)；佛殿型，以佛像为主要内容；僧院型，供僧众打坐修行之用，窟中置佛像，周围凿若干小窟，供一僧打坐。

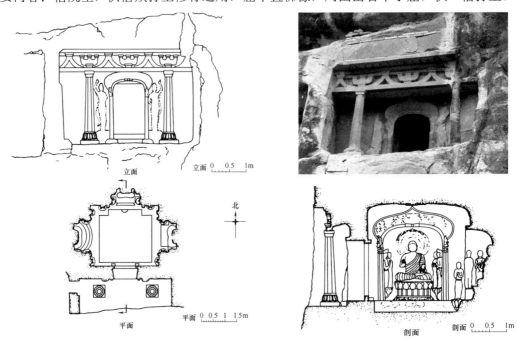

图 2.23　太原天龙山石窟北齐第 16 窟立面、平面、剖面图

(3) 石刻技艺发展。石窟雕刻艺术，南京南朝陵墓的石墓表、石辟邪、石麒麟及河北定兴北齐石柱等表明这一时期石刻技艺比汉代有了进一步提高。如南朝陵墓的辟邪(图9.7)简洁有力，概括力强，墓表比例精当，造型凝练优美，细部处理贴切。

(4) 自然山水园林涌现。魏晋南北朝时期，士大夫谈玄避世，寄情山水，促进了自然式山水园林的兴盛。

知识链接

在家具方面，西北方少数民族移入中原，带来垂足而坐的高坐具——方凳、圆凳、椅子等，为宋朝以后改变起居方式打下了基础。

2.4　封建社会中期建筑

隋、唐至宋是我国封建社会的鼎盛时期，也是中国古代建筑的成熟期。

2.4.1 隋代建筑(公元 581—618 年)

隋朝结束了我国长期战乱和南北分裂的局面，促进了封建社会经济、文化、技术的发展。但因隋炀帝骄奢淫逸，穷兵黩武，仅 37 年就覆灭了。其主要的建筑活动包括以下方面。

(1) 都城建设。隋朝兴建了都城大兴城和东都洛阳城及宫殿苑囿。二城逐唐代继承发展，成为我国古代严整的方格网道系统城市规划的范例。

(2) 河北赵县安济桥(图 2.24)是由隋朝石匠李春设计建造的，大拱由 28 道石券并列而成，跨度 37m，4 个敞肩券减少了桥身 1/5 的自重，减少了山洪对桥身的冲击力。桥身造型平缓舒展，轻盈流畅。安济桥在技术上、造型上均达到了很高的水平，是我国古代建筑的瑰宝。

(3) 开凿大运河。大运河的开通加强了南北经济、文化的沟通，推动了社会的繁荣发展。

图 2.24　赵县安济桥

 特别提示

河北赵县安济桥是世界上最早的敞肩拱桥，比欧洲兴建的同类桥早了 700 多年。

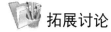 拓展讨论

1. 安济桥作为世界上最早的敞肩拱桥，屹立千年不倒，给你的感受是什么？
2. 你了解我国当前在桥梁建设方面的成就吗？

2.4.2 唐代建筑(公元 618—907 年)

唐朝开创了贞观之治、开元盛世的繁荣昌盛局面，虽然"安史之乱"后逐渐衰弱下去，但唐朝仍是我国封建社会经济和文化的发展高潮时期，建筑技术和艺术都取得了巨大的发展和提高。其主要建筑成就如下。

(1) 建筑规模宏大，规划严整。如唐长安城是我国古代最为严整的都城，也是当时世界上宏大繁荣的城市(详见第 3 讲)；唐大明宫的遗址范围相当于明清紫禁城总面积的 3 倍多(详见第 4 讲)。

(2) 建筑群体处理愈趋成熟。宫殿、陵墓等建筑在空间组合上，利用地形和运用前导空间与建筑物来陪衬主体，同时强调纵轴方向的陪衬，加强突出主体建筑，如乾陵的布局。

(3) 木建筑解决了大面积、大体量的技术问题，并已定型化。如大明宫麟德殿面积达 5000m²，采用了面阔 11 间、进深 17 间的柱网布置。山西五台山南禅寺正殿和佛光寺大殿采用的木构架构件形式及用料均已规格化。

(4) 设计与施工水平提高。唐朝出现了专门从事建筑设计与施工的阶层——"都料"，并沿用至元代。

(5) 建筑艺术加工真实而成熟。唐代建筑气魄雄伟，严整而又开朗；色调简洁明快，屋顶舒展平远，门窗朴实无华，给人庄重大方的印象；已使用琉璃瓦。现存木建筑上斗栱的结构、柱子的形象、梁的加工等都令人感受到构件本身受力状态与形象之间内在的联系，反映出建筑艺术加工与结构的统一。

(6) 砖石建筑有了进一步发展，如唐代的砖石塔、石窟。

拓展讨论

党的二十大报告提出，推进高水平对外开放，推动共建'一带一路'高质量发展。深化文明交流互鉴，推动中华文化更好走向世界。我国唐代是中国历史上一个经济发达、文化繁荣、对外开放的朝代，你知道为什么唐代建筑会形成规模宏大、规划严整、气魄雄伟、舒朗稳重的风格？唐代建筑文化为什么会对日本、韩国等东南亚国建筑及文化产生影响？

2.4.3　五代时期建筑(公元 907—960 年)

五代十国是中国历史上一个分裂的时期。此时，经济上发展缓慢，建筑上主要是继承唐代的建筑成果，少有创新。只有长江下游的吴越、南唐、前蜀等地区战争较少，建筑上有所发展，对后期北宋建筑的发展产生了很大影响。

2.4.4　宋、辽、金时期建筑(公元 960—1279 年)

公元 960 年，宋太祖赵匡胤统一了黄河以南地区，结束了五代十国分裂与战乱的局面，建立了宋朝。北方有契丹族的辽政权与北宋对峙。北宋末年，长白山一带的女真族建立金，向南扩展，先后灭了辽和北宋，形成了金与南宋对峙的局面，直至元朝。

宋朝在政治、军事上软弱，但城市经济、农工商发达，使建筑水平也达到了新高度。该时期主要建筑发展成就如下。

(1) 城市结构和布局发生了根本变化。日益发展的手工业和商业打破了里坊的制度，开始实行街巷制，沿街设店，以街为市，街道变窄，如北宋东京汴梁。

(2) 木架建筑采用了古典的模数制。北宋时政府颁布的《营造法式》，此书中详细说明了"材份制"，以"材"作为造屋的尺度标准。

(3) 建筑组合在总平面上加强了进深方向的空间层次，以衬托主体建筑，如河北正定隆兴寺等。

【参考图文】

(4) 建筑装修与色彩有很大发展。宋代开始大量使用格子门、格子窗，门窗格子有球纹、古钱纹等多种式样，既改善了采光条件，又增加了装饰效果。建筑木架部分开始采用各种华丽的彩画，由唐代明快端庄的红、白、灰色演变为以青、绿两色为主的"碾玉装"

和"青绿叠晕棱间装"，细致、规整、绚烂、柔美，加上琉璃瓦的大量使用，使建筑外观形象趋于柔和、秀丽。

(5) 砖石建筑的水平达到新的高度，主要表现为佛塔、桥梁的建造，这些砖石建筑反映了当时砖石加工与施工技术的水平。

(6) 园林兴盛。北宋时园林规模较大，"艮岳"是北宋末年在宫城东北营建的奢华的苑囿，采运的"花石纲"就集中在这里。南宋园林以苏州为代表，"值景而造"，叠石造山、开池引水，文人画家参与其事，对明清园林影响很大。

辽代建筑主要吸取唐代北方传统做法，因此较多保留了唐代建筑的手法。山西应县佛宫寺释迦塔(图 8.24)是我国现存的唯一木塔，也是古代木构高层建筑的实例。金朝建筑既沿袭了辽代传统，又受到宋朝建筑的影响。由于金朝统治者追求奢侈，建筑装饰与色彩比宋朝更为富丽。

2.5　封建社会后期建筑

元、明、清是中国封建社会后期，政治、经济、文化的发展都处于迟缓发展状态，甚至还有倒退现象，因此建筑的发展也是缓慢的。

2.5.1　元代建筑(1271—1368 年)

元朝统治者是来自草原的游牧民族，其统治使两宋以来高度发展的封建经济和文化遭到极大摧残，建筑发展也处于凋敝状态。其主要的建筑活动如下。

(1) 都城建设。元世祖迁都金中都后，在其东北部以琼华岛为中心，建造新的都城——元大都，这是我国第一个按照《考工记》理想设计建造的城市(图 3.7)，其具有方整的格局、良好的水利系统、纵横交错的街道和繁荣的市街景观。

(2) 宗教建筑兴盛。由于统治者崇信宗教，宗教建筑异常兴盛，尤其是藏传佛教建筑，如北京妙应寺白塔(图 2.25)，由尼泊尔工匠阿尼哥设计，是喇嘛塔中的杰出作品。

(3) 木架建筑方面，主要是继承宋、金传统。但许多构件被简化，且用料草率、加工粗糙，无论是规模还是质量都远逊于两宋时期。

图 2.25　妙应寺白塔

2.5.2　明代建筑(1368—1644 年)

明代是中国封建社会晚期中的一个繁荣期，随着工商业和经济文化的发展，建筑技术得到了较大的提升。该时期主要建筑成就表现为以下方面。

(1) 砖已普遍用于民居。砖的产量和质量的提高使砖墙得以普及，促进了硬山屋顶的发展，并出现了全部用砖拱砌成的建筑物——无梁殿，多作为防火建筑，如南京灵谷寺无梁殿、北京故宫皇史宬等。

【参考图文】

(2) 琉璃面砖及琉璃瓦的质量提高，色彩更加丰富，应用面更加广泛。琉璃面砖广泛用于塔、门、照壁等建筑物，如九龙壁(彩图 11)等。

(3) 木构架建筑经过元代的简化，明代重新定型。斗栱的结构作用减少，梁柱构架的整体性加强，构件卷杀简化，建筑形象趋于严谨稳重。

(4) 建筑群布局更加成熟。明清北京故宫、明十三陵、北京天坛等都是优秀的建筑群范例。

(5) 私家园林发达，尤以江南一带为盛，如苏州、杭州、扬州、南京、无锡等地都有不少私园，园林内建筑、假山等造园要素增多。

(6) 明代官式建筑的装修、彩画、装饰日趋定型化。明代的家具造型简练、结构严谨、装饰适度、纹理优美，是我国家具的代表，如图 2.26 所示。

图 2.26　明代家具

2.5.3　清代建筑(1644—1911 年)

清朝是中国历史上最后一个封建王朝，封建专制比明朝更加严厉。为巩固其统治，清初采取恢复生产、稳定经济等措施，但对手工业和商业采取压制措施，使自明代发展起来的资本主义萌芽受到抑制。同时，清代统治者压制自由思想，在一定程度上阻碍了我国古代科学文化的发展。在建筑上，清代基本沿袭了明代的传统，但在以下方面略有发展。

(1) 园林兴盛。在清代 200 余年间，清代帝王在北京西郊兴建了圆明园、清漪园、静明园等一大批园林，扩建清三海，修建承德避暑山庄，到乾隆时达到一个造园高潮。在帝王的影响下，各地官僚和富商也竞建园林，使私家园林空前兴盛。

(2) 藏传佛教建筑兴盛。清代仅内蒙古地区就有喇嘛庙 1000 余所。西藏布达拉宫依山而建，雄伟峭拔，展现了工匠们高超的建筑才能。

(3) 清颁布的《工部工程做法则例》统一了官式建筑的模数和用料标准，简化单体设计，提高了群体与装修设计水平。

(4) 住宅建筑百花齐放。由于清朝疆域辽阔，民族众多，地理气候条件、生活习惯、文化背景、建筑材料与构造方式等的不同，形成了丰富多彩的民居建筑(详见第 6 讲)。

(5) 建筑技艺有了新的发展，如采用水湿压弯法加工木料，引进玻璃等。

【参考图文】

本 讲 小 结

　　本讲概括地阐述了中国古代建筑的发展历程和各历史时期建筑发展的主要成就。原始社会是古代建筑萌芽时期，建筑从穴居、半穴居发展到地面建筑；奴隶社会是发展时期，建筑技术得到较大的发展，建筑的规模趋于宏大；封建社会是建筑发展的繁荣时期，促使中国古建筑走向成熟，并形成独具特色的建筑体系。

思 考 题

1. 举例说明原始人类的居住方式。
2. 简述两汉时期建筑的发展概况。
3. 举例说明唐代的建筑发展成就。
4. 简述宋、明、清时期建筑发展的主要成就。
5. 试述文化、社会意识形态、社会经济、生产技术等对中国古代建筑发展的影响。

第**3**讲
城市建设

教学目标

　　了解中国古代城市的发展概况和中国古代都城在选址、防御、道路规划等方面的经验；理解《周礼·考工记》"匠人营国"中的周王城的规划思想；掌握唐长安城、北宋东京城、明清北京城的城市布局特点。

教学要求

能力目标	知识要点	相关知识
能够把握中国古代城市的发展脉络	(1) 古代城市的发展沿革 (2) 古代城市建设的若干问题	不同历史时期的城市发展状况；古代城市在选址、防御、道路规划等方面的处理方法
能分析中国古代都城的平面布局特征	(1) 汉长安城布局 (2) 唐长安的严整方格网布局 (3) 北宋东京的三重城垣布局 (4) 明清北京突出轴线的思想	汉长安、隋唐长安、北宋东京、明清北京等城市规划布局实例

引例

中国古代城市建设是中国古代建筑中特色鲜明、成就卓然的一个方面。中国古代城市是如何形成、发展起来的？历史上著名的汉长安、唐长安、北宋东京、明清北京，究竟是如何规划设计的？又有着怎样的特色？

3.1 城市发展概况

3.1.1 城市历史沿革

中国古代城市是伴随着私有制和阶级分化，在原始社会逐渐解体并向奴隶制社会过渡的过程中产生的。原始社会后期，由于生产工具的进步和生产力的提高，剩余产品出现，私有制产生，从而需要"城郭沟池以为固"来保护奴隶主的私有财产；而后又需要相互交换私有财产和剩余产品，于是产生了固定的交换场所——"市"。

城市始于原始社会氏族部落的聚落，目前我国考古发现的新石器时代城址已有 30 余座。如陕西西安半坡村遗址(图 3.1)，它呈不规则圆形，居住区南靠河流，北面环绕防御壕沟，居住区以公共活动的"大房子"为中心，周围环绕半穴居小住房，壕沟外北部为墓葬区，东部为制陶窑场。在山东日照半城山遗址，聚落外已筑夯土围垣。

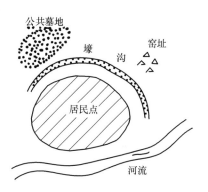

图 3.1　西安半坡村原始村落示意图

河南偃师二里头宫殿遗址被认为是夏朝的都城之一——斟鄩，遗址占地面积达 8 万 m²，周围分布着青铜冶铸、制作陶器骨器的作坊及居民区，总占地面积约 9km²，还出土了许多玉器、漆器、酒器等，表明这里曾有过相对发达的手工业和较兴盛的商品交换。虽然还没有发现城墙遗址，但它被认为是一座具有相当规模的城市。

商代的城市遗址有郑州商城、偃师商城、湖北盘龙城(图 2.9)、安阳殷墟等。其中郑州商城遗址平面图如图 3.2 所示，有考古学家认为是仲丁时的隞都，城墙周长 7km，城内中部偏北高地上有不少大面积的夯台基，可能是宫殿、宗庙的遗迹，城外散布着制造陶器、冶铜、酿酒等的作坊，还有许多奴隶居住的半穴居窝棚。安阳殷墟遗址(图 3.3)面积约 24km²，中部紧靠洹水，曲折处为宫殿区，西面、南面有制骨、冶铜作坊区，北面、东面有墓葬区。居民散布在西南、东南与洹水以东的地段。由此可见，这时期的城市一般都有成片的宫殿区、手工业作坊区和居民区，但各功能区的分布散漫而无序，中间还有大片空白区相隔。

西周初年，都城有丰、镐。周武王时，为适应封邦建国的政治要求，以周公营洛邑为代表，形成了一个城邑建设的高潮，并制定了一套等级划分严格、重视礼制秩序的城市建设和都城规划的制度。史书《周礼·考工记》中这样记载周朝都城制度，"匠人营国，方九里，旁三门；国中九经九纬，经涂九轨；左祖右社，面朝后市，市朝一夫"(宋人聂崇义据此绘制出了周王城图，如图 3.4 所示)。可见周朝在城市总体布局上已形成了一定的规划思想。

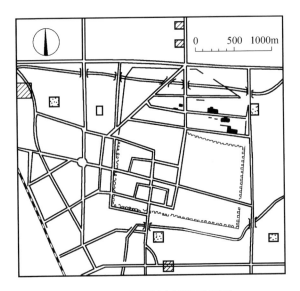

图 3.2　河南郑州商城遗址平面

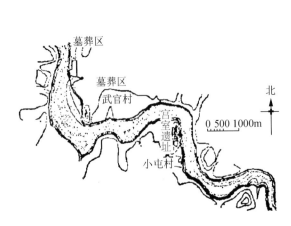

图 3.3　河南安阳殷墟遗址

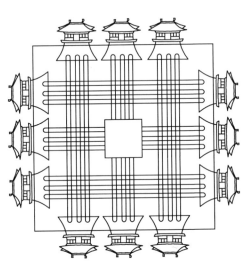

图 3.4　周王城图(宋·聂崇义)

特别提示

《周礼·考工记》中有关"匠人营国"的记载被认为是中国最早的城市规划学说,对中国古代的都城布局有很大的影响。

【参考图文】

春秋时期,诸侯之间征战频繁,夯土筑城的活动十分活跃。战国时,手工业商业的发展促使城市规模扩大,形成了又一个城市建设高潮,出现了许多繁华的工商业大城市,如燕下都、齐临淄、赵邯郸、韩故城等。燕下都(公元前4—公元前3世纪,今河北易县易水岸边)由东、西二城并联组成,城垣为版筑夯土墙,基深0.5~1.7m,墙厚十余米。东城东垣外发现护城河(西城相当于东城附属的郭),东城北部是宫室区，内部还有手工业作坊及居民区等(图3.5)。

秦都城咸阳初建时主要限于渭水之北，后渐向南扩充。秦始皇时，横跨渭水南北建造了许多离宫别馆。考古推测当时秦咸阳南部有集中的工商业区——市，并由若干的"肆"组成，其管理机构为"市亭"(也称"旗亭")；铸铁、冶铜的作坊和陶窑等遗址在城北宫殿区附近；城南是居民区，居民居住形式按照闾里布置，整齐划一，并设"里监门"对闾里进行严格管理。

西汉都城长安的建设基本上是沿袭秦制。东汉时又营建都城洛阳，城市呈不规则长方形，城内有南宫、北宫两座宫殿，两宫之间是方整的闾里，街道呈方格状，祭祀建筑均在城南，主要官署在南宫附近。

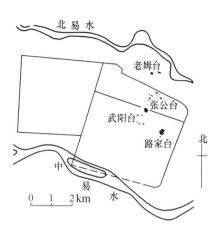

图3.5 河北易县燕下都遗址

 特别提示

春秋至汉，"里坊"制城市布局模式形成。"里"是封闭的居住区，商业与手工业则在一些定时开闭的"市"中，"里"和"市"都环以高墙，由吏卒和市令管理。

三国至南北朝时期，城市建设处于停滞状态。但曹魏邺城开创了都城规划严整布局的先例(图3.6)：城中偏北一条干道将城市分为南北两部分，宫殿位于城北居中，道路规整砥直，将全城做棋盘式分割，居民与市场纳入这些棋盘格中组成"里"("里"在北魏以后又称"坊")，形成了功能分区明确、交通方便的里坊制城市布局。

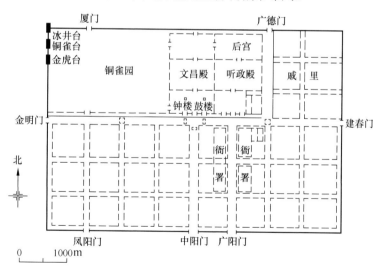

图3.6 曹魏邺城平面推测图

隋代建造了规模宏大的大兴城和东都洛阳，二城被唐继承后，加以扩充发展成为东西二京，长安更是成为世界上最宏大繁荣的城市，其规划布局严整，实行里坊制度。但至唐末，"里"与"市"的管制已有所放松，一些里坊中甚至出现了夜市的热闹景象。

特别提示

三国至唐是"里坊"制盛期。唐长安城便是这类城市的典范。

至宋代，城市的布局和面貌发生了很大改变，里坊制被打破，店铺密集的商业街代替了严格管理的里坊和集中的市肆，东京汴梁甚至成为"万国咸通"的繁华商业都市。

特别提示

自宋代开始，城市成为开放街市的模式，封闭的里坊制正式消亡。北宋汴梁城在中国古代都城规划建设史上起着承前启后的作用，反映了封建社会中商品经济的发展。

元大都经统一规划建设而成(图 3.7)，分为三重城，宫城居中，突出了中轴对称布局；皇城东设太庙、西设社稷；道路规整，呈方格网状；规则宫殿与不规则的园囿有机结合；上、下水道系统完善，满足了饮用水、漕运及排水各方面的需求。

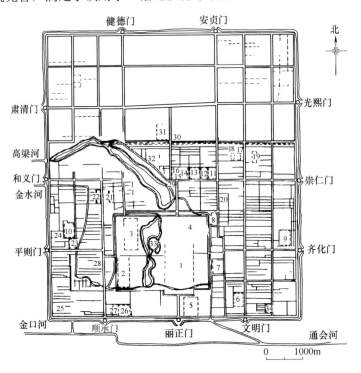

图 3.7 元大都平面图

1—大内；2—隆福宫；3—兴圣宫；4—御苑；5—南中书省；6—御史台；7—枢密院；
8—崇祯万寿宫(天师宫)；9—太庙；10—社稷；11—大都路总管府；12—巡警二院；
13—倒钞库；14—大天寿万宁宫；15—中心阁；16—中心台；17—文宣王庙；18—国子监学；
19—柏林寺；20—太和宫；21—大崇国寺；22—大承华普庆寺；23—大圣寿万安寺；
24—大永福寺；25—都城隍庙；26—大庆寿寺；27—海云可庵双塔；28—万松老人塔；
29—鼓楼；30—钟楼；31—北中书省；32—斜街；33—琼华岛；34—太史院

明清时期的城市发展成为较成熟的自由开放模式，城市的商业和经济功能增强，如南京、杭州等是纺织业中心，开封、济南等是粮食业中心，泉州是外贸港口城市。但封建等级制度在城市及建筑上的表现更加明晰，如明清北京城。

3.1.2 中国古代城市建设特点

在选址方面，历代王朝对都城的选址都很重视，统治者要派遣亲信大臣，勘察地形与水文情况，主持营建。如春秋时吴王阖闾派伍子胥"相土尝水"，建造阖闾大城(今苏州)。汉刘邦定都时，从政治上、军事上、经济上反复比较分析后才定都长安，由丞相萧何主持建造。在城市选址时，水源问题是极为重要的。首先要保证饮用水，其次要保证供应苑囿用水和漕运用水，如汉长安开郑渠，元大都开挖通惠河与南北大运河相接等。

在防御方面，古代都城为了保护统治者的安全，采用城郭之制，即"筑城以卫君，造郭以守民"。这一制度自春秋沿用至明清，各个朝代对城、郭的称谓不同：或称子城、罗城，或称内城、外城，或称阙城、国城等。少数郭附在城的一侧，如齐临淄城(图 3.8)，多数郭包于城外，如图 3.9 所示。都城一般有 3 重城墙：宫城(大内、紫禁城)、皇城或内城、外城(郭)。筑城方法由夯土墙发展为砖包夯土墙。为增强城门的防御能力，设两道城门，形成"瓮城"。城墙每隔一定距离凸出矩形墩台，称为敌台或"马面"，以便从侧面射击攻城的敌人；此外还有窝铺(士兵值宿使用)、城楼、敌楼、雉堞等防御设施。

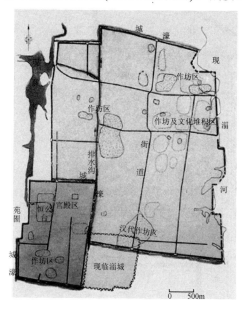

图 3.8 齐临淄城遗址

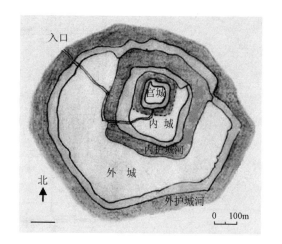

图 3.9 春秋淹城(江苏武进)遗址

在道路方面，中国古代城市道路多采用以南北向为主的方格网布置。但具体处理时会因地制宜，以适应各地的不同条件，如明南京城布局较为自由，因城中多水面和山丘。城市道路系统有等级划分，如唐长安的道路有主要交通干道、连接里坊的次要干道及坊内道路之分，其宽度相差甚大。宋以前多为土路，宋以后南方城市道路多为砖石铺砌。

在市肆建设方面，《周礼·考工记》中周王城有"面朝后市"的记载，汉长安有九市，汉魏洛阳城有三市，隋唐长安城有东、西二市。早期的市主要实现商品交换功能。宋以后

市的形式多样，还增加了一些酒楼饭馆、杂耍游艺等。两宋的都城靠近商业中心成立有"瓦肆"，或称瓦舍、瓦市、瓦子等，来表演各种杂耍、小唱等，明清时北京有一年一度的集市庙会等。

另外，中国古代很重视城市的绿化、防火、排水等方面的问题，如汉长安街道两旁植槐、榆、松、柏等树木；宋东京城为防火患，设军巡铺负责夜间巡逻，在地势高处砖砌望火楼，屯兵，备救火用具；钟楼、鼓楼也是很多古代城市为报时、报警而设的；唐长安城在街道两侧挖土建成明沟排水，宋东京城充分利用穿城河道排水，明北京城设沟渠以排泄雨水，并设专职机构负责疏浚。

3.2 都城建设实例

1. 西汉长安城

汉长安城位于今西安市西北渭水南岸，由原来秦咸阳的离宫——兴乐宫逐步增扩而来，因而城市布局很不规则(图 3.10)。

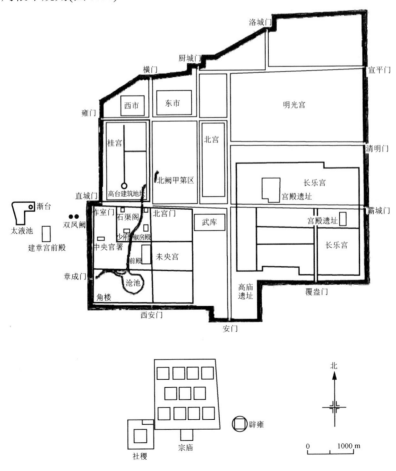

图 3.10 汉长安城遗址平面

长安城墙全部由黄土夯筑，周边有 8m 宽的壕沟，每面各有 3 座城门。城内主要被 5 座宫殿占据，每座宫殿由城墙环绕。主要宫殿未央宫位于西南方，正门向北，形成一条轴线。东为长乐宫，这两座宫殿均位于长安城中地势最高之处，向北地势渐低，布置着桂宫、北宫、明光宫。大臣的甲第区以及衙署分布在未央宫北阙附近，称"北阙甲第"。

文献记载长安城共有 160 闾里，多散布在城内各宫殿之间(有一些可能在外郭中)。闾里内建筑布局规整，"室居栉比，门巷修直"。闾里四周筑墙，每面设门。横门大街东西两侧分布着 9 个集市，市中按行业集中成肆。

长安城的街道有"八街""九陌"之说，考古已探明，通向城门的主干道有 8 条，最长的安门大街长 5500m。街道都是土路，分成 3 股道，中间是皇帝专用的御道，街道两旁植槐、榆、松、柏等树木。

长安城南有社稷坛、明堂辟雍、宗庙等礼制建筑。城西是建章宫遗址。城南及建章宫以西是广阔的上林苑，苑中有 30 处离宫及湖面浩渺的昆明池(提供城市生活用水和漕运用水)。城东南和北郊分布着 7 座陵邑(长陵、安陵、霸陵、阳陵、茂陵、平陵、杜陵)。它们共同组成了以长安城为中心的城市群。

2. 唐长安城

隋文帝在长安建都时，放弃了已经破败且地下水有盐碱的原汉长安城，新城选址在汉长安旧址东南龙首山南面(图 3.11)。城市建设具体负责人为高颖和宇文恺，新城定名为大兴城，由陆续建造完工的宫城、皇城、罗城组成。功能分区明确，"皇城之内，惟列府寺，不使杂人居止，公私有便，风俗齐肃"(宋敏求《长安志》)。全城采用严整的棋盘式布局，城内道路宽而直，中轴线北端为皇城、宫城，其余规划为 109 个里坊和 2 个市(东为都会市，西为利人市)。并陆续开挖永安渠、清明渠、龙首渠、广通渠等，以满足城市、苑囿、漕运用水。

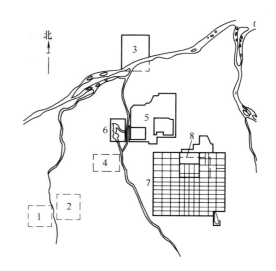

图 3.11　隋唐长城安位置

1—西周沣京；2—西周镐京；3—秦咸阳；4—秦阿房宫；5—汉长安；6—汉建章宫；7—隋唐长安；8—西安(虚线)

唐代将大兴城改名为长安，在原布局基本不变的情况下，新建了大明宫、兴庆宫等工程，形成了唐都长安城的面貌特征(图 3.12)。

城市呈规则方形，每边各设 3 座城门。皇城在城市居中偏北部，东西约 2820m，南北约 1843m，内有文武官府、宗庙、社稷坛及官营手工作坊(如将作监、军器监等)。宫城位于皇城的北面，与皇城之间有宽约 220m 的道路相隔，东西宽 2820m，南北长 1492m，由 3 组宫殿组成：中为皇帝听政和居住的太极宫，西为宫人居住的掖庭宫，东为太子居住的东宫，主要宫殿均坐北朝南。贞观八年(公元 634 年)在城外东北的龙首原上建大明宫，唐高宗以后，这里便成为政治统治中心。皇城的东南方还有供皇子居住的兴庆宫。

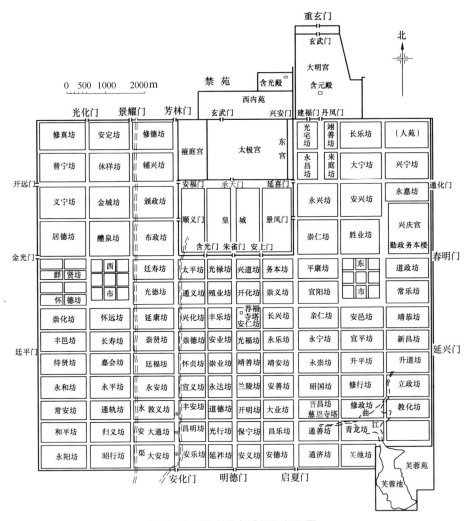

图 3.12 隋唐长安城平面复原图

城市道路为严整的方格网状，共有 11 条东西大街和 14 条南北大街。通向城门的几条主要干道十分宽阔，位于中轴线上的朱雀大街宽达 150m，其他街道最窄的也有 25m。道路多为泥土路面，少数地段有砖瓦填铺；道路两旁植树，设排水沟，沟外为宽厚的坊墙。

长安城有 109 个里坊，里坊大小不一，最大约 80 公顷(1 公顷=0.01 平方千米)。坊四周筑有坊墙，高约 2m，坊内有一字形街道或十字形街道。贵族府邸和寺庙可以开门向大街，普通百姓只能坊内开门。小坊设东西 2 个坊门，大坊可四面开坊门，每天坊门关闭后，禁止行人在街道活动。

唐长安城内有东、西二市(各占二坊)，对称布置在皇城南面两侧。每市内各有东西和南北向街道两条，每市中央部分是市署、平准局，市门也按规定时间开闭。东市主要是为贵族官府服务的商业，西市拥有很多外国商人的店铺，是国际贸易中心(以波斯人、阿拉伯人为最多)。后来，又将河道渠水引入东市西市。

整个长安城规模宏大，规划严整，不使宫殿官署与居民相参的意图十分明确，中轴对称布局十分突出，整个城市的中轴线以宫城正门承天门为起点，经皇城正门朱雀门和朱雀大街，一直延伸到外城正门明德门，全长约 5316m。

 特别提示

隋唐长安是曹魏邺城之后第一个新建的都城，是我国按严整方格网布局城市的典范，对诸如宋东京、金中都、元大都等，以及日本古都平城京和平安京的规划营建产生了巨大影响。

拓展讨论

党的二十大报告指出："中国始终坚持维护世界和平、促进共同发展的外交政策宗旨，致力于推动构建人类命运共同体。"中国历史上一直实行和平、开放的对外政策，唐朝表现得更为显著。分组讨论中国唐朝隋唐长安城的规划建设对日本古都平城京和平安京的规划营建产生的影响及其社会背景。

3. 北宋东京城

北宋东京汴梁位于今河南开封，它先后是隋唐汴州治所和五代都城等所在地，因位于江南和洛阳之间的水路要冲地带，漕运十分方便。北宋以此为基础不断扩建，最终使其成为全国的政治、军事、经济、文化中心。

考古实测证明汴梁城由宫城、内城、外城三重城垣套叠组成，三重城墙外围均有护城河环绕。城门设瓮城，各瓮城上建有城楼、敌楼。

最内层是宫城，也称大内(紫禁城)，居城市中心，呈方形，城墙四角建有角楼，四面开门，城南正门为宣德门，两侧为左、右掖门，东西分别是东华门、西华门，城北为拱宸门。内城呈不规则方形，南北面各3个门，东西面各2个门，里城内主要布置衙署、寺观、民居、商店、作坊等。外城经多次重修、扩建而来，考古实测已证明近似为平行四边形(图3.13)，东墙7660m、西墙7590m、南墙6990m、北墙6940m。外城水门、旱门共20个，其中南面中门为南薰门。以宣德门为起点，经御街、朱雀门至南薰门形成全城的南北中轴线。

城内道路系统大致呈方格网状，但不甚规整。城市的干道与巷道直接相连，住宅、商铺、作坊临街混杂而建，形成开放式商业街，街道宽度比唐长安小。

北宋初年，东京城仍实行过里坊制，并设有东、西两市。后逐渐废除夜禁，准许开夜市，以后又拆除坊墙，允许商人自由开设店铺，封闭的里坊制被打破，向开放的街巷制转变。城内逐渐

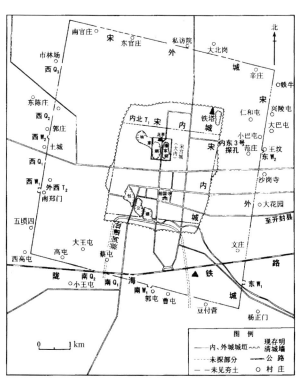

图3.13 北宋东京城平面实测图

形成夜市和晓市，如州桥夜市。饮食店、酒楼等多通宵营业。城内还有"瓦子"，集中了各

种杂技、游艺、茶楼、酒馆，反映了城市经济的发达和市民阶层生活的丰富。北宋张择端所画《清明上河图》描绘了宋东京城沿汴河一带的热闹街市场景(图3.14)，街道上人头攒动，繁忙异常，街市中各种店铺林立，形象地反映出了北宋东京城是一个繁华的商业大都市。

汴梁城的建筑密度和人口密度很大，建立了完善的防火制度，城中一定地段建有望火楼，每处有士兵值班，备灭火设施。

图3.14 《清明上河图》描绘的东水门内广场

 特别提示

北宋东京宫城布局改变了以往曹魏邺城和隋唐长安、洛阳宫城位于北部的做法，布置在其内城中心偏北位置。

北宋东京城三城相套的布局及宫城基本居中等规划思想对以后都城的规划影响很大。

【参考视频】

4. 明清北京城

明清北京城是在元大都基础上进行一系列改建、扩建而成的，明初将元大都北部向南退入约2500m，后又将南部城墙向南推500多米，东西城墙仍沿用元大都城墙，明嘉靖三十二年(1553年)加筑外城，限于财力，仅建成了城南的一段，从而形成了一个"凸"形平面(图3.15和图3.16)。

明代北京城外城东西长7950m，南北长3100m，城垣厚重高大，有护城河环绕。南面有3座门，东西各有1座门，北面共有5座门，其中中央3个门即内城南门，东西两便门面向城外。内城东西6650m，南北5350m，南面3座门，东、北、西各2门。各城门均有瓮城，建有城楼。内城的东西南角建有角楼。内城街道沿用元大都的规划系统，但因皇城居中，东西交通不便。内城外四面设置天坛(南)、地坛(北)、日坛(东)、月坛(西)等礼制建筑。

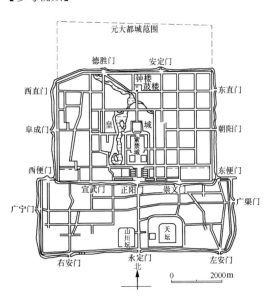

图3.15 明代北京城平面图

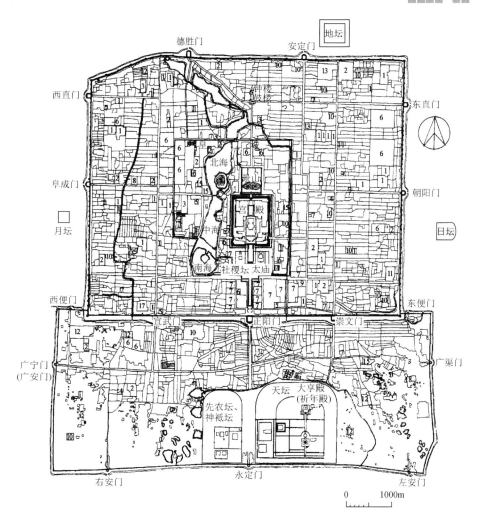

图 3.16　明清北京城

　　皇城是全城的布局中心，呈不规则方形，东西 2500m，南北 2750m，四向开门，南门为正门(明称承天门，清称天安门)，皇城内包含了宫殿、苑囿、坛庙、衙署等众多建筑。皇城的核心——宫城位居全城中央，四面有城门，四角建角楼，城外护城河环绕。宫城前左(东)为太庙、右(西)为社稷坛。

　　由此形成了一条横贯全城、全长约 7500m 的南北中轴线 (从南到北)：永定门(外城正门)→正阳门(内城正门)→天安门(皇城正门)→端门→午门(宫城正门)→宫城内 6 座门、7 座殿→神武门→景山→地安门→鼓楼→钟楼。沿这条轴线布置城阙门洞、华表、宫殿、桥梁和各种空间比例的广场，并在轴线两侧近旁根据中国传统的宗法礼制思想分别设置天坛、先农坛、太庙和社稷坛等礼制建筑。轴线上的建筑高大雄伟，红墙黄瓦房顶，和周围居民区的青灰瓦顶住房形成强烈的对比，从城市规划和建筑设计方面强调封建帝王的至高无上。

　　居民区分布在内外城内，由胡同分割为间距约 70m 的居住地段，每个居住地段中间多由三进的四合院并联组成。内城多住官僚、贵族等，外城多住一般老百姓。北京的市肆多集中在皇城周围，如城北鼓楼一带，城东西的东、西四牌楼一带，城南正阳门外一带。

49

 特别提示

北京城布局继承了历代都城规划的传统，体现了宗法礼制思想；布局艺术上运用了强调中轴线的手法，重点突出，主次分明，形成宏伟壮丽的城市景观，在世界城市史上也不多见。明清北京城是中国古代城市规划建设经验的集中体现。

知识链接

中国古代地方城市的建设多因地制宜，灵活布局。平原地带的城市多方整规则，道路平直，城市中心常设鼓楼、钟楼，如明清时期的西安。在地形复杂多变的地区，城市布局也多样，道路系统往往呈不规则状。依山筑城的，主要街道沿等高线展开；沿江建市的，往往形成带状城市；水网地区则充分利用水路，街道房屋沿两岸布置，如古城苏州。

本 讲 小 结

本讲概括地阐述了中国古代城市发展沿革的历程，并简要讲解了中国古代都城在选址、防御、道路、市肆等方面的具体做法；简要介绍了《周礼·考工记》"匠人营国"中的王城规划思想；概括地分析了汉长安、隋唐长安、北宋东京、明清北京城，在城市总体布局、道路、防御、市肆、闾里等方面的建设情况及各自的特征。

思 考 题

1. 中国古代城市是如何加强军事防御的？
2. 中国古代都城中"里坊"的功能及发展变化情况如何？
3. 简述唐长安城的规划布局特色。
4. 试分析明清北京城的城市布局特色。
5. 试讨论《周礼·考工记》"匠人营国"中的有关王城的规划思想对后代都城的影响。

第4讲 宫殿

教学目标

　　了解中国古代宫殿建筑的发展概况；理解中国古代宫殿建筑群的布局特点和建筑设计思想；掌握唐大明宫的"前朝后寝"布局特征；掌握明清故宫在建设思想、总体布局、空间组合及单体建筑等方面的成就。

教学要求

能力目标	知识要点	相关知识
了解中国古代宫殿建筑的发展概况	中国古代宫殿建筑的发展概况	各个历史时期宫殿建筑的发展
能简单分析古代宫殿建筑群的总体布局特征	(1) 唐大明宫的总体布局特征 (2) 明清故宫的总体布局和建筑成就	唐大明宫、明清故宫

引例

　　宫殿是我国古代最隆重的建筑之一，历朝历代宫殿都是集中最大的人力物力、最高的技术与艺术营造起来的。宫殿建筑究竟有着怎样的面貌？又是如何发展、演化的？明清北京故宫见证着怎样的宫殿建设思想和建筑成就？

4.1　宫殿建筑发展概况

　　宫殿是历代帝王实施统治、处理政务和居住的场所，是帝王至高无上的权力与地位的象征，具有明显的政治性。

　　目前，发现最早的宫殿遗址是河南偃师二里头夏代宫殿遗址，共发现了大型宫殿和中小型建筑数十座，其中规模最大的一号宫殿(图2.7)建在夯土台上，柱列整齐，但无瓦遗存，周围有回廊环绕，南面有门的遗址，初步形成了廊院的格局。

　　商代宫殿遗址有河南偃师尸沟乡早商宫殿遗址、湖北黄陂盘龙城商中期宫殿遗址、安阳殷墟晚商宫室遗址(图2.11)等，遗址中都发现了夯土台基，但无瓦遗存。其中，安阳殷墟晚商宫室遗址分为北、中、南3区，据考古推测分别是居住、朝廷及宗庙，以及祭祀所在，基址呈庭院式布置，这种以院落组合做作纵深发展和前朝后寝的布局形式对以后宫殿建筑的布局产生了深远的影响。

特别提示

　　夏商时期，最隆重的宫殿建筑也只是夯土建造，茅草覆顶，是"茅茨土阶"的建筑形象。但夏商两代宫殿遗址开创了中国3000余年的院落式宫殿布局形式。

　　西周早期宫室遗址——陕西岐山凤雏村遗址是一个两进院落的四合院，布局严整，屋顶上使用了少量的瓦。另据《周礼·考工记》记述，周代宫殿分前朝和后寝两部分。前朝以正殿为中心组成若干院落，形成外朝、内朝、燕朝(又称大朝、日朝、常朝)三朝，以及皋门、应门、路门三门。

　　春秋战国时期，各诸侯国竞相在高台上兴建壮观华丽的宫室，所谓"高台榭，美宫室"，如山西侯马晋都新田古城、河北易县燕下都、河北邯郸赵都、山东临淄齐都等，都遗留有高四五米至十多米不等的高台宫室遗址。加上瓦的普遍使用，建筑色彩的日渐丰富，使宫殿建筑彻底摆脱了"茅茨土阶"的简陋状态而进入一个辉煌的新时期。

特别提示

　　高台宫室成为这个时期宫殿建筑的主要特征，并对以后宫殿建筑的建造产生了深远影响。

　　秦统一六国后，在关中平原建造了规模空前的宫殿，绵延数百米，数量众多，布局分散，有新旧咸阳宫、信宫、兴乐宫、阿房宫、甘泉宫等。西汉初期有长乐宫、未央宫，后期建北宫、桂宫、明光宫、建章宫等，各宫宫墙围绕，形成宫城；各宫城中又有许多自成一区的"宫"，"宫"与"宫"之间布置池沼、台殿、树木等，格局较自由，富有园林气息。两汉、魏晋、南北朝时期都在正殿两侧设东西厢或东西堂，备日常朝会及赐宴等用，三朝横列。

特别提示

这时期，宫殿以宏伟的前殿和宫苑相结合，布局较自由，富有园林气息。

隋文帝营建大兴城时，追绍周礼制度，纵向布置广阳门、大兴殿、中华殿"三朝"。唐高宗迁居大明宫，仍按轴线布置含元殿、宣正殿、紫宸殿三殿为"三朝"。但大明宫后寝部分宫苑结合，台殿池沼错综布列，较为活泼。

宋宫殿在总体布局上依然遵循"三朝"的布局原则，仅因地形限制稍作变通。明初南京宫殿刻意比拟古制，仿照"三朝"建奉天、华盖、谨身三殿，并在殿前设门五重；迁都北京后，宫殿依然遵循"三朝五门"制度，同时强化了宫殿空间序列的艺术感染力，但使用上随意变通。

特别提示

自隋至明清，宫殿建筑进入纵向布置"三朝"的阶段。

知识链接

《周礼·考工记》在西汉中期被发现，作为《周礼》中佚失的《冬官》，经东汉末经学家郑玄注释，被正式列为儒家经典。故《周礼·考工记》所载宫室制度在汉代宫殿中并无反映，却对汉以后各代的宫室有极大影响。但《周礼·考工记》中所述的三门，经郑玄引用经学家郑众的说法扩大为五门，故以后各代宫殿外朝部分都是"三朝五门"。

从汉、唐、明三朝宫殿可见其发展趋势如下：规模逐渐变小；宫中前朝部分加强了纵深方向的空间层次，门、殿增多；后寝部分由宫与苑相结合的自由布置演变为规则、对称、严肃的庭院组合。

4.2 唐 大 明 宫

4.2.1 唐大明宫概况

唐大明宫遗址(图 4.1)位于西安市北郊龙首原上，居高临下，气势宏伟。初建于唐太宗贞观八年(公元 634 年)，是为太上皇李渊修建的夏宫，名永安宫。工程未完，李渊病故，遂停建，贞观九年正月更名为大明宫。龙朔二年(公元 662 年)，唐高宗扩建并于次年迁入，大明宫自此成为大唐帝国的政令中枢所在。

【参考视频】

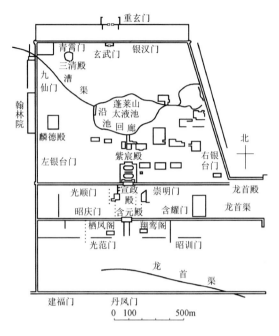

图4.1　唐长安大明宫总平面图

　　大明宫分为外朝、内廷两大部分,是传统的"前朝后寝"布局。平面略呈梯形,面积约3.2km²(约为明清北京紫禁城的4.5倍)。宫墙周长约7600m,四面共有11座门,已探明的殿、台、楼、亭等基址有40余处。

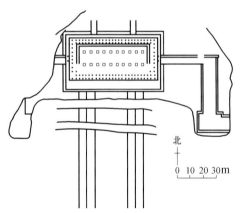

图4.2　大明宫含元殿遗址平面

　　大明宫南部为前朝,自丹凤门到紫宸殿长达1200m的中轴线上建有3组宫殿:含元殿、宣政殿、紫宸殿。含元殿(图4.2和图4.3)是大明宫正殿,为大朝。殿基高约15m,东西长75.9m,南北长41.3m,是一座面阔11间,进深4间的殿堂,殿前坡道长达70余米,形似龙尾,称为龙尾道。殿前左右有翔鸾、栖凤两座阙楼,以飞廊与含元殿相连,充分体现了"九天阊阖开宫殿"的磅礴气势。其后为宣政门、宣政殿。宣政殿为日朝,位于含元殿后300m处,是皇帝每月朔望见群臣之处。东西有横亘全宫的第二道横墙,四周有廊庑围成宽约300m的巨大殿庭。东廊之外为门下省、史馆等,西廊之外为中书省、殿中省等官署。宣政殿之后的紫宸门、紫宸殿为寝区主殿,是常朝所在的天子便殿。群臣入紫宸殿朝见,称为"入阁"。

　　内廷以太液池为中心,池中偏东处有一土山,称作蓬莱山。池南岸建有回廊,周围殿阁楼台环绕。池西有麟德殿、大福殿等,麟德殿(图4.4)是非正式接见和宴会之处,面阔11间,进深17间,建筑面积达5000m²(面积约为故宫太和殿的3倍),周围回廊环绕,楼阁相辅,规模十分宏伟;池东有太和殿、清思殿等,是帝后游乐之所;池北有大角观、玄元皇帝庙、三清殿等道教建筑。内廷殿宇布局疏朗自由,形成了宫苑结合的起居游宴区。

图4.3　大明宫含元殿复原想象图

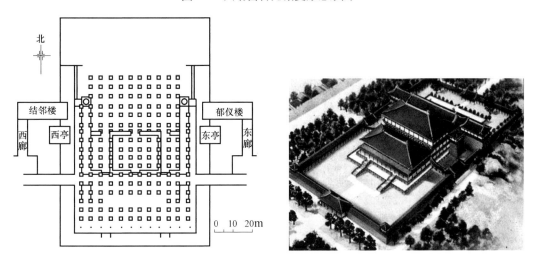

图4.4　大明宫麟德殿复原想象图

 **特别提示**

含元殿以飞廊与翔鸾、栖凤两座阙楼相连形成的"∏"形平面，对明清午门的形制产生了重要影响。

4.2.2　唐大明宫的建筑成就

(1) 规模宏大。大明宫采用规划严整的前殿与宫苑结合的布局形式，其遗址范围(不计太液池以北的内苑地带)相当于明清紫禁城总面积的3倍。

(2) 建筑群处理愈趋成熟。大明宫在空间组织上，加强突出主体建筑，强调纵轴方向的陪衬。全宫自南端丹凤门起，北达宫内太液池、蓬莱山，形成了长达约1600m的中轴线，轴线上依次坐落着全宫的主要建筑：含元殿、宣政殿、紫宸殿。含元殿利用突起的高地(龙首原)作为殿基，加上两侧双阁的陪衬和轴线上空间的变化，形成朝廷所需的威严气氛。

(3) 木建筑解决了大面积、大体量的技术问题。如麟德殿建筑面积达 $5000m^2$，采用了面阔11间，进深17间的柱网布置。

4.3 明清北京故宫

4.3.1 北京故宫概况

【参考视频】

北京故宫位于北京城的中心，明清时称为紫禁城，始建于明永乐四年(1406 年)，是明永乐皇帝朱棣以明南京宫殿为蓝本，历经 14 年(1407—1420 年)在元大都的基础上建成的。从 1420 年至 1911 年，共有 24 位皇帝(明 14 位，清 10 位)在这里生活居住和对全国实行封建统治。

紫禁城平面(图 4.5)呈长方形，南北长 960m，东西宽 760m，占地约 720000m²。周围有 52m 宽的护城河环绕。城墙周长 3428m，高 10m，四面辟门，南面为正门午门(图 4.6)，北面为神武门(明称玄武门)，东为东华门，西为西华门，门上都设有重檐门楼。城墙四隅各有一座角楼(彩图 12)，重檐三层，崇脊翘角，精巧玲珑。

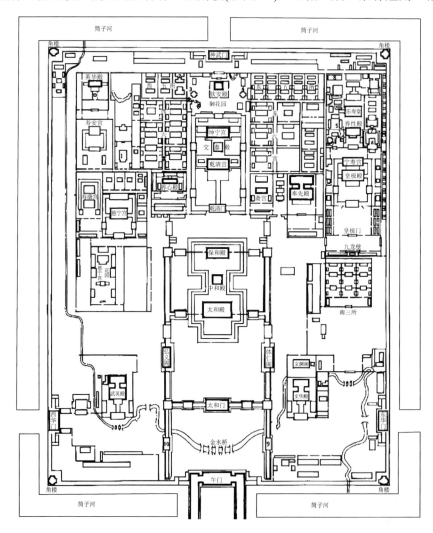

图 4.5 明清紫禁城平面图

　　故宫由外朝与内廷两部分组成。外朝以太和殿、中和殿、保和殿三大殿为中心，东西以文华殿、武英殿为两翼，是皇帝处理政务、举行重大庆典的地方。

图 4.6　午门

 特别提示

　　太和门是外朝三大殿的正门(图 4.7)，面阔 9 间，进深 3 间，重檐歇山顶，汉白玉基座，梁枋施和玺彩画，是宫中等级最高的门，为常朝听政处。门前有开阔的广场，金水河萦绕其间，河上横架五座石桥，俗称内金水桥。

图 4.7　太和门

　　太和殿(明称奉天殿) 俗称金銮殿，如图 4.8 所示，面阔 11 间，进深 5 间，重檐庑殿顶，建筑面积达 $2300m^2$，是皇帝举行登基、朝会、颁诏等大典的地方；殿前有宽阔的月台，月台上陈列有铜鼎、嘉量(标准容器)、日晷(古代的计时器)、铜龟、铜鹤等物，如图 4.9 所示。太和殿与太和门、弘义阁、体仁阁等廊庑围合成长宽各 200 多米的庭院，可举行万人集会和陈列各色仪仗陈设。中和殿(明称华盖殿，如图 4.10 所示)平面呈正方形，面阔、进深各 3 间，四面出廊，单檐四角攒尖顶，是皇帝出席重大典礼前休息的地方。保和殿(明称谨身殿，如图 4.11 所示)面阔 9 间，进深 5 间，重檐歇山顶，是皇帝赐宴和殿试的场所。三大殿共同坐落于 8.13m 高的"工"字形的 3 层汉白玉须弥座台基上(图 4.12)，建筑形体变化丰富，主次分明。

【参考图文】

图 4.8　太和殿

图 4.9　嘉量、日晷、铜龟、铜鹤

图 4.10　中和殿

图 4.11　保和殿

【参考图文】

图 4.12　外朝三大殿共同坐落于"工"字形台基上

 特别提示

　　太和殿是我国现存最大的木构大殿，它的一切构件均属最高级。重檐庑殿顶的正吻高 3.4m，檐角小兽达 10 个之多，外檐斗栱精巧丛密，上檐 11 踩斗栱，下檐 9 踩斗栱，室内外梁枋、天花，全部为沥粉贴金的和玺彩画。室内金砖铺地，明间中央设有 7 层台阶的高台，上置镂空金漆宝座和屏风。宝座上方为金漆蟠龙吊珠藻井，宝座周围 6 根通体沥粉贴金龙柱直抵殿顶，整个建筑金碧辉煌、雄伟壮丽。

　　文华殿是太子的书斋，后改为皇帝召见翰林学士、举行经筵讲学典礼之处；清代在此增建藏书楼——文渊阁。武英殿是皇帝与大臣议政之处，后为修书处，在此刊印装潢书籍。两座宫殿均为"工"字形平面，主殿面阔 5 间，进深 3 间，单檐歇山顶，等级较低。

 特别提示

　　保和殿后乾清门(图 4.13)前的小庭院是外朝与内廷的分界处。乾清门以北是内廷。

图 4.13　乾清门

知识链接

保和殿后石阶中道的云龙石雕(彩图 1)是故宫中最大的一块。石长 16.57m，宽 3.07 m，厚 1.70m，重 200 多吨。据明《两官鼎建记》记载，运这块大石动用了顺天府民夫两万人，用旱船拉运，自房山至北京 100 多华里(1 华里=500 米)，走了 28 天，耗银 11 万两。

内廷以乾清宫、交泰殿、坤宁宫三大殿为中心，东西两侧对称布置东西六宫(妃嫔居所)，辅以养心殿、奉先殿、斋宫、毓庆宫以及御花园等。再向东西，有宁寿宫及南三所(皇子居所)、慈宁宫(太后、太妃居所)等，是皇帝平日处理政务及其后妃与了女等居住、礼佛、读书和游玩的地方。

内廷三大殿也共同坐落在"工"字形台基上。乾清宫(图 4.14)是皇帝的正寝，连廊面阔 9 间，进深 5 间，重檐庑殿顶；坤宁宫为皇后的正寝；明嘉靖时在两宫间建了一座平面方形、单檐四角攒尖顶的小殿"交泰殿"。东西两侧为对称布置的东、西六宫及乾东、西五所等，从而形成群星拱卫的格局，以附会天象，夸大皇帝的神圣。内廷建筑尺度减小甚多，较为宜人，增加了生活气氛。内廷最北端是御花园，园内有亭台馆阁 20 余座，道教建筑钦安殿坐落于中轴线上，玲珑叠秀的山石、葱郁繁茂的花木点缀其间，精巧玲珑，典雅富丽(图 4.15)。

图 4.14　乾清宫

图 4.15　御花园内万春亭

知识链接

内廷三大殿的使用在清代有了许多改变。乾清宫在雍正年间及以后主要用于内廷典礼活动、引见官员、接见外国使臣等，皇帝寝宫移至养心殿。交泰殿在清朝用于皇后在元旦、千秋(皇后生日)等节日里接受朝贺。乾隆年间及以后也用于存放 25 方宝玺(即乾隆皇帝规定的皇帝行使各方面权力的宝玺)。坤宁宫在清朝按规定也是皇后寝宫，但皇后实际并不住在这里，而是按满族习俗将其作为祭神之所，只有东暖阁作为皇帝大婚时的洞房。

养心殿位于乾清宫西侧，本是一座普通宫殿，自雍正帝移居此，后加以改建，成为皇帝召见群臣、处理政务、读书、学习、居住的多功能建筑。养心殿为"工"字形殿，前殿面阔 3 间，进深 3 间，采用歇山式屋顶，明间正中设皇帝的宝座；后殿为皇帝的寝宫。

宁寿宫为清乾隆皇帝做太上皇归政后临朝受贺而修的一组宫殿，前殿皇极殿，面阔 9 间，进深 5 间，重檐庑殿顶，前檐出廊，与后殿宁寿宫同座于单层石台基之上，并有花园一座，俗称乾隆花园。

撷芳殿位于紫禁城东部，按阴阳五行之说，东方属木，青色，主生长，故屋顶多覆绿琉璃瓦，并安排皇子在此居住。屋顶皆为单檐硬山顶或歇山顶。因其在宁寿宫以南，又称"南三所"。

慈宁宫以及其后的寿安宫为太后、太妃及太嫔们居住之所，正殿慈宁宫面阔 7 间，前后出廊，重檐歇山顶，是为太后举行重大典礼的殿堂。

4.3.2　故宫的建筑成就

故宫建筑群是我国古代建筑群的经典范例，从总体规划、平面布局、空间组合、单体建筑，到装饰装修都是匠心独具，充分体现了中国古代宫殿建筑的雄伟、庄严、富丽、秩序等特征，展现了中国古代匠师们在建筑上的卓越成就。

在总体布局上，强调沿中轴线做纵深发展和对称布置，反映了中国传统宗法礼制思想。如外朝三大殿、内廷三大殿等主要建筑都建在中央主轴线上，左右严格对称布置。这条主轴线不仅是紫禁城的中轴线，也是整个北京城的中轴线，南达永定门，北到鼓楼、钟楼，贯穿整个城市，气魄宏伟，规划严整，充分表现了"居中为尊"的传统礼制思想，把皇权的至高无上表现得淋漓尽致；紫禁城前部东、西两侧分别为太庙和社稷坛，以此附会《周礼·考工记》中"左祖右社"的记载；外朝三大殿和大清门、天安门、端门、午门、太和门 5 座门附会了"三朝五门"制度。

在建筑组合上，充分运用院落和空间的变化，烘托出不断变化的环境气氛，把皇权的崇高、神圣表达得淋漓尽致。主要手法是在自大清门起 1600m 的轴线上，对称连续地布置了 6 个或狭长、或开阔、或压抑、或宏伟的封闭院落，依次形成了天安门、午门、太和殿 3 个建筑高潮，并在太和殿达到最高潮，如图 4.16 所示。

在建筑处理上，运用形体的变化和尺度的对比，以次要建筑来衬托突出主体建筑，使整个建筑群有主有从，等级分明，秩序井然，反映了封建社会的宗法等级观念。如天安门、午门采用了城楼形式，其基座就高达 10 余米；太和殿的一切都使用最高规制，规模宏大，金碧辉煌，并坐落于 3 层汉白玉须弥座台基之上；而附属建筑的规

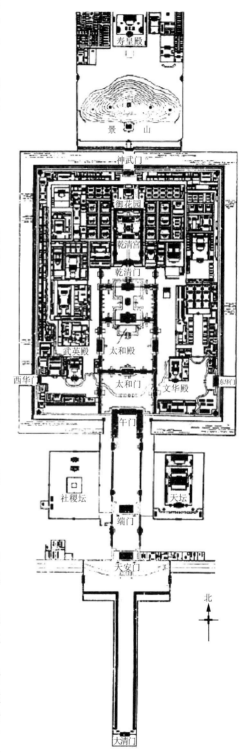

图 4.16　明清紫禁城(故宫)总平面图

制和台基就相应简化并降低高度，以此突出主要门殿的主体地位。在故宫建筑中，屋顶形式按重檐、庑殿、歇山、攒尖、悬山、硬山的等级秩序使用，午门、太和殿、乾清宫为重檐庑殿顶，天安门、太和门、保和殿为重檐歇山，其他宫殿为单檐歇山等较低级形式。建筑细部装饰也有高低繁简之别。

建筑的色彩与装饰华贵绚丽、富丽堂皇。建筑屋顶满铺各色琉璃瓦件，主要殿堂以黄色为主，绿色用于皇子居住的建筑，其他蓝、紫、黑、翠等五彩缤纷的琉璃多用在花园或琉璃壁上，与红色的殿身、白色的台基和绚丽的彩画组合起来，金碧辉煌，与北京城灰色的基调形成鲜明对比，进一步表现出皇帝至高无上的权力和地位。

📖 课堂讨论

北京故宫是我国古代建筑的优秀典范，是中华优秀传统文化的重要载体。党的二十大报告多次提出，坚定文化自信，传承中华优秀传统文化。你认为应该怎样从中吸取优秀建筑文化的精髓和内涵。

【参考图文】

🔍 知识链接

沈阳故宫是清入关前，清太祖努尔哈赤、清太宗皇太极创建的皇宫，始建于 1625 年。它的规模较小，以满族特色著称，是除北京故宫外，唯一保存完好的古代帝王宫殿建筑群。清朝入关后改为陪都宫殿和皇帝东巡行宫。

本 讲 小 结

本讲概括地阐述了中国古代宫殿建筑发展的 4 个阶段，即"茅茨土阶"的原始阶段，盛行高台宫室的阶段，前殿和宫苑相结合的阶段，纵向布置"三朝"的阶段；详细介绍了唐大明宫"前朝后寝"的布局特征；详细介绍了明清北京故宫在建设思想、总体布局、空间组合，以及主要宫殿建筑的建设成就。

思 考 题

1. 简述中国古代宫殿的发展概况。
2. 简述唐大明宫对北京故宫宫殿布局的影响。
3. 简述北京故宫的建筑成就。

第5讲 坛庙

了解中国古代坛庙建筑的发展概况和坛庙建筑的分类；理解明清北京社稷坛、北京太庙、曲阜孔庙建筑群的空间布局特点；掌握明清北京天坛建筑群的总体规划意匠和象征设计思想。

教学要求

能力目标	知识要点	相关知识
掌握古代坛庙建筑发展的简单脉络	(1) 古代坛庙的历史沿革 (2) 古代坛庙建筑的分类	不同时期的坛庙遗迹或坛庙实例介绍；以自然神为主要祭祀对象的建筑；以祖先为主要祭祀对象的建筑
能分析古代祭坛的建筑设计思想和文化内涵	(1) 明清北京天坛的总体布局、圜丘和祈年殿的设计思想 (2) 明清北京社稷坛的设计思想	明清北京天坛的总体布局；圜丘建筑群；祈年殿建筑群；社稷坛建筑群
能分析古代祠庙建筑的空间布局艺术特点	(1) 明清北京太庙的空间布局艺术 (2) 曲阜孔庙的空间布局艺术	太庙的总体布局；曲阜孔庙的总体布局

中华民族历来被誉为"礼仪之邦","礼"贯穿渗透于中华民族历史进程的方方面面。在中国古代,"礼"的内容之一就是举行隆重的祭祀神灵和祖先的典礼活动,那么,隆重神圣的典礼活动是在怎样的建筑中举行的呢?让我们一起去探寻这些神秘的建筑……

5.1 坛庙建筑发展概况与类别

5.1.1 坛庙建筑的发展概况

在中国古代,"礼"的核心内容之一就是举行隆重的祭祀神灵和祖先的典礼活动,来表达对神灵及祖先的虔诚侍奉之意,以求保佑人们安居乐业、国家昌盛。坛庙建筑因此而出现。

原始社会的祭祀构筑物有内蒙古大青山的莎木佳祭坛和阿善祭坛遗址、辽宁喀左县东山嘴地区的祭坛遗址(图5.1和图1.5)、浙江余杭县(今余杭区)瑶山和汇观山上两处用土筑成的长方形祭坛遗址等。莎木佳祭坛遗址从南向北平面构图依次为圆形坛平面、矩形坛平面、"回"字形坛平面,形成了一组方圆变化的祭坛组群,有着一定空间序列的营建构思;阿善祭坛由南北轴线对称布置的18堆圆锥形石块组成,全长51m(南端石堆最大,直径8.8m,残高2.1m;北端石堆最小,直径1.1m,高0.2m);东山嘴红山文化祭祀遗址南北长60m、东西宽40m,南为一用河卵石铺成的圆形台基,北为一长方形石基址,构成一组坐北朝南、主次分明的建筑群。在辽宁建平牛河梁的红山文化遗存中还发现了女神庙建筑遗址。甘肃秦安大地湾仰韶文化遗址中的"地画"房址H401中有用炭黑绘的地画,内容为曲左臂至头作舞蹈状男女各一人,下侧另有两动物图像,此种"地画"在各地原始社会房址中尚属首次出现,推测可能是在室内对祖先的崇拜活动(图5.2)。

奴隶社会时期有代表性的重要遗迹有河南安阳殷墟祭祀坑和四川广汉三星堆祭祀坑等。殷墟祭祀坑中出土的青铜器铸造技艺之高超、甲骨文和金文等文字的成熟、祭祀中人牲的使用等反映了中原地区祭祀的特征;三星堆祭祀坑则反映了蜀人图腾崇拜的特点。这些差异是地域或民族不同所致,但它们均开了秦汉以后坛庙建筑的先河。两地的遗址、遗物都有燔柴祭天的明证,而且殷墟祭祀坑是圆形的,与后代天坛圆丘祭天十分相似。

西周时期,都城丰镐建有明堂、辟雍、灵台等礼制性建筑,春秋战国沿袭西周成规。

秦朝都城咸阳营建了一批包括宗庙在内的礼制性建筑,其中,秦人依托祭坛的祭祀活动主要有郊祀和社稷,其地点一处在咸阳之旁郊区,另一处是"雍州四畤"(畤:在高山之下、小山之上建立的祭天建筑,形制是封土为坛),应是后世五郊坛(祭白、青、黄、赤、黑五帝)的雏形,再一处是秦渭水之南甘泉宫的圜丘坛(即今陕西乾县洼泔乡的南孔头村遗址)。

西汉长安城南郊所建造的礼制建筑为:东面是明堂、辟雍遗址,西面是社稷坛遗址,中间是建于公元20年的"王莽九庙"遗址(图5.3)。"王莽九庙"遗址中有11座规制形式相同的夯土基址,呈3排。从基址看,每座建筑均由正方形四面开门的庭院围合一中心建筑而成。本应为 9 座建筑，但实际出现了 11 座，原因尚不清楚。东汉洛阳城建有社稷(一社一稷，位于皇宫之右)、南北郊坛、五郊坛等。

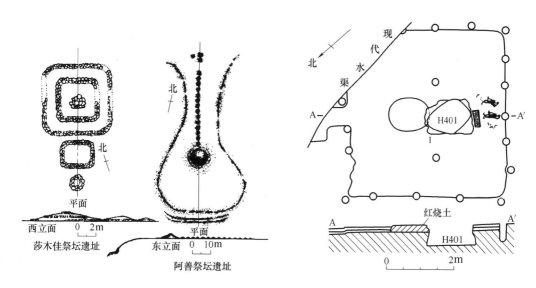

图 5.1 内蒙古大青山原始社会祭坛遗址

图 5.2 秦安大地湾遗址中的地画房址

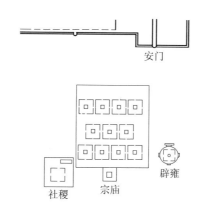

图 5.3 西汉长安城南郊坛庙等礼制建筑遗址

三国时代，曹魏洛阳在城南委粟山修建圜丘(它因山为丘，是中国历史上的一个特例)，北郊修建方丘坛，东郊朝日，西郊夕月(影响到元明清日月坛的设置)。两晋南北朝时期，北周长安城进一步发展建造祭祀星辰、七宿、岳镇、海渎、山林、川泽、丘陵、坟衍的祭坛于长安四郊。

至隋唐时期，坛庙建筑的种类日趋丰富。仅以祭坛营建为例，唐长安营建的祭坛具体分布如下：城南设圜丘、赤郊坛、黄郊坛、腊百神坛；城北设方丘、黑郊坛、四司坛、先蚕坛；城东设先农坛、青郊坛、朝日坛、九宫贵神坛、灵星祠；城西设白郊坛、夜明坛、雨师坛、马祖坛；城西北设北郊坛、西南设风师坛；皇城含光门内设一社一稷。

两宋时期，坛庙建筑营建方兴未艾。如北宋东京城在其南北中轴线左侧景灵宫近旁置

太庙，右侧尚书省前横街西设社稷坛(一社一稷)。城内还建造了文宣王庙和武成王庙等名人祠庙。城的南北东西四方分别建有圜丘、方丘、雨师雷师坛、先蚕坛、朝日坛、夕月坛、风师坛等诸多祭坛。

元大都祭坛和庙宇大都循例修建，规模超出了宋代。明清时期，中国礼制建筑已经发展到了十分完善的地步，坛庙建筑成就很高。明清北京城于宫城前左右设太庙和社稷坛，在正阳门南大道东侧修建天地坛，西侧建山川坛(清称先农坛)，祭祀风师、雨师、五岳、四镇、四渎及山神。1530年将天地坛改为天坛，另在安定门外建地坛。后又建太岁坛、先农坛，祭祀太岁与神农；东郊设朝日坛(清称日坛)，西郊设夕月坛(清称月坛)，分祭大明与夜明之神。

 特别提示

明清北京城的坛庙建设成就是中国古代礼制建筑营造经验的一次集中体现，北京城的坛庙建筑群庄严肃穆、端庄典雅，是中国古代建筑的精品。

5.1.2 坛庙建筑的类别

1. 以自然神为主要崇拜祭祀对象的建筑

这些自然神有昊天上帝、日神、月神、南北斗、荧惑、太白、岁星、填星、二十八宿等星神、云神、虹神、雪神、雹神、皇地祇、神州地祇、五岳、四海、四渎、山林、川泽、丘陵等。

为祭祀天、地、日、月、星、风、雨、雷、电、社稷、先农等神灵而建造的坛庙建筑一般为祭坛。其中天地、日月、社稷(祭土地之神)、先农(祭神农、行籍田礼)等要由皇帝亲自祭祀，尤其是祭天之礼，是历朝的国家大典，祭祀极其隆重，一是表示对昊天上帝的敬畏，祈求风调雨顺、五谷丰登；二是为了显示君权神授、受命于天，神圣不可侵犯。祭地一般在北郊设方坛进行；日月等可在祭天时附祭，也可另设坛祭祀，如明代北京城东西郊设有日坛、月坛。另外，祭坛还有历代王朝封禅泰山所筑九富贵神坛，祀汾阴后土所筑的方丘坛等。

 特别提示

一般祭坛类建筑是"不屋而坛"，即露天设坛，并设置斋宫或殿宇作为附属建筑。古人认为此建筑方式可"达天地之气"，产生"天人感应""人神对话"的效应，从而显示出人对天地等自然神灵的虔诚之心，以祈求这些神灵保佑天下太平，五谷丰登，人民安居乐业。

为祭祀五岳、五镇、四海、四渎等山水之神而建的一般为庙宇。如东岳泰山的岱庙、中岳嵩山的中岳庙、北渎济水的济渎庙等。泰山岱庙规模很大(图5.4)，仿帝王宫城制度。《济渎北海庙图志碑》[明英宗天顺四年(1460年)2月]如实地刻画出济渎庙的布局：主次分明的4组建筑，中为济渎庙，北为北海神祠，东为御香院，西为天庆宫。殿堂400余间，占地面积1599亩(1亩=666.67平方米)(图5.5)。其中保存较好的寝宫为宋代建筑。

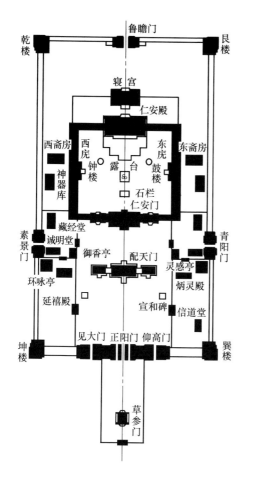

图 5.4 元代泰山岱庙平面示意图

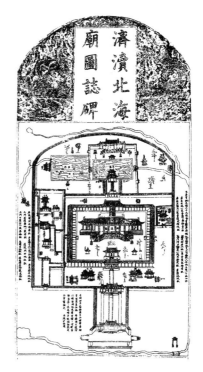

图 5.5 明代《济渎北海庙图志碑》

另外还有一种叫做明堂的建筑，是历代皇帝用于朝会诸侯、颁布政令、季秋大享祭天之所，是一种类似于坛庙的重要礼制性建筑。汉长安南郊的明堂辟雍是早期的明堂建筑遗存(图 5.6)。武则天在洛阳所建明堂是历代明堂中最为宏大壮丽的。北宋政和年间东京城也建有明堂。明嘉靖间在北京南郊建大享殿(天坛祈年殿)，起着明堂的作用。

【参考图文】

2. 以祖先为主要崇拜祭祀对象的建筑

这类建筑的祭祀对象包括列祖列宗、先代帝王、先圣、先师、先医等。

为祭祀帝王祖先而建的庙宇叫做太庙，为祭祀王公大臣的祖先而建的庙宇叫做家庙或祠堂。太庙仿宫殿"前朝后寝"形制：前设庙，供奉神主，后设寝殿，设衣冠几杖。帝王庙的设置有两种情况：一种是分别营造 7 座或 9 座建筑，每座供奉一位祖先；另一种是在一座建筑室内设置 7 室或 9 室配两夹室的形式，每室供奉一位祖先。

为祭祀历代名人先贤而建的庙宇有孔子庙、诸葛武侯祠、周公庙、关帝庙等。其中孔子庙(也称文庙)数量最多，曲阜孔庙规模宏大，最为著名。

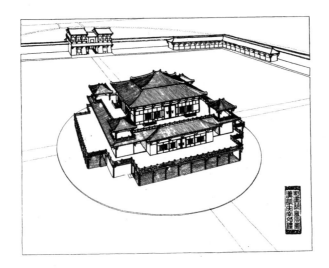

图 5.6 西汉长安城南郊明堂辟雍遗址复原图(王世仁复原)

5.2 北京天坛

【参考视频】

北京天坛是明、清两代皇帝每年祭天和祈求五谷丰登的场所。北京天坛位于北京南郊,始建于明永乐十八年(1420 年),原为天地合祭,设祭的地方为大祀殿,是一座黄瓦玉陛重檐垂脊的方形建筑。明嘉靖九年(1530 年)改为天地分祀,在天坛建圜丘坛专用于祭天,另在北郊建方泽坛祭地,大祀殿废而不用。嘉靖十九年(1540 年),将原大祀殿改建为圆形的大享殿,天坛的建筑遂分为两组,南面是圜丘坛,北面是大享殿,分别用于祭天和祈谷。清乾隆十二年(1747 年),重建天坛内外墙垣;乾隆十六年(1751 年)将大享殿更名为祈年殿。

5.2.1 总体布局

天坛建筑群位于北京内城外南侧、永定门内东侧,以附会古人天属阳,而南为阳,祭天之所应在国都之南郊的传统思想。

天坛总平面(图 5.7)由内外两重坛墙围合而成,外坛墙东西长 1703 m,南北宽 1657 m,占地面积达 273 公顷,是北京紫禁城的 3.7 倍。内坛墙东西长 1025 m,南北长 1283m。两重坛墙均为北墙圆形、南墙方形,寓意"天圆地方"。

天坛的主体建筑为圜丘和祈年殿。圜丘建筑群在内坛墙内东南位置,祈年殿建筑群在内坛墙内东北位置,中间由一条高出地面约 3m、宽约 30m 的超长甬道——丹陛桥相连,从而形成一条笔直的中轴线。中轴线的西侧位置有一组坐西朝东的建筑群——斋宫,是皇帝祭天、祈谷前进行斋戒的地方。斋宫由两重宫墙和两道禁沟围成正方形的宫院,占地 4 万 m²,森严肃穆。另外,在外坛西墙内侧建神乐署、牺牲所等附属建筑。两重坛墙内种植了大片苍翠茂密的柏树,使整个坛区的环境氛围宁静而肃穆。

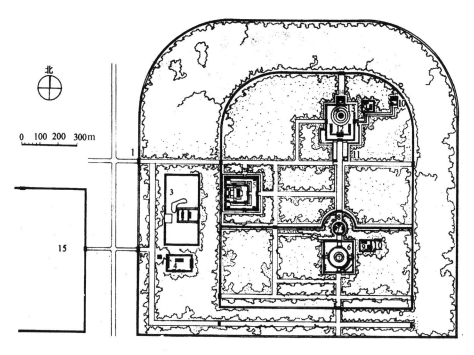

图 5.7 北京天坛位置及总平面布局

1—坛西门；2—西天门；3—神乐署；4—牺牲所；5—斋宫；6—圜丘；7—皇穹宇；8—成贞门；
9—神厨神库；10—宰牲亭；11—具服台；12—祈年门；13—祈年殿；14—皇乾殿；15—先农坛

5.2.2 主要建筑

1. 圜丘

圜丘是皇帝冬至祭天之所，主要由圜丘、皇穹宇两部分组成，分别如图 5.8 和图 5.9
所示。

圜丘坛又称祭天台，外围有两重蓝色琉璃瓦壝墙环绕，外壝墙为方形，内壝墙为圆形，
以附会古人"天圆地方"的宇宙观。四面壝墙正中均建有棂星门。圜丘位于两重壝墙所成
平面的几何中心处。

圜丘采用"露天筑坛"方式，平面为圆形，分 3 层(图 5.10)。上、中、下 3 层坛面直
径分别为 9 丈(1 丈=3.33 米)(3×3)、15 丈(3×5)、21 丈(3×7)，均为奇数(即阳数)，以附会"天
为阳"之说。3 层之和为 45 丈(9×5)，寓意"九五之尊"。3 层坛面均铺艾叶青大理石，每
层坛面所铺石块数为：上层中心是 1 块圆形"太极石"，向外铺扇形石块 9 圈，每圈石块
依次为 9(1×9)、18(2×9)、…、81(9×9)；中层再铺扇形石块 9 圈，每圈石块个数依次为 90(10×9)、
99(11×9)、…、162(18×9)；下层也铺 9 圈石块，石块个数每圈依次为 171(19×9)、180(20×9)、…、
243(27×9)。3 层台面周边设有汉白玉栏杆，栏板数从上到下依次为 36(4×9)、72(8×9)、
108(12×9)。每层坛四面正中各有一个 9 级台阶。

69

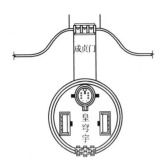

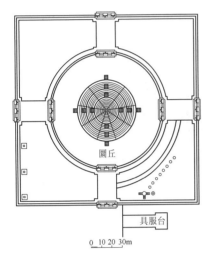

图 5.8　北京天坛圜丘建筑群平面图

图 5.9　北京天坛圜丘建筑群鸟瞰图

【参考图文】

图 5.10　圜丘

 特别提示

　　古人认为天属阳，地属阴，奇数为阳，偶数为阴，而数字"9"则是阳数中的最大数，在古人的心中具有天道、至大、最高、至尊等含义。圜丘是古人祭祀昊天上帝的，因此在营造中就要用阳数和至尊至大之数。

附属建筑皇穹宇位于圜丘坛北面，是一座平面为圆形、单檐攒尖顶的殿宇，内供"昊天上帝"神牌；其东西配殿内供日月星辰和云雨风雷诸神的神牌，是由圆形围墙围合成的圆形庭院，如图 5.11 所示。

图 5.11　皇穹宇

知识链接

皇穹宇的圆形围墙即回音壁，其墙高 3.72m，厚 0.9m，直径 61.5m，周长 193.2m。墙壁用山东临清的澄浆砖磨砖对缝砌筑而成，墙头覆着蓝色琉璃瓦。围墙的弧度十分规则，墙面极其光滑整齐，对声波的折射也是十分规则的。只要两个人分别站在东、西配殿后贴墙而立，一个人靠墙向北说话，声波就会沿着墙壁连续折射前进，传到一两百米的另一端，无论说话声音多小，都可以使对方听得清清楚楚，而且声音悠长，堪称奇趣，造成一种"天人感应"的神秘气氛。

2. 祈年殿

祈年殿是正月上辛日皇帝举行祈谷礼的地方，由祈年门、祈年殿、配殿和北部的皇乾殿等组成(图 5.12 和图 5.13)。

祈年殿(彩图 13)坐落在 6m 高的 3 层圆形汉白玉石基座(也称祈谷坛)上，殿高 33m，直径 24.2m，鎏金宝顶三重檐的圆攒尖式屋顶，覆盖着象征"天"的蓝色琉璃瓦，层层向上收缩，形体纯净、端庄、崇高、肃穆。祈年殿在营造中充分运用了象征设计的思想，如以圆象征天，以蓝琉璃瓦象征蓝天。殿内共有 28 根金丝楠木大柱，最内 4 根龙井柱象征一年 4 季；中圈 12 根柱象征一年 12 个月；外圈 12 根柱象征 12 时辰；中、外两圈柱之和为 24，象征 24 节气；共 28 柱象征周天 28 星宿；与上层的 8 根童柱之和为 36，象征 36 天罡。这种设计充分表达了古人祈祷丰年的精神需求。

【参考图文】

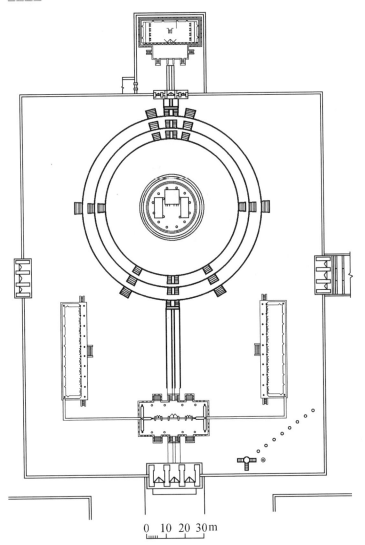

图 5.12　祈年殿建筑群平面图

图 5.13　祈年殿建筑群鸟瞰图

1. 精美绝伦的祈年殿作为中国传统建筑的优秀典范，给你的感受是什么？
2. 祈年殿所使用的象征设计手法给了你哪些启示？

5.2.3 北京天坛的建筑成就

北京天坛建筑布局严谨，主体建筑突出，以大面积的、丰富的植被创造了肃穆与静谧的环境气氛。

天坛在选址、规划、建筑设计各方面处处依据中国传统礼制思想和阴阳五行等学说，体现出严格的思想要求，充分运用了形状、数字、色彩等中国古代特有的象征艺术表现手法，在建筑艺术上把天的崇高、神圣，古人对"天"的认识、崇敬，以及"天人关系"淋漓尽致地表现出来。

祈年殿造型优美，雄伟庄重，构思巧妙，构架精巧，工艺精制，色调纯净，是中国古建艺术最成功的优秀典范之一。

5.3　其他坛庙建筑实例

5.3.1　北京社稷坛

社是五土之神，稷是五谷之神，社稷即土地之神、农业之神。中国古代以农立国，社稷是国土和政权的象征。社稷坛不仅建于京师，诸侯国和府县也有建造，只是规制降低。

北京社稷坛(图 5.14)建于明永乐十九年(1421 年)，位于紫禁城外南面御道的西侧，即北京城南北中轴线之西，附会了"左祖右社"的都城布局形制。社稷坛正门设在北部，象征社属阴。其主要建筑是一座方形的坛和拜殿、戟门两座大殿(面阔 5 间)，另有神库、神厨、宰牲亭等附属建筑。

社稷坛(图 5.15)是呈正方形的 3 层高台，坛面依五行方位铺东青、西白、南赤、北黑、中黄五色土。坛外设墙墙一周，四面各设一汉白玉棂星门，四面墙墙也按方位分别施以四色。五色土是由全国各地纳贡而来的，以表示"普天之下，莫非王土"，还象征着金、木、水、火、土五行为万物之本。

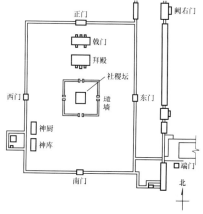

图 5.14　北京社稷坛平面图

图 5.15　社稷坛

特别提示

社稷坛的营造设计充分运用了象征设计手法。

5.3.2 北京太庙

北京太庙是明清两代帝王祭祀祖先的宗庙，位于紫禁城前面东侧，即北京城南北中轴线之东，与中轴线西侧的社稷坛共同构成"左祖右社"的布局方式。太庙始建于明永乐十八年(1420年)，嘉靖年间重建，清代又增修，其规模和格局一直保持至今。

北京太庙总平面为矩形，由两重墙垣围合而成，呈中轴对称布局(图5.16)。在中轴线上，从南到北依次排列着外垣南门(正门)、单孔白石桥、内垣正门(戟门)、庭院、正殿、寝殿、后殿。中轴线两侧依次为前、中、后配殿。另有神库、神厨、井亭等附属建筑。

【参考视频】

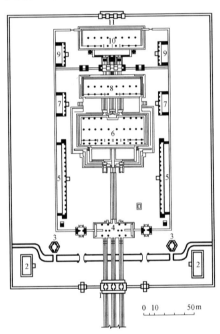

图 5.16　北京太庙平面图

1—庙门；2—神厨、神库；3—井亭；4—戟门；5—前配殿；6—正殿；
7—中配殿；8—寝殿；9—后配殿；10—祧庙；11—后门

太庙正殿(图5.17)是祭祀先祖列帝之处，采用了最高等级形制，原面阔9间，乾隆时改为11间，下为三重汉白玉须弥座台基，前出月台，汉白玉栏杆，上为黄色琉璃瓦重檐庑殿顶，殿内明间与左右两次间的柱梁、斗栱、天花用金箔满贴。寝殿面阔9间，采用黄琉璃瓦单檐庑殿顶，为供奉历代帝后神位之处。后殿又称祧庙，面阔9间，采用单檐庑殿顶，是供奉远祖神位之所，殿前有墙与寝殿相隔，自成院落。

整个太庙建筑群布局规整、主次分明，周围掩映着浓密的松柏林，在空间意境上取得了祭祀建筑所需要的庄重、肃穆、宁静的氛围。

图 5.17　北京太庙正殿

5.3.3　曲阜孔庙

　　山东曲阜孔庙始建于公元前 478 年，由孔子旧居改建而成。后经历代重建扩建，至明代形成了现有规模(拥有殿、堂、坛、阁 460 多间，门坊 54 座，御碑亭 13 座)，是中国古代名人先贤祠庙建筑的典范，也是现今分布于国内外的数千座孔庙的范本。

　　曲阜孔庙总占地面积约 14 万 m²，东西最宽处 153m，南北最长处 651m，沿南北中轴线前后布置了 9 进院落，左右对称，布局严谨，气势宏伟(图 5.18)。前 3 进院落，即圣时门、弘道门、大中门前的空间是引导性空间，其中只有体型较小的层层门坊，院中遍植翠柏，浓荫蔽日，创造出静谧幽深的环境气氛，在这些高耸挺拔的翠柏间有一条幽深的甬道通向前方，既使人感到孔庙历史的悠久，又烘托了孔子思想的深邃。从第四进院落起为孔庙的主体部分，四面院墙围合，四隅建角楼，从南向北依次穿过大中门、同文门、奎文阁、大成门之间连续的过渡空间，最终到达此空间序列的高潮部分，即孔庙的主体建筑——大成殿，大成殿后设寝殿。

　　奎文阁是孔庙中的藏书楼，建于明代，面阔 7 间、进深 5 间，外观二层三檐，黄瓦歇山顶(图 5.19)。内部两层，中设暗层，层叠式构架，底层木柱上施斗栱，栱上再立上层木柱。阁的上层藏书，下层为中路通行的殿门。

　　杏坛相传为孔子讲学的地方。坛周围植杏树，故称杏坛(图 5.20)。金代以

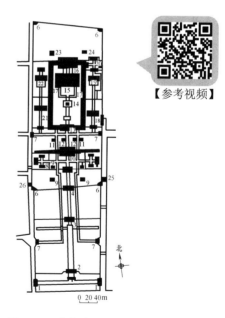

【参考视频】

图 5.18　曲阜孔庙平面图

1—牌坊；2—圣时门；3—弘道门；4—大中门；
5—同文门；6—角楼；7—侧门；8—斋宿所；
9—明碑亭；10—奎文阁；11—金碑阁；12—元碑亭；
13—大成门；14—杏坛；15—大成殿；16—寝殿；
17—两庑；18—诗礼堂；19—家庙；20—神厨；
21—金丝堂；22—启圣殿；23—焚帛所；24—后土祠；
25—钟楼；26—鼓楼

后在坛上建屋，后又改建为重檐十字脊方亭，四面悬山，黄瓦朱栏，彩绘精美华丽。

大成殿是孔庙的主殿(图5.21)，清代重建，面阔9间、进深5间，高24.8m，下为两层台基，上覆黄琉璃瓦重檐歇山顶，屋身回廊环绕，前廊为10根深浮雕双龙对舞石柱，衬以云朵、山石、涛波，各具变化，造型优美生动，是罕见的石刻艺术瑰宝(图5.22)，其余为浅浮雕云龙石柱；殿内供奉着孔子和孔门诸贤的塑像。大成殿后是供奉孔子夫人的寝殿，面阔7间、进深4间，黄琉璃瓦重檐歇山殿。寝殿与大成殿的台基相连成"工"字形，形成"前殿后寝"的布局方式。

图5.19　奎文阁立面图

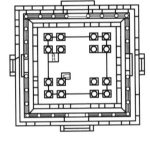

图5.20　杏坛平面图

图5.21　大成殿

图5.22　大成殿前檐石雕龙柱

本 讲 小 结

　　本讲概述了中国古代坛庙建筑的发展概况；讲解了中国古代坛庙建筑按祭祀对象不同所进行的分类情况；详细介绍了明清北京天坛的总体布局，分析了圜丘、祈年殿的设计思想；简要介绍了明清北京社稷坛、太庙和曲阜孔庙的空间布局特色。

思 考 题

1. 简述中国古代坛庙建筑的分类。

2. 简述北京太庙空间布局情况。

3. 结合本讲中北京天坛总平面图，分析在天坛建筑群的规划设计中是如何进行崇天意境的营造和象征设计手法运用的。

第**6**讲
住　　宅

教学目标

了解我国住宅建筑的发展概况和主要类型；掌握我国典型住宅建筑的平面布局和建筑特征。

教学要求

能力目标	知识要点	相关知识
了解我国住宅建筑的发展脉络	住宅的发展概况	住宅建筑发展概况
能分析不同民族和区域住宅建筑的特征	(1) 北京四合院特征 (2) 徽州住宅特征 (3) 福建土楼特征 (4) 河南窑洞特征	北京四合院、徽州住宅、福建土楼、云南一颗印住宅、河南窑洞、蒙古包、藏式碉楼等的介绍

引例

　　住宅建筑是人类历史上最早的建筑类型。从原始人类穴居、巢居的居住方式，到明清时期各具地域特色与民族特色的住宅建筑的形成，中国古代住宅建筑经历了怎样的发展之路？北京四合院、徽州住宅、福建土楼、河南窑洞等有着怎样的独特之处？

6.1　住宅建筑发展概况

　　住宅建筑是人类历史上最早的建筑类型。在漫长的历史过程中，原始人类曾依靠天然山洞栖身。目前发现的人类居住洞穴遗址有辽宁营口金牛山岩洞、湖北大冶石龙山岩洞、贵州桐梓岩灰洞、北京周口店岩洞、河南安阳小南海岩洞、浙江建德岩洞等。

　　约在6000～10000年前，构木为巢、冬窟夏庐的居住方式出现，巢居、穴居成为人类住宅建筑的雏形。在此期间，由于农业耕种的需要(第一次劳动大分工)，人们向土地肥沃的冲积平原迁徙，并形成了相对固定的居民点——最初的聚落。随着社会生产力的提高，穴居、巢居逐渐演化为木骨泥墙建筑和干阑式建筑。到新石器时期，中国大部分地区都已从事农作，过着以农业为主的定居生活，也开始有意识地改造自然，利用工具改造自己的居住生存环境。陕西临潼姜寨村落遗址是仰韶时期农耕生活的典型例证。

　　进入奴隶制社会，人类历史上的第二次劳动分工——手工业、商业从农业中分离促使居民点细化，出现了城市型居民点和农村型居民点。在不同的居民点根据居住要求和社会等级等的不同，住宅类型也丰富起来。

知识链接

　　城市中的住宅随着社会的发展有较明显的形制变化，而乡村中的住宅则更多地在适宜技术上不断演进。两者亦互有影响和交流。聚落也面貌各异，城市自成体系，乡村因中国古代农业社会发展的延续性，始终保留着早期聚落的两大特征，即以适应地缘(如地理、气候等)展开生活方式和以家族的血缘关系为生存纽带。

　　有文献记载的住宅历史可以追溯到春秋时期。根据《仪礼》记载，春秋时期士大夫的住宅由庭院组成。入口有屋3间，明间为门，左右次间为塾；门内为庭院，上方为堂，既为生活起居之用，又是会见宾客、举行仪式的地方；堂左右为厢；堂后为寝，如图6.1所示。

　　汉代的住宅形式主要有两种。

　　一种是传统的庭院式。规模较小的住宅有三合院、"口"字形、"日"字形等，如图6.2所示。中型住宅如图6.3所示，大致分为左右两区，以右区为主，有门、院两重，后院厅堂为三开间叠梁式建筑；左区为附属建筑，院两重，后院建有方形高楼一座。

　　另一种是坞堡，也称坞壁，是一种防御性强的建筑，多为豪强所建，坞堡四周高墙环绕，坞内建望楼，四隅建角楼(图6.4)。大型的坞堡相当于村落，较小的如宅院。大门一般位于南墙正中，入内有庭院，院中建主要厅堂及楼屋。辅助建筑多置于北面。后门常位于东墙的北端。著名的坞壁有许褚壁、白超壁、合水坞等。

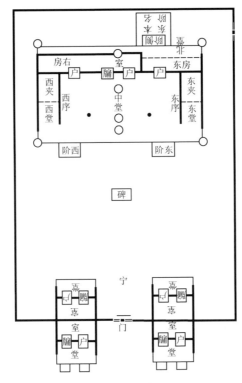

图 6.1　(清)张惠言《仪礼图》中士大夫住宅图

(a) 三合院

(b) L 形住房与围墙形成 "口" 字形

(c) 前后两院的 "日" 字形

图 6.2　广州汉墓明器的住宅形象

图 6.3　四川成都画像砖上的庭院

特别提示

在很长的历史时期内，住宅建筑的主要材料是土和木材，极易受到天灾人祸的破坏，因此，古代住宅极少留有实物。因而，只能从文献资料和考古发掘中窥知各时期住宅建筑的发展概况。

图 6.4　汉墓明器的坞堡形象

魏晋南北朝时期住宅建筑用庑殿式屋顶和鸱尾，围墙上有成排的直棂窗，可能是内侧建有围绕庭院的走廊。这时期不少官僚"舍宅为寺"，这些住宅都由若干大型厅堂和庭院回廊组成，如图 6.5 所示。

图 6.5　北魏宁懋石室石刻(河南洛阳)上的住宅

隋唐五代时期，宅第大门有些采用乌头门形式，有些仍用庑殿顶，院内主要建筑之间用带直棂窗的回廊连接成四合院，庭院呈对称式布置，亦有不对称的，如图 6.6 所示。乡村住宅则以房屋围合成狭长的四合院，也有木篱茅屋的三合院住宅。

宋代的城市结构和布局发生了根本性变化，开放式街巷制替代了里坊制，城市住宅形制呈多样化(图 6.7)。住宅建筑的平面布置十分自由，有前门后院形式的，有沿街开店的前店后宅形式的，有呈工字形的(两座或三座横列的房屋之间以穿堂相连)等。庭院内多以廊屋环绕，前大门入内有照壁，形成较为标准的四合院。

图 6.6 敦煌壁画中的唐代住宅

图 6.7 《清明上河图》中的北宋住宅

明清时期，城市面貌更加繁荣，住宅建筑因地区、民族等条件的不同有很大差异，呈现出百花齐放的局面。北方住宅以北京四合院为代表，按南北纵轴线对称布置房屋和院落。南方(江南地区)住宅以封闭式院落为单位，沿纵轴线布置，但方向并不一定是正南正北。大型住宅有中、左、右3组纵列的院落组群，其左右或后面建花园。

 特别提示

中国住宅建筑历史悠久，在社会因素和自然因素的影响下，形成了鲜明的特点。住宅大多呈院落式布局，平面形式丰富，空间组合多变；住宅建造因地制宜、就地取材，注重与环境的和谐，表现出强烈的地方特色；民族特色鲜明；但由于中国古代文化多以地域划分，住宅的地域文化特征比民族文化特征强。

住宅的结构类型十分丰富，主要有木构叠梁、穿斗与混合式，竹木构干阑式，木构井干式，砖墙承重式，碉楼，土楼，窑洞，毡包等多种结构类型。

拓展讨论

1. 谈谈你了解的不同地区的民居特色。

2. 为什么中国古代住宅的地域文化特征更为突出？

3. 二十大报告提出"全面推进乡村振兴。统筹乡村基础设施和公共服务布局，建设宜居宜业和美乡村。"结合自己的家乡建设谈谈你的想法。

6.2　住宅建筑实例

6.2.1　北京四合院

北京四合院是北方地区院落式住宅的典型代表，由元大都住宅形制演变而来，并于清代发展至巅峰时期。北京四合院以院落布局为主要特征，有两进、三进、四进、五进几种。大型住宅除沿轴线在纵深方向增加院落外，亦可向左右增加平行的跨院，并建有花园。

最常见的是三进院落的北京四合院，如图 6.8 所示。住宅的大门一般开在东南角上，宅之巽位，有槛宅巽门之说，讲究紫气东来，迎合吉利风水之说。入口对面是影壁，向西进入前院。前院较浅，以倒座为主，主要用做门房、客房、客厅，紧邻大门的一间多用做门房或男仆用房，大门以东小院为塾，西部小院内设厕所。

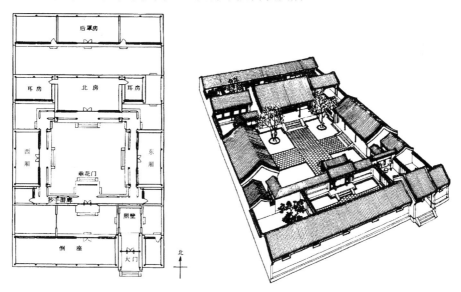

图 6.8　三进院落的北京四合院

南边的倒座用做客房、书塾、杂用间和男仆住房；从前院经垂花门进入内院，垂花门位于中轴线上，是内院与外院的分界线，做法华丽考究，标示着主人的社会地位，如彩图14所示。内院是家庭的主要活动场所，对面是正房 3 间，是全院地位和规模最大者，为长辈起居处；内院两侧为东、西厢房，为晚辈起居处；正房两山处较为低矮的房屋叫耳房，耳房前附有小跨院，常作为杂物院使用，也有置假山、花木的；垂花门与正房及厢房之间由抄手游廊连接，方便雨雪天时行走；院内种植花木、摆设盆景，以营造优美舒适的生活环境。后院是家庭服务区，建有一排后罩房，用于布置厨房、杂屋和仆役用房等，院内有井。

整个四合院在布局上中轴对称，等级分明，秩序井然，宛如京城规制缩影。四合院的做法规范化且成熟，主要建筑为叠梁式结构、硬山屋顶形式，次要房间也可用平顶；色彩以灰色屋顶和青砖为主；房屋墙垣厚重，对外不开放，靠朝向内庭院的一面采光，故院内安静、风沙小。因而，门成为分界内外、引导秩序、身份地位的体现。入口大门分为屋宇式和墙垣式两种。屋宇式等级高，其中又分为王府大门和一般贵族的广亮大门、金柱大门、

蛮子门、如意门等，等级依次降低，如图 6.9 所示。墙垣式门等级低，可做成小门楼或栅栏门，用于简陋的宅院。

(a) 王府大门

(亲王府为五间三启门，郡王府为三间一启门)

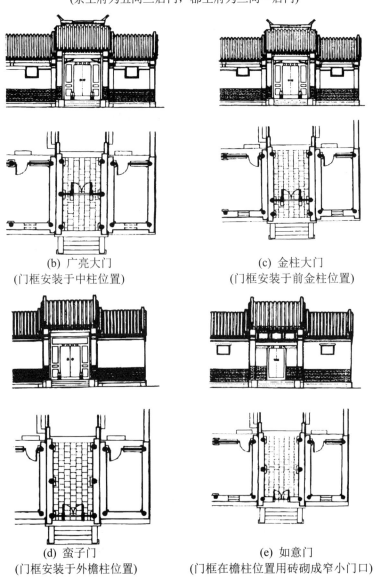

(b) 广亮大门

(门框安装于中柱位置)

(c) 金柱大门

(门框安装于前金柱位置)

(d) 蛮子门

(门框安装于外檐柱位置)

(e) 如意门

(门框在檐柱位置用砖砌成窄小门口)

图 6.9　屋宇式大门

6.2.2　徽州住宅

徽州住宅是明代住宅中最具代表性的(图 6.10)。徽州住宅一般规模不大，主要以布局紧凑、装修华美、用材精良见长。

徽州明代住宅基本为方形或矩形的封闭式三合院、四合院及其变体，且大多为二层楼房。其正房朝南，面阔 3 间，楼梯设在进深很浅的两厢(称廊房)中的一侧。楼下明间为客厅，次间为主房。楼上明间是祖堂，次间住人。院落狭小，称为"天井"。

住宅外观高墙封闭，马头翘角，墙线错落有致，白墙黛瓦，素雅大方。唯一重点装饰的地方是大门，一般采用门罩式或门楼式(一种贴墙牌楼的形式)，都用磨砖雕镂成仿木构造的柱、枋、斗、檐椽等形式，如图 6.11 所示。

住宅内部木雕精美(图 6.12)，刀法流畅，丰满华丽而不琐碎。室内彩画淡雅醒目，既起到装饰效果，又改善了室内的亮度。

图 6.10　徽州住宅

图 6.11　大门装饰

图 6.12　徽州住宅上的木雕

6.2.3　福建土楼

土楼是客家人的住宅形式。客家人原是中原汉民，自东晋始，因战乱、饥荒等原因数次南迁，南宋以后，在闽、粤、赣 3 省边区形成客家民系。

因移民之故，客家人采取群聚一楼的居住方式，用土夯筑成墙厚而高耸的城堡式住宅——土楼。

土楼的主要类型有圆形土楼、方形土楼、五凤形土楼、椭圆形土楼、八卦形土楼、半月形土楼等。其中以福建永定客家土楼最为典型，如图 6.13 所示。

图 6.13　福建土楼景观

永定客家土楼有圆楼和方楼两种形式。承启楼(图 6.14 和图 6.15)被称为圆楼之王，建于清顺治元年(1644 年)。布局上全楼为三环一中心。中心即大厅，建有祠堂。内一环为单层，设 32 个房间。外一环为两层，每层设 40 个房间；最外环为 4 层，高 12.4m，平面直径达 72m，每层设 72 个房间，底层用作厨房、畜圈、杂用，二楼用于贮藏，一、二楼层对外不开窗，上两层为卧室，有回廊连通各室，因内环和祠堂低矮，故内院各卧室采光良好。全楼约有 400 个房间，走廊周长 229.34m，有 3 个大门，3 口水井。方楼以遗经楼最具代表性，建于清咸丰元年(1851 年)，外墙东西宽 136m，南北长 76m，主楼高 17m，共 5 层。主楼左右两端分别垂直连接四层的楼房，并与同主楼平行的四层"中厅楼"相接，构成回字形楼群。楼前有一个大石坪，石坪左右建有学堂，供楼内子弟就读，石坪前建有大门楼，高 6m，宽 4m，气势恢宏。主楼后有花园、鱼塘及碓房、牛舍等附属建筑。整个建筑布局规整，条理井然。

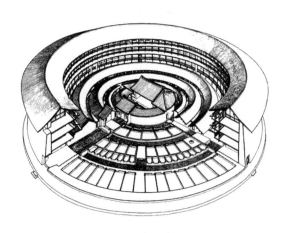

图 6.14　承启楼剖视图

图 6.15　承启楼庭院内部

 特别提示

分布于不同地区的土楼虽然在形式和做法上略有差异，但始终都保持着北方四合院的传统格局性质，讲究中轴对称，供奉祖先的祠堂位于建筑正中央，这是客家聚族而居必备的内容，在此基础上采取单元式居住模式。

土楼的建筑特色表现在突出的防卫性能、奇特的外观造型与内部空间、群体与环境的有机结合和高超的建造技术。出于防卫需求，土筑外墙高大厚实，永定土楼的墙厚达 1～1.5m，有的甚至厚达 2.4m，夯筑时在生土墙内加竹筋、松枝，并配以块石混合，十分坚固；墙脚用大卵石干砌。外环楼的一、二层不开窗，三层以上开箭窗，呈梯形，外小内大，利于防卫。土楼在选址上注重风水，并保留北方住宅坐北朝南的习惯，讲究宅基"负阴抱阳"；同时又因地制宜，结合南方气候特点，在内墙、天井、走廊及屋顶部分将檐口挑出，利用建筑物的阴影解决防晒问题；内部采用活动式屏门、隔扇等使空间开敞通透，以利于空气流通。

6.2.4　河南窑洞

窑洞是中国北方黄土高原上特有的民居形式，与穴居有着密切的历史沿袭关系。窑洞主要分布在豫西、陕甘宁等地区，窑洞主要有 3 种形式。

(1) 靠崖窑(图 6.16)是利用天然的崖面开凿窑洞，有靠山式和沿沟式，窑洞常呈现曲线或折线型排列。每间窑的尺度为 3.5m×6m 左右，正面以砖护面。

(2) 下沉式窑洞(图 6.17)是在没有天然崖面的情况下，于平地下竖穴成院，再由院内四壁开挖窑洞的方式。洞口部位用砖砌筑护坡墙；入口采用在旁侧挖坡道、台阶、隧道等方式进入院内。院内挖渗水井或对外挖涵洞解决排水问题。

(3) 砖砌的锢窑是在没有开挖窑洞条件的地方，用砖石发券构建的窑洞房屋。

窑洞具有冬暖夏凉、防火隔声、抗震性能强、经济实用、少占农田等优点，但也存在潮湿、阴暗、空气不流通、施工周期长等缺点。

图 6.16　靠崖窑

图 6.17　下沉式窑洞

　　河南巩县(今巩义市)处于黄土高原南缘，境内风成性黄土覆盖层面积大，厚度由十米至百余米不等，又气候干燥，故适宜挖窑洞居住。窑洞的代表性建筑是巩义康百万庄园，临街建楼房，靠崖筑窑洞，四周修寨墙，濒河设码头，集农、官、商为一体，布局严谨，规模宏大；主要有住宅区、栈房区、南大院、祠堂区等 10 个部分，总建筑面积为 64300m^2，有 33 个院落，53 座楼房，1300 多间房舍和 73 孔窑洞。庭院建筑基本属于豫西地区典型的两进式四合院，亦具有园林及官府的一些特点，各类砖雕、木雕、石雕华丽典雅，造型优美。

 知识链接

　　(1) 云南一颗印住宅(图 6.18)。云南一颗印住宅与四合院大致相同，它的正房有 3 间，左右各有两间耳房，前面临街一面是倒座，中间为大门。四周房屋均为两层，对外不开窗，形成封闭的天井院。住宅外围为高墙，整个建筑外观方方整整，如同一颗印章，俗称"一颗印"。

　　(2) 蒙古包(图 6.19)。蒙古族、哈萨克族多为游牧业，以易于搬迁的毡包为宅，用木条编骨架，外覆毛毡，高约 2m，直径 4～6m；室内用地毯、壁毯以保暖、防潮，用顶部圆形天窗通风、采光。

图 6.18　云南一颗印住宅

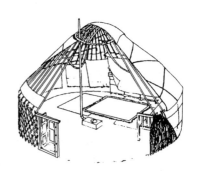

图 6.19　蒙古包

　　(3) 藏式碉楼住宅(图 6.20)。它石木混合结构，外墙明显收分，呈现上小下大的梯形轮廓；

石墙的材质粗犷，小窗的尺度窄小；建筑通体稳重，敦实，封闭。

　　(4) 竹木构干阑式住宅(图 6.21)。西南各少数民族常依山面溪建造木结构干阑式楼房，楼下空敞，楼上居住，采用坡屋顶形式。其中以云南傣族名为竹楼的木结构干阑式楼房最有特色，它使用平板瓦盖覆很大的歇山屋顶，用竹编席箔为墙，楼房四周以短篱围成院落，院中种植树木花草，有浓厚的亚热带风光。

图 6.20　藏式碉楼住宅　　　　　　　　图 6.21　干阑式住宅

　　(5) 阿以旺住宅(图 6.22)。这是新疆维吾尔族住宅。所谓"阿以旺"是一种带有天窗的前室(夏室)，有起居、会客等多种用途，后室称"冬室"，是卧室，通常不开窗。住宅的平面布局灵活，多为土墙平顶，一层或两三层围成院落。外观朴素，室内多处设壁龛，墙面贴石膏雕饰，木地板上铺地毯；院内常有宽阔的敞廊，廊柱雕花。

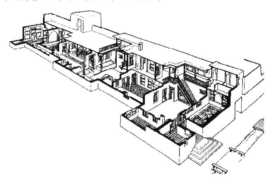

图 6.22　新疆阿以旺住宅

本 讲 小 结

　　本讲概述了我国住宅建筑的发展脉络和主要类型，详细讲解了我国典型住宅类型，如北京四合院、徽州住宅、福建土楼、河南窑洞的平面布局和建筑特征；简要介绍了云南一颗印住宅、蒙古包、藏式碉楼、竹木构干阑式住宅、阿以旺住宅等的特点。

思 考 题

1. 简述北京四合院住宅的平面布局特点。
2. 简述河南窑洞建筑的主要形式。
3. 简述福建土楼的典型特征。

第 **7** 讲
园 林

教学目标

　　了解中国古代园林的发展概况；理解中国古代皇家园林和私家园林两大园林体系不同的造园原则和设计方法；掌握颐和园、拙政园等著名园林的布局、设计手法。

教学要求

能力目标	知识要点	相关知识
了解中国古典园林的发展概况	中国古典园林的发展脉络	园林的发展概况
能够简单分析园林的布局和构成要素	私家园林的设计原则和手法	拙政园、留园的布局及特点
	皇家园林的设计原则和手法	颐和园、北海公园的布局及特点

我国是世界文明古国，自古以来就有崇尚自然、热爱自然的传统，更有众多名山大川的钟灵毓秀，经过历朝历代皇家苑囿和文人墨客宅府园林的变迁演化，逐步形成了独具特色的中国古典园林。下面一起去探寻园林的发展，解读园林的奥秘。

7.1 园 林 概 述

7.1.1 园林的发展概况

我国自古就有"天人合一"的思想，更有众多名山大川的钟灵毓秀，从而形成崇尚自然、热爱自然、讴歌自然的传统。

中国古典园林肇始于殷周时期的"囿"，最早有史可稽的是殷纣王所建的"沙丘苑台"，《史记》中记载殷纣王"……益收狗马奇物，充仞宫室；益广沙丘苑台，多取野兽飞鸟置其中，慢于鬼神。大冣乐戏于沙丘……"。由此可见，早期的"囿"主要是借助天然景物畜养禽兽，以供帝王狩猎取乐之用，其中主要的构筑物为"台"，为通神之用，也可以登高望远，观赏风景。

春秋战国时期，高台建筑兴盛，园林中也以高台为标志性建筑，如《水经注·沔水》记载楚国章华台："水东入离湖……湖侧有章华台，台高十丈，基广十五丈。"吴王夫差在姑苏山筑姑苏台，"台高三百丈"，"作天池，于池中造青龙舟……"。该时期的园林在充分利用自然山水环境的同时，开始使用人工池沼、构筑园林建筑等。

秦汉时期，开始在"囿"中建宫设馆，以供帝王寝居与观赏之用，"囿"逐渐演变为"苑"。宫苑内建筑与自然山水有机组合，并开凿太液池，池中堆筑模拟东海的所谓神山仙岛——方丈、蓬莱、瀛洲三岛，成为中国历代皇家园林创作中"一池三山"的滥觞。如汉上林苑、建章宫，《汉书·郊祀志下》记载建章宫："其北治大池，渐台高二十余丈，名曰太液池，中有蓬莱、方丈、瀛洲、壶梁，像海中神山，龟鱼之属。"

魏晋南北朝时期是我国自然式山水园林的奠基时期。这一时期政局动荡，士人悲观厌世，回归自然的思想兴起，讴歌自然之美的山水诗、山水散文、山水画、山水园林由此诞生并得到发展，私家宅院和郊区别墅兴起，并影响皇家园林的欣赏趣味转为对自然美的追求。

唐宋时期园林兴盛，山水诗文、山水画的发展，尤其对"诗情画意"的追求，推动园林艺术进一步发展，造园手法趋于精致，加上大批文人直接参与到园林的设计与建设中来，大大提高了造园的理论和技巧，从而使园林设计从模仿自然走向写意山水，注重意境创造，追求情景交融。园林类型也更加丰富多彩，不仅有帝王的皇家园林、文人雅士的府宅私园，还出现了向市民开放的城郊风景点，园林已逐渐由都城扩散到地方城市，从王公贵族、文人雅士扩展到平民，渐趋普及。

明清时期掀起了我国园林艺术发展的又一高潮。明代江南地区经济、文化的繁荣，促使江南一带造园兴盛，苏州、无锡、南京、绍兴等地私园处处可见。清代先后兴建了大量规模宏大的皇家园林，如清三海、圆明园、颐和园、承德避暑山庄等，同时也促使江南等地掀起造园热潮。明清时期的园林与日常生活的关系更为密切，房屋增多，生活功能加强，各种造园要素也随之增多，以追求景物的丰富多样，造园手法也趋于繁密、拘谨、精致，与六朝、唐宋时期疏朗和豪放的园林风格已有很大不同。

 **知识链接**

造园活动的兴盛使造园手法更加丰富娴熟，也造就了一批造园行家，如计成、周秉臣、张涟、李渔等，他们把园林创作推到更高的层次。明末著名造园家计成结合自己的造园实践，创作了集美学、艺术、科学于一体的中国古典园林艺术典籍——《园冶》。书中提出了园林的设计指导思想——"虽由人作，宛自天开"，勾画出"诗情画意""寓情于景""情景交融"的园林艺术特色，着重强调了"巧于因借""精在体宜"等造园基本原则。该书传到日本后被译为《夺天工》，对后世及其他国家都产生了深刻的影响。

7.1.2 园林的分类

园林根据其隶属关系可大体分为以下三大类。

1. 皇家园林

皇家园林是皇帝及皇室拥有的园林，古籍称为"苑""苑囿""宫苑""御苑""御园""园"等，如汉代上林苑、东晋华林园、北宋艮岳、清代圆明园等。

2. 私家园林

私家园林是指贵族、官僚、地主、商人、文人墨客等私有的园林，常称作"园""园亭""园墅""池馆""山庄""别业""草堂"等，如谢灵运的始宁别业、白居易的庐山草堂、王维的辋川别业等。

3. 寺庙园林

寺庙园林即佛寺、道观、名人祠堂等的附属园林，是寺庙建筑、宗教景物、人工山水和天然山水的综合体，如苏州的寒山寺、成都的武侯祠、杭州的灵隐寺等。这类园林具有公共性强、选址自由、规模不限、寿命长、数量大的特点，尤其是寺庙园林广布在自然环境优越的名山胜地，自然景观与人工景观的有机结合，是皇家园林和私家园林所望尘莫及的。

7.2 江南私家园林的设计原则、手法与实例

江南地区气候温润，雨量充沛，利于花木生长；地下水位高，便于挖池蓄水；水运方便，易于罗致奇石。这些都有利于发展园林。东晋、南朝、南宋、明清时期，苏州、南京、杭州、扬州等地造园之风兴盛。目前保存的私家园林以苏州最多，扬州其次。这些园林大的几十亩，小的一亩、半亩，在有限的空间里叠山理水、植花树木、诗画点景、追求意境，创造出曲折萦回、丰富多变、咫尺山川的园林环境。

 **特别提示**

中国园林艺术是自然环境、建筑、诗、画、楹联、雕塑等多种艺术的综合。园林意境产生于园林境域的综合艺术效果,给予游赏者以情意方面的信息,唤起以往经历的记忆并产生联想,从而产生物外情、景外意。

7.2.1 设计原则和手法

1. 总体布局

把全园划分成若干景区,景区应主题多样、各具特色、主次分明,不宜平均分布。景区空间处理要巧妙,尺度得当,虚实结合。景区分隔要隔而不塞,既独立成景,又互相贯通,可以用山、水、墙或廊、树木、建筑等进行分隔,并以门、窗、廊、桥、路、亭等连接贯通。园内路径一般由卵石路、碎石路、桥、廊等组成,应曲折萦回,曲径通幽,忌一览无余。景物组织应巧妙运用对比、衬托、对景、借景等处理手法,增加空间层次,达到以小见大、以少胜多、余意不尽的效果。

2. 水面处理

园林无水不"活"。水面是园林中的"空"与"虚",与山石、房屋、花木等实景形成对比;可以拉大观赏距离,形成水中倒映的虚景;还能改善园内小气候,为花木浇灌、消防等提供保障。

水面要有主次之分,一般以聚为主,以分为辅。聚则水面辽阔、宽广明朗,有江湖烟波之意;分则萦回环绕、曲折幽深,有溪涧探幽之趣。水面多以桥、廊、岛等分隔,尤以桥、廊为妙,可隔而不断,以丰富空间层次,扩大空间感;水贵有源,水面大则多设"水口",形成水湾儿,以产生深远不尽之感;池岸宜曲折自然,或曲直并济,宜用浅岸,以避免凭栏观井之感。

 **知识链接**

对景:所谓对景,一是在视线的终点或轴线的一端设景,称为"正对";二是在视点和视线的端点处或轴线的两端设景,即可以从甲点观赏乙点,也可以从乙点观赏甲点的构景方法,称为"互对"。此时,强调互对景物的视点与人流关系的相互联系,互为对景。

借景:把各种能增添艺术情趣、丰富画面构图的园外景物"借"到园内视景范围中,以扩展空间层次。可借形、借声、借色、借香;可近借、远借、邻借、互借、仰借、俯借、应时借。借景内容有山水、动植物、建筑、人(的活动)、天文气象等。

框景:利用门窗洞口、柱间、廊下挂落、树木枝干等为框,将园林景物有选择地收入框中,犹如一幅嵌于镜框中的立体画面。通过框景,可以从平淡的景物中选取出独特的景致或获得最佳观赏效果。框景要获得好的赏景效果,赏景方式、视距、视角等都十分重要。

水口:在大的水面上做出许多小的水湾儿,使得人在任何一个角度都无法看到水面边界的全貌,使水面有深远不尽之感。

3. 叠山置石

叠山应以自然形态为基础,讲究可远观山形、可流连其间、可休憩对弈;亦可峰峦回抱，洞壑幽深，危崖峭壁，山高林密，山水相依，景宜无穷。

　　私家园林中假山主要是土石并用形成的土石山和叠石形成的石山，完全堆土形成的土山由于体积大，缺乏奇险变化，明清时已少见。土石山土多则山大，石多则峻峭；土石山的石多用于周边、峭壁、路边等处，以控制山形。石山小巧，但难度大，且造价昂贵。

　　置石也可成为园林一景，达到"寸石生情"的艺术效果。置石可孤置、对置、散置，亦可构筑山石花台、器设等。

 特别提示

　　石头是中国古典园林中最基本的造园要素之一。"言山石之美者，俱在瘦、漏、透三字"（李渔）。透，即通透，石体内有孔洞彼此贯通；漏，即石体表面有眼，四面玲珑；瘦，即挺拔高耸，孤峙无倚；"瘦、漏、透"体现出清空灵秀的韵致。

　　4．花木

　　园林花木的栽植要根据园林意境的需要，考虑园林季相变化，考虑植物之间、植物与其他园林要素，如山石与水体等在空间构图、色彩、姿态各方面的配置关系。一般以四季花木与常青树相结合，以古树最为难得，略有几株，能使园林显得苍古深郁。

　　花木在私家园林中以单株观赏为主，较大的空间也可成丛栽培。要求花木生态自然、生动，枝、叶、花、果皆有观赏价值。

　　5．建筑营构

　　园林建筑是园林景观的重要组成部分，其种类极多，常见的有厅、堂、轩、馆、楼、台、阁、亭、榭、廊、舫等。厅、堂是园林内的主要建筑，《园冶》中描述"凡园圃立基，定厅堂为主，先乎取景，妙在朝南"；厅、堂有四面厅、荷花厅、鸳鸯厅等形式；榭与舫为临水建筑，舫又称旱船；楼阁位置设在厅堂之后，楼多为二层；廊多起引导和分隔空间的作用；亭的变化最丰富，有方、圆、六角、八角、梅花、扇形等多种形式。

　　园林建筑不受普通建筑规制的约束，一屋半室，随宜则妙；轻巧淡雅，装修精致，玲珑空透，室内外空间交融渗透，利于观景。建筑的位置、体形都依景随需，体度环境，灵活处置。

 特别提示

　　建筑是园林中特殊的组成部分，它不仅是观赏的对象，而且往往是园林景观的最佳观赏点。

7.2.2　江南私家园林实例

　　1．拙政园

【参考视频】

　　拙政园位于苏州市城内东北街，始建于明正德四年(1509年)。御史王献臣弃官回乡，在元代大弘寺旧址处拓建而成，取晋代文学家潘岳《闲居赋》中"筑室种树，逍遥自得……灌园鬻蔬，以供朝夕之膳……此亦拙者之为政也"句意，将此园命名为拙政园。因吴派画家文徵明参与设计，文人气息尤其浓厚，处处诗情画意。园以水景取胜，平淡简远，朴素大方，保持了明代园林疏朗典雅的古朴风格(图 7.1)。历经修复扩建，今占地约 62 亩，包括中部、东部、西部 3 个部分(图 7.2)。拙政园东部占地 32 亩，曾为"归田园居"，以平冈远山、松林草坪、竹坞曲水为主，明快开朗，现有景物多为新建。

图 7.1　拙政园景观

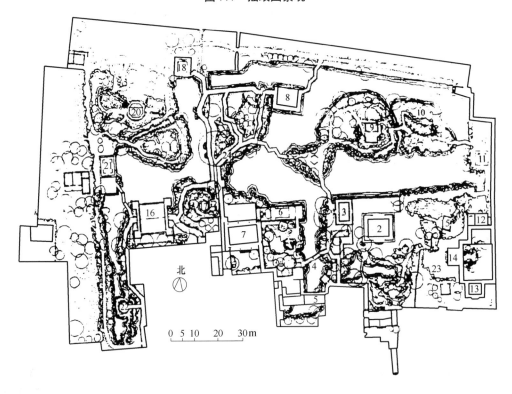

图 7.2　拙政园平面图

1—腰门；2—远香堂；3—南轩；4—小飞虹；5—小沧浪；6—香洲；7—玉兰堂；
8—见山楼；9—雪香云蔚亭；10—待霜亭；11—梧竹幽居；12—海棠春坞；13—听雨轩；
14—玲珑馆；15—绣绮亭；16—三十六鸳鸯馆；17—宜两亭；18—倒影楼；19—与谁同坐轩；
20—浮翠阁；21—留听阁；22—塔影亭；23—枇杷园；24—柳荫路曲

　　中部是全园精华所在，占地 18.5 亩，水面占 1/3，以水面为中心，临水布置了形体不一、高低错落的建筑，主次分明。主厅远香堂(图 7.3)，四面长窗空透，可环视四周；堂北有临池平台，可欣赏池中东西二岛山，西山长方形雪香云蔚亭与东山六角形待霜亭互为对景；西北隅有见山楼(图 7.4)，四面环水，登楼可远眺虎丘，借景于园外。南侧为小潭、曲桥、黄石假山。西接南轩，池水向南延展形成幽曲水面，廊桥小飞虹(彩图 15)与水阁小沧浪横跨其上；倚栏北望，檐宇交参，枝叶掩映，曲邃深远，层次丰富。附近有玉兰堂和临水旱船——香洲(图 7.5)。东望土山上建绣绮亭，山南枇杷园与相邻的听雨轩、海棠春坞二小园以短廊相接，几个小园似隔非隔，增加了景面层次。

　　西部占地面积约为 12.5 亩，原为补园。曲尺形水面与中区池水相接；南有鸳鸯厅，厅内以隔扇和挂落划分为南北两部分，南部名为"十八曼陀罗花馆"，北部名为"三十六鸳鸯馆"。回廊起伏，水波倒影，别有情趣，池北有扇面亭"与谁同坐轩"(图 7.6)，小巧玲珑。北山建有八角二层浮翠阁，东北的倒影楼与东南的宜两亭，互为对景。

图 7.3　远香堂

图 7.4　见山楼

图 7.5　香洲

图 7.6　与谁同坐轩

2. 留园

　　留园位于苏州阊门外，原是明嘉靖年间太仆寺卿徐泰时的东园，占地约 30 亩。园内假山为叠石名家周秉忠所作。清嘉庆年间，刘恕以故园改筑，将其命名为寒碧山庄，又称刘园。同治年间盛宣怀购得，重加扩建，修茸一新，始称留园。

【参考视频】

　　全园大体分为中、东、西、北共 4 个景区(图 7.7)，景区之间以墙相隔，以廊贯通，隔而不绝。依势而下的曲廊通幽渡壑，长达六七百米，颇有步移景异之妙。

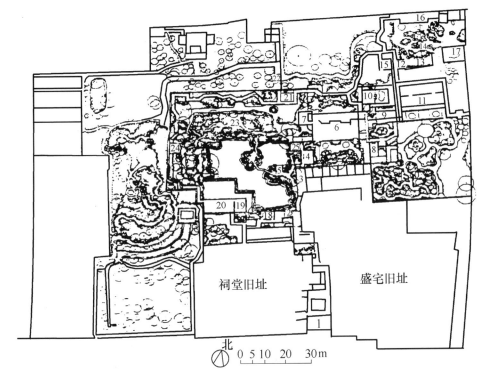

图 7.7　留园平面

1—大门；2—古木交柯；3—曲溪楼；4—西楼；5—濠濮亭；6—五峰仙馆；7—汲古得绠处；8—鹤所
9—揖峰轩；10—还我读书斋；11—林泉耆硕之馆；12—冠云台；13—浣云沼；14—冠云峰
15—佳晴喜雨快雪之亭；16—冠云楼；17—伫云庵；18—绿荫；19—明瑟楼；20—涵碧山房
21—远翠阁；22—又一村；23—可亭；24—闻木樨香轩；25—清风池馆

　　中、东部是全园精华所在。中部以山水见长，西北两面堆筑假山，中央开池，建筑错落于水池东南。池南为主厅涵碧山房(图7.8)，有临池平台与明瑟楼、绿荫轩等建筑高低错落；池东曲溪楼一带重楼参差，池北山上建可亭，池西山上的闻木樨香轩为俯视全园景色最佳处。池中以小岛和曲桥划分出一小水面，与东侧濠濮亭、清风池馆组合成景。

图 7.8　涵碧山房

东部以建筑为主，主厅五峰仙馆也称楠木厅，高敞富丽。东侧有还我读书斋、揖峰轩二处幽静小院，揖峰轩一带由多个相互流通穿插的小院组成，空间层次丰富。向东为林泉耆硕之馆，又名鸳鸯厅，北隔小池，冠云峰(图 7.9)居中耸立，高约 9m，清秀挺拔，有"江南园林峰石之冠"的美誉，左右有瑞云、岫云两峰陪衬，峰北有冠云楼作屏障，登楼可远眺虎丘。

图 7.9　冠云峰

留园以建筑空间处理见长，善于运用大小、曲直、明暗、高低、收放等对比，形成变化无穷的空间关系。如进入园门，先通过一段狭窄的较封闭的曲廊、小院，至古木交柯，空间稍扩大，以南面小院采光，点缀两三处小景，北面是迷离掩映的漏窗，中部景区的湖光山色若隐若现，行至绿荫轩，眼前豁然开朗，山水景物格外开阔明亮，达到了欲扬先抑的艺术效果。

拓展讨论

党的二十大报告提出，尊重自然、顺应自然、保护自然，是全面建设社会主义现代化国家的内在要求。必须牢固树立和践行绿水青山就是金山银山的理念，站在人与自然和谐共生的高度谋划发展。"天人合一、道法自然"是中国传统的自然观，举例分析其在江南私家园林中是如何体现的，并如何在新时代传承和创新发展?

7.3　明清皇家园林

7.3.1　皇家园林特点

皇家园林是具有起居、骑射、观奇、宴游、祭祀以及召见大臣、举行朝会等多种功能的综合体。

明代的帝苑不发达。清代自康熙年间政局稳定之后，就开始建造园林，从香山行宫、

静明园、畅春园到承德避暑山庄，工程迭起；雍正帝登基后，扩建圆明园(其做皇子时的赐园)；乾隆年间达到极盛，乾隆皇帝曾六下江南，将各地名园胜迹仿制于北京、承德各处皇家园林之中，并扩建圆明园，建长春、绮春两园，结合城市水系改造建清漪园(颐和园)。清代皇家园林之盛达到历朝之最。

清代帝苑一般包括两大部分：一是居住和朝见的宫室，二是供游玩的园林。宫室部分占据前面的位置，以便交通与使用，园林部分处于后侧，犹如后园。苑囿实际上已成为清帝的主要居住场所，皇帝常年住在苑中，只有冬季祭祀和岁首举行重大典礼的一段时间才回到紫禁城。

清皇家园林理景的指导思想是集仿各地名园胜迹于园中。江南一带的优美风光成为清苑景观的主要创作源泉。

建造时，首先根据各园的地形特点，把全园划分若干景区，然后各区布置各种不同趣味的风景点和园中园。我国传统的叠石手法多运用于小规模的园中园，大范围主要是运用堆土来塑造山丘涧壑的地形变化，并与真山适当结合。花木配置亦因园林规模大而多采用群植或成林布置。园内建筑除朝会用建筑外，其他较为活泼，形式多变，体量较小巧，装修简洁雅致，布置依景随需。但相对私家园林，皇家园林仍显得富丽堂皇。庙宇建筑常常作为园中的主要风景点或构图中心。

 特别提示

私家园林与皇家园林的主要区别在于以下方面。

(1) 建筑不同。皇家园林内的建筑，尤其是宫室部分，布局严整，富丽堂皇，而私家园林内建筑朴素淡雅。

(2) 叠山不同。皇家园林一般采用真山与假山相结合的方法，而私家园林则全部为假山。

(3) 花木欣赏不同。皇家园林一般以成片成林欣赏为主，而私家园林则以单株欣赏为主。

7.3.2 皇家园林实例

1. 颐和园

【参考视频】

颐和园位于北京城西北郊，原名清漪园，1750年乾隆帝始建园，1860年被英法联军所毁，1888年修复后更名为颐和园，1900年遭八国联军破坏，1905年重建。

颐和园的占地面积约为285公顷，全园依山就势，因地制宜地划分成4个景区，如图7.10所示。

一是东宫门区，其为清朝皇帝从事政治活动和生活起居之所，主要建筑有东宫门、仁寿殿、乐寿堂、玉澜堂、德和园等。建筑布局严谨，庄重严肃。

二是万寿山前山部分。这一景区依托山势，自临湖的云辉玉宇坊经排云门、排云殿、德辉殿、佛香阁直至山顶的智慧海，构成了一条层次分明的中轴线，层层登高，金碧辉煌，气势雄伟，如图7.11所示。佛香阁高38m，八边形平面，建于高大的石台上，成为全园的制高点。前山还有转轮藏殿、宝云阁(铜殿)、画中游、石舫。湖边的长廊(彩图16)长728m，有房273间，白栏玉瓦，富丽堂皇。

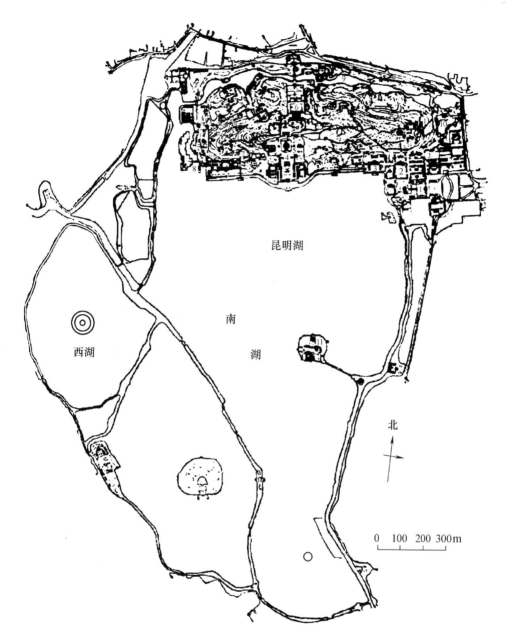

图 7.10 颐和园总平面图

1—东宫门；2—德和园；3—乐寿堂；4—排云殿；5—佛香阁；6—须弥灵境

7—画中游；8—清晏舫；9—后湖；10—谐趣园；11—南湖岛

　　三是万寿山后山和后湖部分，这里林木葱茏，环境幽邃，溪流曲折而狭长，建筑较少，主要包括一组藏传佛教建筑和具有江南水乡特色的苏州街。

　　四是昆明湖的南湖及西湖部分，水面之大，浩渺开阔，以西堤、洲岛分隔水面，十七孔桥飞架湖上，造型优美，如图 7.12 所示；西堤上桃柳成行，6 座不同形式的拱桥掩映其中(仿杭州西湖苏堤)；湖中三岛也有形态各异，岛上建筑与万寿山隔水相望，形成对景；远借西山和玉泉山群峰，湖光山色，美不胜收。

图 7.11　佛香阁建筑群

图 7.12　十七孔桥

　　谐趣园是一个园中园，如图 7.13 所示，位于颐和园的东北角，仿无锡寄畅园建造，以水面为中心，亭台楼榭环绕其间，并用百间游廊和 5 座形式不同的桥相连通。东南角的知鱼桥是引用庄子和惠子在"秋水濠上"有关"知与不知鱼之乐"的辩论而来，颇具情趣。

　　颐和园在环境创造方面，利用万寿山的地形，造成前山开阔的湖面与后山幽深的曲溪，形成强烈的环境对比。在建筑布局和体量上，佛香阁的突出位置和有力体量使其成为全园的构图中心。

图 7.13　谐趣园

2. 承德避暑山庄

　　承德避暑山庄又名热河行宫，清帝每逢夏季常来此避暑、围猎、召见蒙古贵族。避暑山庄周围 20 多里，园内山地占 4/5，平原仅 1/5，其中有许多水面，主要由热河泉水汇聚而成。承德避暑山庄的建筑布局大体分为宫殿区和苑景区两大部分，苑景区又分成湖泊区、平原区和山峦区三部分。

　　宫殿区位于山庄南端，是清帝理朝听政、举行大典和寝居的地方，主要由正宫、松鹤斋、万壑松风、东宫(已损毁)等四组建筑组成，正宫是宫殿区的主体建筑，采用前朝后寝格局，由澹泊敬诚殿、四知书屋、烟波致爽殿、云山胜地楼等组成，共九进院落，建筑朴素淡雅。湖泊区被大小岛屿分隔成大小不同的区域，堤、桥、曲径交错相连，多组建筑巧妙地营构在洲岛、堤岸和水面之间，湖区景观大多仿江南名胜，如烟雨楼模仿浙江嘉兴南湖烟雨楼(彩图 17)，金山岛仿江苏镇江金山寺(图 7.14)。平原区主要由西部草原和东部林地组成，是习射、竞技、宴会的场所。草原以试马埭为主体，是皇帝举行赛马活动的场地，林地称万树园，是避暑山庄内重要的政治活动中心之一，园内曾有不同规格的蒙古包；永佑寺、文津阁(仿宁波天一阁建)等建筑点缀其间。山岭区山峦起伏，群峰环绕、沟壑纵横，原有许多园林建筑和大小寺院，均已损毁。

　　另外，在避暑山庄东面和北面的山麓，分布着金碧辉煌、雄伟壮观的喇嘛寺庙群，因其中 8 座由清政府直接管理，故被称为“外八庙”。外八庙以汉式宫殿建筑为基调，吸收了蒙、藏、维等民族建筑艺术特征，创造了多样统一的寺庙建筑风格。外八庙环绕避暑山庄而建，呈众星拱月之势，象征着边疆各族人民和清中央政权的关系，表现了中国多民族国家统一、巩固和发展的历史进程。

　　避暑山庄总体东南多水，西北多山，是中国自然地貌的缩影。山庄整体布局巧用地形，因山就势，分区明确，形成独特的山庄特色。宫殿与自然景观和谐地融为一体，达到了回归自然的境界。山庄博采全国各地风景园林艺术特色，水面模仿江南美景也有独到之处，远借外八庙风景，更是其成功之处。

图 7.14　金山岛

 知识链接

【参考视频】

圆明园坐落在北京西郊，与颐和园毗邻，始建于 1709 年(康熙四十八年)，园中面积 340 多公顷，建筑面积达 20 万 m²，150 余景，有"万园之园"之称。1860 年英法联军浩劫圆明园，文物被劫掠。八国联军后，又遭到匪盗的打击，终变成一片废墟。

北海位于北京故宫的西北面，原是金中都的大宁宫址，元代以琼华岛为中心营建元大都，琼华岛及所在湖泊赐名万寿山、太液池。明迁都北京后，北海成为御苑，称西苑，后向南开拓水面，形成三海格局。清乾隆时期对北海进行改建，形成现在的格局。

北海是三海中面积最大的部分，占地约 70 公顷，其主要由琼华岛、团城、北岸及东岸景区组成。琼华岛上树木苍郁，建筑依山势布局，高低错落有致，南面以永安寺为主体，白塔[清顺治八年(1651 年)建]耸立山巅，成为全园的构图中心，如图 7.15 所示。西面有悦心殿、庆霄楼、阅古楼、琳光殿等建筑，山北沿池建有长廊，山坡上假山幽洞、亭阁轩馆布列其间，穿插交错，变化无穷。琼花岛南为屹立水滨的团城，城上松柏葱郁，有一座规模宏大、造型精巧的承光殿，登此可以远眺。环湖垂柳掩映，北岸有小西天、大西天、阐福寺等几组宗教建筑，还有彩色琉璃九龙壁、湖畔的五龙亭等，另有一座园中园——静心斋，斋内遍布太湖石山景，玲珑剔透，与隐现在翠竹花木中的桥、廊、亭、阁相辉映，景色幽雅，妙趣无穷。东岸有濠濮间、画舫斋两处幽静封闭的小景区。

图 7.14　北海公园白塔

本 讲 小 结

　　本讲概述了中国古代园林的发展脉络；阐述了江南私家园林和明清皇家园林的造园原则和设计手法；分析了私家园林代表作拙政园、留园的设计特色，以及皇家园林代表作颐和园、北海的设计特色。

思 考 题

1. 简述中国古代园林发展概况。
2. 简述皇家园林与私家园林在设计原则和设计手法上的差别。
3. 简述中国园林"一池三山"设计手法的起源以及其对后世园林设计的影响。

第 **8** 讲
宗教建筑

教学目标

  了解中国古代佛教、道教、伊斯兰教建筑的发展概况；了解中国古代石窟的建造情况；理解各类佛塔的主要特征；掌握山西五台山佛光寺大殿的木构和外观特点、天津蓟县独乐寺山门和观音阁的木构和外观特点、西藏布达拉宫的外观艺术特征。

教学要求

能力目标	知识要点	相关知识
了解古代宗教建筑发展的简单脉络	佛教建筑、道教建筑、伊斯兰教建筑的发展概况	不同时期的佛教、道教、伊斯兰教建筑的文献记载及实例
能简单分析佛殿建筑的外观艺术特点和木构特征	佛光寺大殿木构和外观特点；隆兴寺总体布局特点；观音阁的木构和外观特点；西藏布达拉宫的外观特征	山西五台山佛光寺布局及其大殿；河北正定隆兴寺；天津蓟县独乐寺山门和观音阁；西藏布达拉宫
能简单分析佛塔的类别和外观特征	佛塔的类型与主要特征	西安大雁塔、应县释迦塔、虎丘云岩寺塔、登封嵩岳寺塔、安阳宝山寺双石塔、北京妙应寺白塔、北京碧云寺金刚宝座塔
了解石窟的发展与著名石窟	大同云冈石窟、洛阳龙门石窟、敦煌莫高窟的概况	大同云冈石窟、洛阳龙门石窟、敦煌莫高窟

引例

中国是一个多宗教的国家，其中影响较大的宗教有佛教、道教、伊斯兰教等，它们在传入(产生)与发展的过程中，是如何形成各具特色的宗教建筑形式的呢？下面一起去探索中国宗教建筑的魅力。

8.1　宗教建筑发展概况

8.1.1　佛教建筑发展概况

佛教在东汉初期由古印度经中亚(古称西域)传入中国。最早见于史籍的佛寺是汉明帝(公元58—75年)时所建的洛阳白马寺，据《魏书》中描述，其布局仿照古印度及西域的形式，为以佛塔为中心的方形庭院。汉末丹阳人笮融于徐州建造的浮屠寺依旧如此，只是其四周的回廊殿阁及木楼阁式的寺塔已改为中国建筑式样。

三国东吴时，康居国僧人康僧会于公元247年来建业传法，建造了建初寺和阿育王塔，为江南佛寺之开端。

佛教在两晋、南北朝时期得到很大的发展，当时建造了众多寺院、石窟寺和佛塔。其中北魏洛阳永宁寺是由皇室兴建的名寺之一，据《洛阳伽蓝记》记载，永宁寺主要是由塔、殿和廊院等组成的，采用以佛塔为主的"前塔后殿"布局形式并中轴对称。永宁寺塔是一座位于3层台基上的9层方塔，雄伟高耸，是当时洛阳的标志性建筑(图8.1和图2.21)。这时期以殿堂为主的佛寺也很多，主要是"舍宅为寺"形成的，即利用原有房舍，以前厅为佛殿、后堂为讲堂，如北魏洛阳的建中寺。肇始于这一时期的云冈、龙门、天龙山、敦煌等石窟寺，在建筑与艺术上也达到很高的水平。尽管石窟寺的局部装饰仍保留印度等地的外来特征，但在很多方面都已具有中国传统建筑风格。

知识链接

现今考古发掘已探明的永宁寺遗址平面与《洛阳伽蓝记》中的记载基本相符(图8.2)：寺院为长方形平面，南北约305m，东西约215m；东、西、北三面的墙基及门址均在；塔基正对南门，位于寺院中部，塔基下层为约 100m^2 的夯土基座；塔基北面是一处夯土残基，应是佛殿遗址。

隋唐、五代至宋是中国佛教大发展时期，虽然其间出现过唐武宗和周世宗灭法事件，但都短暂且很快恢复。隋代的主要佛寺仍然是以佛塔为主且成轴线对称的"前塔后殿"布局形式，如仁寿三年(公元603年)隋文帝为皇后所立的禅定寺；但有些佛寺也出现了佛塔体量减小和不居中现象，如开皇二年(公元582年)所建灵感寺(位于今西安市)，考古发掘已证明为"前塔后殿"式，但塔基面方仅15m，体量比佛殿小很多。唐代佛寺居中立塔已非主流，而是以佛殿为寺院的核心，佛塔一般建在侧面或另建塔院，如唐太宗贞观二十二年(公元648年)由皇家所建的慈恩寺，佛塔在中院外偏离中轴线位置处。唐代较大的佛寺除主要的中院外，又按供奉内容或用途而划分为若干别院，如药师院、大悲院、六师院、罗汉院、般若院、法华院、华严院、净土院、圣容院、方丈院、翻经院、行香院、山庭院等，功能在不断丰富。另外，唐代佛寺中已出现了钟楼和藏经楼对称布置在佛殿两侧的格局，还产生了刻有经文的经幢。五代时候出现了"田"字形的罗汉堂；转轮藏创于南朝，现存实物以宋代的几例为最早(如河北正定隆兴寺转轮藏殿)；宋代律宗寺院里，又出现了戒坛。

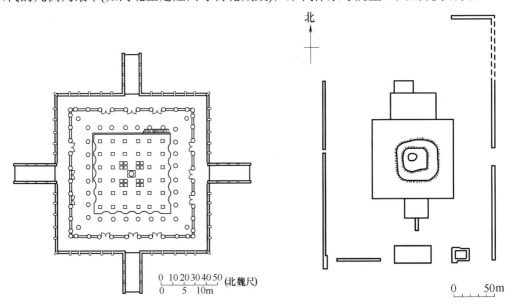

图8.1 北魏洛阳永宁寺塔底层平面复原图(傅熹年复原) 图8.2 北魏洛阳永宁寺遗址平面图

到了明代，佛寺普遍在轴线的西侧建鼓楼。明、清时代佛寺仍然是中轴线对称布局，如山门、钟鼓楼、天王殿、大雄宝殿、配殿、藏经楼等，但塔已很少，另外又围绕主要建筑组群建造诸多配套的别院。

藏传佛教流行于西藏、甘肃、青海及内蒙古一带，其寺院建筑采用厚墙、平顶的样式。南传小乘佛教分布范围较小，仅限于我国云南的西双版纳等地，佛寺平面与建筑风格与中土大相径庭。

8.1.2 道教建筑发展概况

老子为道家学说创始人，东汉时张陵利用其名创立道教，并尊老子为道教始祖。道家所倡导的阴阳五行、养生炼丹、东海仙山等思想对中国古代文化影响极大。唐、宋时代均推崇道教，元代道教继续发展，明代曾在首都设道录司掌天下道士。清代以后，道教日益衰微。

道教圣地有江西龙虎山、江苏茅山、湖北武当山、山东崂山以及四川青城山、陕西华山等。

道教建筑一般称为宫、观，其建筑没有形成独立的风格体系，大体依照我国传统的宫殿、祠庙体制，以殿堂楼阁为主，做中轴线对称布局，不建塔和经幢。山西芮城五龙庙为现存的唐代道教建筑，面阔5间，进深4椽，单檐歇山顶，厅堂构架(图8.3)。

现今整体布局保存较好的道教建筑以山西芮城永乐宫为代表，其主要部分建于元中统三年(1262年)。永乐宫原在山西永济永乐镇，因修水库，整体迁至芮城。

图8.3 山西芮城五龙庙

　　永乐宫的主要建筑沿中轴线依次为宫门、龙虎殿(无极门)、三清殿、纯阳殿、重阳殿和邱祖殿,其总平面如图8.4所示。三清殿(图8.5)是主殿,面阔7间(34m),进深4间(21m);单檐四阿顶;平面使用减柱法;檐柱有生起、侧脚;檐口及正脊都呈曲线;殿前有二重月台,踏步两侧用象眼做法;殿身除门窗隔扇外其余均用实墙封闭;斗栱六铺作,单抄双下昂(假昂),补间铺作除尽间施一朵外,均为两朵。殿内壁有元代所绘360值日神壁画,线条生动流畅,是我国古代艺术中的瑰宝。

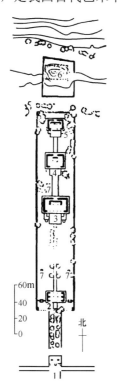

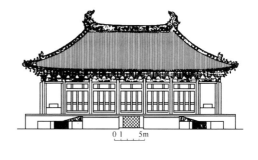

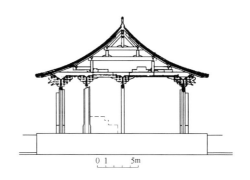

图8.4 山西芮城永乐宫总平面图

1—宫门;2—龙虎殿(无极门);

3—三清殿;4—纯阳殿;5—重阳殿;

6—邱祖殿;7—碑

图8.5 山西芮城永乐宫三清殿立面图、剖面图

8.1.3　伊斯兰教建筑发展概况

伊斯兰教由阿拉伯半岛麦加人穆罕默德(约公元 570—632 年)于 7 世纪初创立，唐代由西亚传入中国。伊斯兰教所建寺院称为"清真寺"或"礼拜寺"，在寺中建有召唤信徒用的"邦克楼"或"光塔"，还有供膜拜者净身的浴室。大殿内没有造像，仅设朝向圣地麦加供参拜的神龛。建筑装饰纹样只用《古兰经》经文和植物、几何形图案。

早期的礼拜寺受外来影响很大，如建于唐代的广州杯圣寺、元代重建的泉州清真寺。这些建筑保留的外来特征有：高耸的光塔、洋葱头形的尖拱门和半球形的穹隆结构。建筑较晚的清真寺，除了神龛和装饰题材外，所有建筑的结构和外观都采用中国的传统木构架建筑形式，如西安化觉巷的清真寺和北京牛街清真寺。

在某些少数民族聚集区的清真寺，基本还保持着本民族地区固有的特点，如新疆喀什阿巴伙加玛札。阿巴伙加玛札伊斯兰教建筑群始建于 17 世纪中叶，包括大门、墓祠、礼拜寺、教经堂、墓地、浴室、水池、庭院等，占地达 16000 余亩，整个建筑群的艺术环境处理得十分和谐、生动(图 8.6 和图 8.7)。其中墓祠为玛札的主要建筑，平面略呈长方形；中央主体高达 24m，穹隆直径 16m(是新疆现存最大穹隆)，穹隆屋面贴砌绿色琉璃花砖；墓祠四角耸立四座邦克楼尖塔；南为尖拱龛式正面入口，高大雄伟；尖塔、大门及四周墓祠墙壁皆贴饰黄、绿、蓝等色琉璃砖，并在墙顶设花饰砖；墓祠四壁夹层走道开设许多窗洞，其几何纹样的窗格各不相同，精巧纤细，具有浓重的伊斯兰教格调。

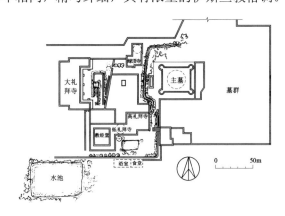

图 8.6　喀什阿巴伙加玛札平面图

图 8.7　喀什阿巴伙加玛札鸟瞰图

8.2 佛　　寺

我国佛寺的组合形式大体上可分为以佛塔为主和以佛殿为主两大类型。以佛塔为主的佛寺最先在我国出现，保留着"天竺"制式特点，以一座高大居中的佛塔为主体，周围环绕方形广庭和回廊门殿，如东汉洛阳白马寺、北魏洛阳永宁寺等。以佛殿为主的佛寺基本上采用了我国传统宅邸的多进院落布局，源于南北朝时期的"舍宅为寺"，隋唐以后成为我国最通行的佛寺制度。

8.2.1　山西五台山佛光寺

佛光寺位于山西省五台县豆村镇，建在五台山西麓。寺庙的总体布局依山就势，形成依次升高的三重院落。最高的院落中坐东朝西坐落着佛光寺大殿，是全寺的主殿，可俯视全寺(图 8.8)。寺内现存主要建筑有晚唐的大殿、金代的文殊殿、唐代的无垢净光禅师墓塔及两座石经幢。

【参考图文】

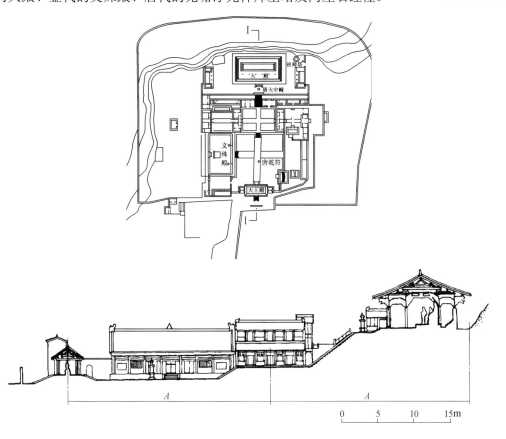

图 8.8　山西五台山佛光寺平面图、剖面图

佛光寺大殿建于唐大中十一年(公元 857 年)，其面阔 7 间(34m)、进深 8 架椽(17.66m)，采用单檐四阿顶(清称庑殿顶)，用鸱尾。平面柱网为内外两圈柱组成的"金厢斗底槽"

【参考视频】

形式(图8.9和图8.10)，柱高与面阔的比例略呈方形，斗栱高度约为柱高的1/2。内、外柱等高，柱端有卷杀，檐柱有侧脚和生起。阑额(清称额枋)上无普柏枋(清称平板枋)。屋面坡度平缓，正脊及檐口都有升起曲线。粗壮的柱身、宏大的斗栱、深远的出檐，体现了唐代建筑雄健恢宏的特征(图8.11和图8.12)。梁架有明栿和草栿两种，用叉手、托脚，脊槫下只用叉手(无侏儒柱)，是现存木建筑中的唯一实例。佛光寺大殿采用平闇天花形式(图1.21)。

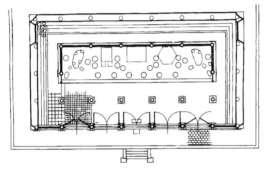

图8.9　佛光寺大殿平面图

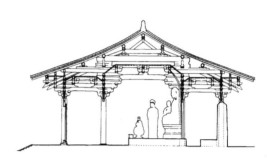

图8.10　佛光寺大殿横剖面图

图8.11　佛光寺大殿立面图

图8.12　佛光寺大殿外观

 特别提示

佛光寺大殿是我国现存最大的唐代木构建筑，已运用了标准化模数设计，其斗栱用材为："材"高30cm，"分"长2cm。

 拓展讨论

1. 佛光寺大殿为何被梁思成先生称为"中国第一国宝"？
2. 通过了解佛光寺大殿的发现过程，你对建筑师的职业精神有什么感悟？

8.2.2　河北正定隆兴寺

河北正定隆兴寺(图8.13和图8.14)始建于隋，宋初改建。山门对面有照壁，门前有石桥及牌坊。门内左右的钟鼓楼和正面的大觉六师殿已毁，再后是摩尼殿及东西配殿，殿后有戒坛(四周的回廊和后端的韦陀殿已毁)、慈氏阁、转轮藏殿，再进为东西碑亭和佛香阁，最后是弥陀殿。方丈及僧舍在佛香阁东，并附厨房、马厩等。全寺建筑依中轴线做纵深布置，殿宇重叠、院落互变、高低错落、主次分明。

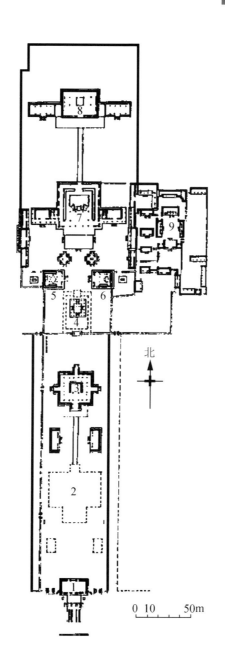

图 8.13　隆兴寺总平面图

1—山门；2—大觉六师殿址；3—摩尼殿；4—戒坛；
5—转轮藏殿；6—慈氏阁；7—佛香阁；8—弥陀殿；9—方丈室

摩尼殿(图 8.15)面阔 7 间(约 35m)，进深 7 间(约 28m)，重檐九脊殿顶，四面正中出抱厦。檐柱间砌砖墙，内部由两圈内柱组成；柱子用材粗大，有明显的卷杀、侧脚和生起；檐下斗栱宏大，分布疏朗。

佛香阁又称大悲阁，是寺中最高大的建筑，共 3 层，高 33m，有栏杆平座，歇山顶，此殿大部分为近代重修。阁内有高 24m 的千手千眼铜观音，是北宋开宝四年(公元 971 年)

创建此阁时所铸，是我国古代铜制工艺品中最大的一件遗物。

图 8.14　河北正定隆兴寺建筑群

图 8.15　摩尼殿

 特别提示

河北正定隆兴寺是现存宋朝佛寺建筑总体布局的重要实例。

8.2.3　天津蓟县独乐寺

蓟县独乐寺位于天津蓟县西大街路北，相传始建于唐，辽统和二年(公元 984 年)重建，目前建筑有山门、观音阁及一些配殿、阁后的韦陀亭和一组小型四合院建筑等，属于以阁为中心的类型，其中山门及观音阁为辽代所建(图 8.16)。

山门面阔 3 间(16.63m)，进深 2 间 4 椽(8.76m)，单檐四阿顶，用鸱尾，石砌台基(图 8.17)。平面柱网为"分心槽"，柱有显著侧脚。整座建筑屋檐深远、斗栱雄大、刚劲有力、庄严稳固、比例和谐。

观音阁面阔 5 间(20.23m)，进深 4 间 8 椽(14.26m)，九脊殿顶，石砌低矮台基，前有月台；外观 2 层(19.7m)，有腰檐、平坐(图 8.18)；内部 3 层(中间有一夹层)。构架为典型的殿阁型，平面柱网为"金厢斗底槽"。柱子有侧脚、端部卷杀。观音阁使用叉柱造，上层和夹层檐柱比底层檐柱收进约半个柱径，外观上形成稳定感。夹层内，在柱间施以斜撑，使结构的刚度增强，结构合理。梁架用叉手、托脚。平闇天花，中央为八角形藻井(图 8.19)。阁内有一尊高 16m 的 11 面的辽代观音像。

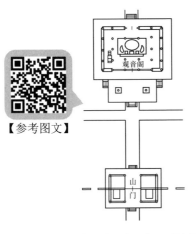

【参考图文】

图 8.16　蓟县独乐寺山门和观音阁平面图

图 8.17　独乐寺山门

图 8.18　观音阁外观

图 8.19　观音阁横剖面图

 特别提示

观音阁整体构架为上下 3 层框架(类似 3 道刚性环)叠加而成，并使用了斜撑，其结构刚度较高，经受住了千年来 28 次地震的考验。

8.2.4　西藏拉萨布达拉宫

布达拉宫既是达赖喇嘛的宫室，又是最大的藏传佛教寺院建筑，位于拉萨市西约 2500m 的布达拉(普陀)山上，始建于松赞干布时期，清顺治二年(1645 年)重建，主要工程历时约 50 年，后又增建，延续 300 年之久。

它由宫前区的方城、山顶的宫室区及后山的湖区组成。方城有三面高大的城墙围合，每面一门，有两座角楼，城内有行政、司法、监狱及僧俗官员住宅等建筑。宫室区有寝宫、行政管理用房、库房、佛殿、大聚会殿、灵塔殿、僧舍等。后山湖区是一处包括湖泊、小岛、水阁、凉亭等在内的优美的园林区(图 8.20)。

【参考视频】

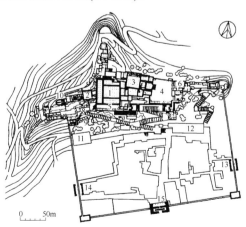

图 8.20　西藏布达拉宫总平面图

1—红宫；2—十三世达赖灵塔殿；3—白宫；4—东欢乐广场；5—西欢乐广场；6—僧官学校；7—东大堡；8—上扎厦；9—下扎厦；10—西大堡；11—印经院；12—原藏军司令部；13—东宫门；14—西宫门；15—南宫门

宫室在山顶最高处,以红宫为主体和白宫相连构成庞大的建筑群。红宫总高 9 层,由主楼、楼前庭院及围廊组成,红宫之上建金殿 3 座和金塔 5 尊,使这组建筑成为构图中心。白宫也由主楼、楼前庭院及围廊等组成。白宫主楼高 7 层,东西宽约 60m,南北深近 50m。整个建筑群从体量、位置、色彩等方面强调了红宫的重要性,达到了重点突出、主次分明的艺术效果(图 8.21)。

图 8.21　西藏布达拉宫外观

布达拉宫依山就势,好似从岩石上长出,取得了人工和自然的高度融合,整个建筑群显得雄伟、粗犷、神圣。

8.3　佛　　塔

佛塔原是佛徒膜拜的对象,后来根据用途的不同又分为经塔、墓塔等。我国的佛塔(指大乘教佛塔,另有小乘教佛塔)大致可分为楼阁式塔、密檐塔、单层塔、喇嘛塔、金刚宝座塔等。

图 8.22　陕西西安大雁塔

8.3.1　楼阁式塔

楼阁式塔外观仿中国传统的多层木构架建筑,它产生较早,数量最多。其建造材料经历了从全部用木材到砖木混合、全部用砖石的发展过程。楼阁式塔一般可供登临远眺,具有代表性的有陕西西安大雁塔(图 8.22)、苏州虎丘云岩寺塔、苏州报恩寺塔、山西应县佛宫寺释迦塔、福建泉州开元寺双石塔、南京报恩寺琉璃塔等。

1.　陕西西安大雁塔

大雁塔又名大慈恩寺塔,唐高宗永徽三年(公元 652 年)玄奘法师为供奉从印度带回的佛像、舍利和梵文经典而建,后在长安年间(公元 702 年左右)改建为 7 层。大雁塔通高 64.5m,塔体为方形锥体,青砖砌成,各层壁面做柱枋、栏额等仿木结构，每层四面都有券砌拱门。

大雁塔造型简洁，气势雄伟，是我国佛教建筑艺术中的杰作。

2. 山西应县佛宫寺释迦塔

佛宫寺释迦塔是我国现存的唯一木塔，建于辽代。该塔平面为八角形，底径 30m (图 8.23)，建在方形和八角形的 2 层砖台基上，塔高 67.31m，外观 5 层，内另有暗层 4 层，外部轮廓逐层向内收进，各层都设平坐及走廊(图 8.24)。全塔共有斗栱 60 余种。

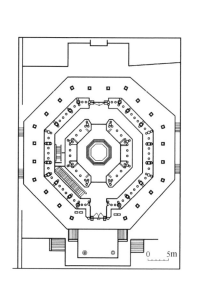

图 8.23 山西应县佛宫寺释迦塔首层平面　图 8.24 山西应县佛宫寺释迦塔剖面图

 特别提示

应县佛宫寺释迦塔的平坐暗层内，在柱梁之间使用斜撑构件，增强了刚性，故抗震能力强。这种结构手法和独乐寺观音阁类似。

 课堂讨论

1. 应县木塔为什么能历经千年屹立不倒？
2. 应县木塔让你对中国传统建筑有哪些新的认识和感受？

8.3.2 密檐塔

密檐塔底层较高，上施密檐数层，层数一般为奇数，密檐间距逐层缩小，一般不能登临观览，建造材料多用砖、石。密檐塔中具有代表性的有河南登封嵩岳寺塔、陕西西安小雁塔、山西灵丘觉山寺塔、云南大理崇圣寺千寻塔等。

1. 登封嵩岳寺塔

在河南登封嵩山南麓，建于北魏正光四年(公元 523 年)，为最早的密檐砖塔，塔顶重修于唐。其平面为十二边形，是古塔中的孤例，塔心室为八角直井式(图 8.25)。塔建在低矮台基上，有 15 层出挑的叠涩密檐，密檐间距向上逐层缩短，塔身外轮廓收分成缓和曲线形，显得稳重而秀丽，高 40m，装饰上仍有外来风格特点。

2. 西安小雁塔

西安小雁塔(图 8.26)又名存福寺塔，建于唐睿宗景云二年(公元 711 年)。其平面为方形，底层面宽 10 余米。塔原为 15 层，现只存 13 层密檐，塔身残高 43m，塔底层高大，往上逐层收小，呈现圆和流畅的卷杀轮廓，塔身修长而带曲线，极为挺拔秀丽。底层前后正中开券门，塔身内部中空，以木楼板分层，内壁有砖砌蹬道以供上下。

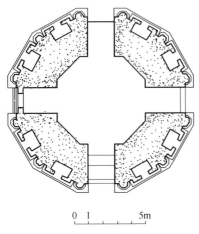

图 8.25 登封嵩岳寺塔平面

图 8.26 西安小雁塔

8.3.3 单层塔

单层塔主要为墓塔，或在其中供奉佛像，如隋代的山东历城神通寺四门塔、河南安阳宝山寺双石塔、河南登封会善寺净藏禅师墓塔等。

河南安阳宝山寺双石塔建于北齐。寺内西塔(图 8.27)为道凭法师墓塔，平面为方形，塔心室为方形。塔身宽 0.53m、高 0.45m，塔全高 2.22m。南壁有火焰券门，门侧有方倚柱，其余三面塔壁无装饰。塔上部为山花蕉叶两重和覆钵。寺内东塔与西塔形制基本一样，只是尺寸稍小。

8.3.4 喇嘛塔

喇嘛塔主要分布在西藏、内蒙古，多作为寺的主塔或僧人墓，具有代表性的有北京妙应寺白塔、西藏江孜白居寺菩提塔等。

图 8.27 河南安阳宝山寺双
石塔之西塔

北京妙应寺白塔位于北京西城区阜成门内，建于元至元八年(1271 年)，工匠为尼泊尔人阿尼哥。塔全高约 53m，自下而上由塔座、塔身(宝瓶)、相轮(十三天)、华盖和塔刹 5 部分组成(图 8.28 和图 2.25)，塔体为白色。白塔比例匀称，造型古朴，气势雄壮，是喇嘛塔中的杰作。

8.3.5　金刚宝座塔

金刚宝座塔的外观特征一般为高台上建5座塔，1座高且居中、4座低且位于四角处，具有代表性的有北京正觉寺塔、北京碧云寺塔等。

北京碧云寺塔位于北京香山碧云寺后部，建于乾隆十三年(1748年)。塔为石砌，主要由下部两层台基、中部土字形台基和上部5座密檐方塔组成，总高34.7m。中塔高13层，四角小塔高11层。台面前部两侧各立一座小藏传佛塔。基台通体满布藏传佛教题材雕饰。全塔体量高大，雄浑壮观(图8.29和图8.30)。

 知识链接

经幢源于古代的旌幡。经幢一般由基座、幢身和幢顶3部分组成，主体是幢身，刻有佛教密宗的咒文或经文、佛像等，多呈六角或八角形。我国石柱刻经始于六朝，而石柱刻陀罗尼经则始于唐初。宋以后，经幢造型逐渐复杂，日趋华丽考究。经幢一般安置在通衢大道、寺院及陵墓等处。河北赵州陀罗尼经幢造型华丽美观，刻工极为精细，是建筑造型和石雕艺术完美结合的杰作。

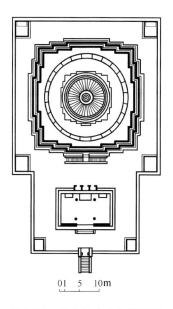

01　5　10m

图8.28　北京妙应寺白塔平面

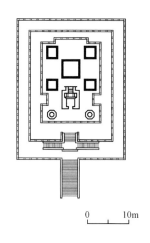

0　10m

图8.29　北京碧云寺金刚宝座塔平面图

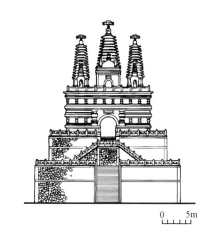

0　5m

图8.30　北京碧云寺金刚宝座塔立面图

8.4　石　窟

石窟是佛寺的一种特殊形式，通常在环境幽静的河谷、山崖、台地等凿窟造像，作为僧人聚居修行的场所。石窟约在南北朝时期传入我国，北魏至唐为盛期，宋以后逐渐衰落，著名的有山西大同云冈石窟、河南洛阳龙门石窟、甘肃敦煌莫高窟、甘肃天水麦积山石窟、

山西太原天龙山石窟等。中国佛教石窟在浮雕、塑像、壁画方面留存了丰富的资料，在历史上和艺术上都是很宝贵的。

8.4.1 山西大同云冈石窟

【参考视频】

　　云冈石窟位于山西大同西北 16km 的武周山，始凿于北魏兴安二年(公元 453 年)，依山凿窟，长达 1km，现有洞窟 53 个，前后分 3 期。早期为大佛窟(如昙曜五窟，即 16～20 窟，如图 8.31 所示)，其平面呈椭圆形，顶部呈穹隆状，主佛形体高大，占据窟内主要位置，布局较局促，洞顶及洞壁没有建筑处理。中后期出现的佛殿窟和塔院窟多采用方形平面，规模大的分前后二室，或在室中央设巨大的塔心柱，柱上雕刻佛像或刻成塔的形式，窟顶使用覆斗形或方形平棊天花，壁上雕刻了大量木构佛殿、佛塔等建筑形象及佛教故事。晚期窟室规模虽小，但已完全表现为中国传统木建筑风格。

图 8.31　云冈石窟第 20 窟(北魏)

8.4.2 河南洛阳龙门石窟

【参考视频】

　　龙门石窟位于河南洛阳市南 12km 伊水两岸的龙门山上，该地形为东西二山夹伊水而峙立，古称伊阙，于北魏太和十八年(公元 494 年)后始凿石窟。现存大小洞窟有 1352 处，小龛 750 个，塔 39 座，大小造像约 10 万尊，以唐代石窟居多。诸窟平面多为方形单室(图 8.32)，未有塔心柱和洞口柱廊形式。

　　奉先寺是其中最大的佛洞，南北宽 30m，东西长 35m。自唐高宗咸亨三年(公元 672 年)开凿，到上元二年(公元 675 年)完成。主像卢舍那佛通高 17.14m，两侧阿难、迦叶二弟子、二胁侍菩萨、二供养人及天王、力神等都雕刻得很生动。

　　宾阳中洞是其中最宏伟与富丽的洞窟，内有大佛 11 尊，本尊释迦如来通高 8.4m，洞口两侧浮雕"帝后礼佛图"是我国雕刻艺术之杰作(新中国成立前被盗，现存美国)。

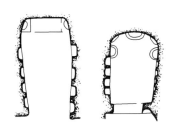
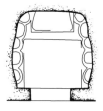
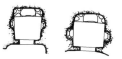

(a) 右阳洞   (b) 莲花洞   (c) 宾阳中洞   (d) 药方洞   (e) 魏字洞

(下壁设像，侧壁开多层列龛)   (三壁设像)   (正壁设坛侧壁开一大龛)

0   5m

图 8.32 洛阳龙门石窟典型窟室平面图

8.4.3 甘肃敦煌莫高窟

莫高窟位于甘肃敦煌县(今敦煌市)东南的鸣沙山东麓，现存自北朝至元代的大小洞窟 492 个。由于鸣沙山由砾石构成，不宜雕刻，所以用泥塑及壁画代替，有壁画和塑像的洞窟共 469 个，大体分为北朝、隋唐、五代与宋、西夏与元 4 个时期。早期有禅窟(图 8.34)、中心塔柱窟(图 8.33)和殿堂窟等，以中心塔柱窟最多；隋唐以后，覆斗顶式的殿堂窟(图 8.35)成为主流，也出现了佛坛窟、大像窟等洞窟形式。

【参考图文】

图 8.33 莫高窟第 254 窟(北魏)   **图 8.34 莫高窟第 285 窟(西魏)**

图 8.35 莫高窟第 320 窟(盛唐)

知识链接

　　敦煌莫高窟壁画的题材,北魏时期多为佛教故事,画中形象多受外来风格影响,用笔粗犷,色彩以褐、绿、青、白、黑为主(图 8.33 和图 8.34)。隋、唐时期多以寺院、住宅、城郭等作背景,对于建筑的细部诸如柱、枋、门窗、铺地等描绘详细,色彩上以红、黄为主。敦煌石窟代表了 4 至 14 世纪中国佛教文化艺术的最高成就,是丝绸之路上我国古代多民族文化及欧亚文化汇集和交融的结晶。1900 年,在莫高窟藏经洞(今 17 号窟)发现了数万件文献及其他文物,由此引起世界关注,并产生了一门影响深远的学科——敦煌学。

拓展讨论

　　敦煌石窟作为中华优秀传统文化的珍贵资源库,为当代的传承创新提供了重要源泉,如"飞天"图案。二十大报告提出"以社会主义核心价值观为引领,发展社会主义先进文化,弘扬革命文化,传承中华优秀传统文化"你认为在建筑创作中应该怎样传承中华优秀传统文化?

本 讲 小 结

　　本讲简述了中国古代佛教、道教、伊斯兰教建筑的发展概况;较详细地讲述了山西五台山佛光寺大殿的木构和外观特点、河北正定隆兴寺总体布局特点、天津蓟县独乐寺观音阁的木构和外观特点、西藏布达拉宫的外观特点;结合现存实例讲解了佛塔的主要类型及各自的特点;简要介绍了大同云冈石窟、洛阳龙门石窟和敦煌莫高窟的基本概况。

思 考 题

1. 简述中国佛教建筑的发展概况。
2. 简述佛光寺大殿的木构特征和外观造型特点。
3. 简述佛塔的主要类型及特点。
4. 试分析独乐寺观音阁和应县佛宫寺释迦塔木结构的抗震性能。

第 **9** 讲
陵　墓

教学目标

　　了解中国古代陵墓建筑的发展概况；理解中国古代不同时期陵墓的形制特点；掌握秦始皇陵的陵园制度、西汉茂陵的"方上"陵体形制、唐乾陵的"因山为陵"的空间特色、北宋永昭陵的布局特征、明十三陵的整体规划特征和清泰陵的纪念性空间布局特征。

教学要求

能力目标	知识要点	相关知识
掌握古代陵墓建筑的发展脉络	古代陵墓的发展概况	不同时期的陵墓实例
能分析不同时代陵墓的形制特点和纪念性空间序列的布局艺术特征	(1) 秦始皇陵的陵园制度 (2) 西汉茂陵"方上"陵体形制 (3) 唐乾陵"因山为陵"的空间特色 (4) 明十三陵的整体规划特征 (5) 清泰陵的纪念性空间布局特征	秦始皇陵、西汉茂陵、唐乾陵、明十三陵、清泰陵

引例

　　陵墓建筑是中国古代建筑的重要组成部分。中国古人基于人死而灵魂不灭的观念，普遍重视丧葬，在漫长的历史演变过程中，陵墓建筑逐步与绘画、书法、雕刻等艺术门派融为一体，成为反映多种艺术成就的综合体。

9.1　陵墓建筑概况

　　中国的丧葬习俗可以追溯到旧石器晚期，北京房山周口店山顶洞遗址中就出现了将死者集中掩葬的公共墓地。到新石器时期，墓地集中在聚落外，如西安半坡仰韶遗址。墓葬形式采用简单的土坑竖穴墓，平面有方形、圆形或椭圆形、三角形、不规则形等，以矩形最为多见；无葬具，仅有少量随葬的生活用具及装饰品。个别墓葬用卵石砌出墓室或以红烧土块铺垫墓底。父系氏族后期的山东泰安大汶口墓葬中，还出现了土穴木板墓室和原木铺构的木椁。

　　殷商时期，墓葬中出现墓道(羡道)、墓室、椁室以及祭祀杀殉坑等。最具代表性的是安阳殷墟墓葬，墓坑平面皆为矩形，大墓有四墓道，次者为二墓道或一墓道，亦有不建墓道者，墓上无封土。其中武官村大墓(图9.1)平面呈"中"字形，有两个墓道，木椁室四壁用原木垒筑成"井"字形结构，椁底和椁顶均用原木铺盖；安阳市小屯妇好(商王武丁妻)墓(图9.2)没有墓道，墓室为长方形竖井式，墓室上方有房基一座，可能为祭祀用享堂。

　　周代帝王大墓形制基本同殷商，多采用土圹木椁形式。周代有了墓葬等级制度，"天子棺椁七重，诸侯五重，大夫三重，士再重"。

　　自春秋起，墓上逐渐累土为坟，帝王墓称为"陵"，其上设置祭祀的享堂。如河北平山县战国中山国王墓之封土为92m×110m，墓中出土的铜版错银兆域图(图9.3)显示了该墓的陵园建筑布局为：两道宫墙环绕，墙内横列5墓，墓上对应有5座享堂并在同一个土台上。战国末年，河南一带开始用大块空心砖代替木材做墓室壁体。

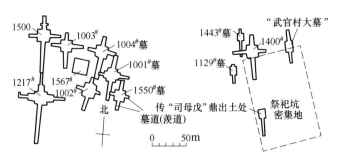

图9.1　河南安阳武官村大墓

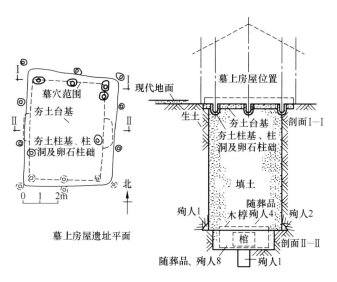

图9.2　河南安阳妇好墓

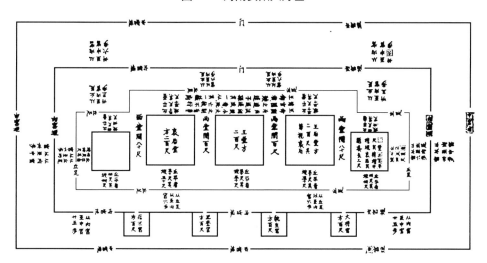

图9.3　河北平山县战国中山国王墓兆域图

　　秦始皇陵开创了覆斗形的"方上"陵制，地宫位于封土之下，形成地下和地上建筑相结合的群体。汉因秦制，帝陵下为地宫，上为方锥台陵体，称为"方上"，并建陵园，仿宫中前朝后寝布局设庙、寝两部分，庙中藏神主，四时致祭，寝中放皇帝生前生活用具，一如生前生活场景。陵园四周设陵墙，各面正中设门阙，还在陵前设石麒麟、石辟邪、石象、石马等石雕。帝陵周围还建有官署、贵戚宅第、苑囿，外绕城墙，称为陵邑。东汉帝陵大部分集中在洛阳北邙山上，形制继承西汉，但体量缩小，没有陵邑。汉代贵族多用方锥平顶墓形式，墓前设石享堂、石碑、石兽、石人、石柱、石阙等，如山东肥城孝堂山石墓祠、四川雅安益州太守高颐墓石阙(图9.4)、北京西郊秦君墓表等。

图 9.4　四川雅安高颐墓阙立面图

知识链接

汉文帝灞陵是历史上第一个依山为陵的帝陵，其目的是为防盗。这种形式对曹魏和唐代皇陵产生了重要影响。

西汉以前，帝王及达官显贵多采用土圹木椁墓，由于砖石技术的发展以及木椁不利于长期保存，石墓室、砖墓室逐渐发展起来。西汉时大块空心砖墓盛行一时，至东汉发展成以小砖为材料的拱顶墓室，并成为墓室主流，如图 9.5 所示；石墓有崖墓、石拱墓和石板墓等，如河北满城中山靖王刘胜夫妇墓就是依山开凿的崖墓，小型崖墓则盛行于四川一带；石拱墓和石板墓数量较少，以山东沂南石墓最具代表性(图 9.6)。在砖石墓中，常出现有多种内容及形象的画像砖和画像石。

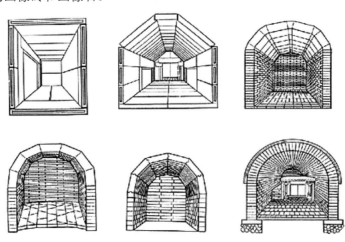

图 9.5　空心砖墓与砖拱墓

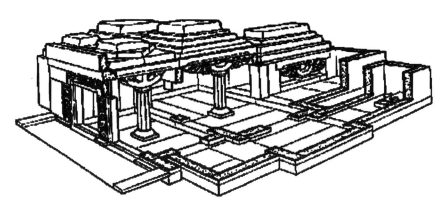

图 9.6　山东沂南画像石墓(东汉)剖面图

南朝皇陵在神道两侧对称设置石兽(天禄、麒麟、辟邪)、石柱(墓阙或华表)、石碑等，其雕刻精美，尤以梁侍中萧景墓的辟邪和墓表最具代表性，如图 9.7 所示。

图 9.7　梁朝萧景墓前的辟邪和墓表

唐代因山为陵，除献陵、庄陵、端陵位于平原，其余均位于渭水以北的乾县、礼泉、泾阳、富平、蒲城一带山区。唐陵将献殿设在陵园南门内，相当于庙，称上宫，并在山下建下宫，相当于寝，以方便供食，形成了上、下宫制。同时，唐代因袭汉代陵门四出的布局，并加长了陵前神道，门阙及石像生增多，陵区内多设陪葬墓。

北宋皇陵为集中布置的形式，位于今河南巩义市。各陵自成一区，称为"兆域"，各陵平面布置基本相同。"兆域"内布置上、下宫及陪葬墓。上宫由正方形的神墙环绕，四面各辟神门，门外各有石狮一对，中央为"方上"陵台，地下为"皇堂"(地宫)。上宫南神门外设神道，神道两侧设成对的鹊台(双阙)、华表(石望柱)、石人、石兽等。陵西北是供皇帝灵魂衣食起居的下宫。整个陵区遍植松柏枳橘，兆域以荆棘为篱。由于宋代是在皇帝死后建陵，并在 7 个月内完成，故其规模逊于汉、唐，且明显按"五音姓利"的风水观念设置，陵墓的地势南高北低，陵台位于低处，不利于排水，也缺乏庄严气势。南宋皇陵为暂时下葬，极为简陋。

辽金时期的陵墓建筑有其自身的民族特色，陵前建正方形享殿，前置月台，两侧出回廊成院落。

元代皇帝实行秘密埋葬，采用马踏葬坑埋土为墓形式，不起坟，也无标志。

 知识链接

"五音姓利"是宋代盛行的风水堪舆之说，对北宋皇陵建造影响很大。它是将人的姓氏按音分为五大类，即"宫""商""角""徵""羽"，将人按姓氏定位，配以"五行"以便定其阴阳宅所应处的风水地理形式，目的是为了吉利好运。因"赵"姓属"角"音，宜"东南地穹，西北地垂"，因而宋陵的地势南高北低。

明代皇陵创造了新的陵墓形制，在地宫上起圆形坟丘，称为"宝顶"，并以墙垣包绕，称为"宝城"，南侧为方城明楼，并因山为陵，集中布置，神道深远，以建筑轴线把宝顶、方城明楼等祭祀建筑连为一体，形成多进院落的空间组合，强调祭祀仪式的隆重性。

清皇陵沿袭明制，但各陵神道分立。清皇陵共有6处：山海关以东的东京陵(辽宁辽阳太子河东积庆山)、永陵(辽宁新宾)、福陵(辽宁沈阳东郊)、昭陵(辽宁沈阳北郊)，以及山海关以西的河北遵化清东陵、易县的清西陵。

 特别提示

我国古代陵墓建筑主要由地下墓室、地上陵体、陵园建筑几部分组成。地下墓室由木、砖、石3种材料构造而成。木椁墓从殷商开始直到西汉达到高潮；砖墓室始于战国末年，有空心砖墓、小砖拱券墓等，西汉晚期开始出现石室墓，五代时已经盛行。地上陵体从"不树不封"发展为封土丘，经历了"方上"陵体、因山为陵、宝城宝顶的演化过程；陵园建筑包括祭祀建筑(如享堂、献殿、寝殿等)、神道、护陵监等多种类型。

9.2 陵墓建筑实例

9.2.1 秦始皇陵

秦始皇陵位于陕西临潼骊山北麓渭河南岸的平原上。其平面为长方形(图9.8)，总占地面积约 2km²，有两道陵墙环绕，内垣墙周长约 2500m，外垣墙周长约 6300m。内外垣墙每面均开一门(北内垣墙设二门)。陵台是 3 层方锥台形式，底层为 350m×345m，3 层总高 46m，是我国古代最大的一座陵台。其地下墓室未经发掘，但《史记》记载："穿三泉，下铜而致椁，宫观百官，奇器异怪徙藏满之……以水银为百川江河大海，机相灌输。上具天文，下具地理，以人鱼膏为烛，度不灭者久之。"奢华程度可见一斑。另外，内垣墙北有建筑遗迹，可能是陵园附属建筑。

【参考视频】

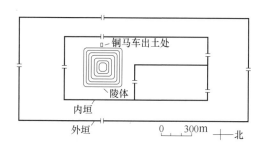

图9.8 陕西临潼秦始皇陵平面

在秦始皇陵东侧 1500m 处，发现了 4 座俑坑。1 号坑是以步兵为主的军阵，约有 6000 人马。2 号坑是以战车和骑兵为主的军阵。3 号坑似是军队指挥部，有兵马 70 个。4 号坑是未建成而废弃的空坑。兵马的尺度与真人真马相同，兵俑所持青铜武器仍完好而锋利（图9.9）。

图9.9 秦始皇兵马俑

 **特别提示**

秦始皇开创了中国封建帝王丧葬制度和陵园布局的先例，对后世皇陵营建影响深远。

9.2.2 西汉茂陵

汉武帝的茂陵是西汉皇陵中规模最大的。茂陵陵园以"方上"为中心，四周设夯土陵垣墙，东西长 430m，南北长 414m，每面正中设陵门，门外建双阙。"方上"夯土筑成，各底边长 230m，高 46.5m，"方上"顶部残留有一些柱础，其斜面上堆积很多瓦片，表明其上曾有建筑（图9.10）。陵园内还建有寝殿、庙、便殿、苑囿，以及官署和守卫的兵营等众多建筑设施。

【参考视频】

图 9.10　陕西茂陵"方上"遗迹

在茂陵的总平面内，西北有李夫人的英陵，东面有霍去病、卫青、霍光等人的陪葬墓 12 座(图 9.11)。

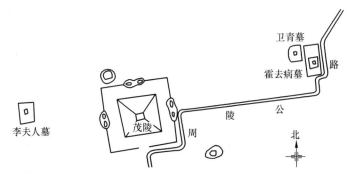

图 9.11　陕西茂陵及附近陵墓分布图

9.2.3　唐乾陵

唐乾陵(图 9.12)为唐高宗李治和武则天的合葬墓，在陕西乾县以北，依梁山主峰为陵。在山腰开凿墓道、墓室。环绕主峰四周建有土筑陵墙(四角有包砖土阙)，其残迹东西宽 1450m，南北长 1538m；墙基宽 2.5m，四面正中设门，每门外建包砖土阙(已残损)，现存最大的为南门之阙，高 8.5m，深 16.5m，宽 21m。自南门(朱雀门)向南是 4km 长的神道，设 3 道阙。南端第一对阙残高 8m，中部第二对阙建在东西连亘的双乳峰上，最后一阙即朱雀门之阙。阙内神道两侧分立石柱、飞马、朱雀、石马、石人、碑、蕃酋群像、石狮等。

【参考视频】

唐乾陵选址精心，设计构思独具匠心，把墓室凿于高耸的梁山中，利用梁山前对峙而立又低于梁山的双峰来营建墓前双阙，把神道设置得漫长而深远，成功地利用地形和前导空间及建筑物来陪衬主体，从而创造出了皇陵建筑崇高雄伟、庄严肃穆的环境氛围。

　特别提示

"因山为陵"是唐陵的主要特征，其目的是希望以山的高大雄伟气势和永恒来衬托皇帝的权力至上和永垂不朽。

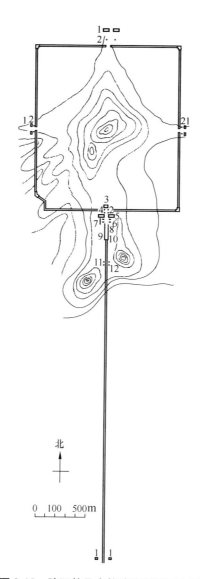

图9.12　陕西乾县唐乾陵总平面示意图

1—阙；2—石狮一对；3—献殿遗址；4—石人一对；5—蕃酋像；6—无字碑；

7—述圣记碑；8—石人十对；9—石马五对；10—朱雀一对；11—飞马一对；12—华表一对

知识链接

　　永泰公主陵是乾陵的陪葬墓之一，它于1960—1962年被发掘，由墓道、过洞、天井、雨道、墓室构成，全长87.5m。从墓道到墓室绘有丰富多彩的精美壁画(图9.13)，尤其是前室东西壁上的大幅《侍女图》，特别生动感人。这幅壁画绘着16个宫女，一个个高髻秀眉，袒胸细腰，肩披巾帛，身着长裙。有的掌灯，有的捧杯，有的举扇，有的端盒，有的拿如意，有的举拂尘，情态各异，栩栩如生。由于宫女们动态各异，相互穿插，使得肃穆前进着的队伍富有动态美，显得不呆滞。画面布局大气，疏密得体，富有装饰性；线条秀丽流畅，技法娴熟。

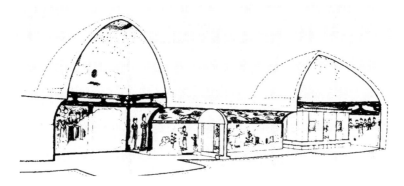

图9.13 永泰公主陵墓及壁画

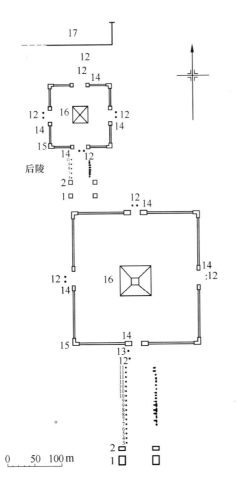

图9.14 北宋永昭陵平面图

1—鹊台；2—乳台；3—石柱；4—石象；5—飞马；
6—猊；7—石马；8—石虎；9—石羊；10—侍臣；
11—文臣；12—石狮；13—武士；14—神门；
15—角阙；16—陵台；17—建筑遗址

9.2.4 北宋永昭陵

北宋永昭陵(宋仁宗赵祯墓)规模较大(图9.14)。其"上宫"中央是方锥台陵体，底宽55m，南北长57m，高22m，陵台四周为神墙(现还有残迹保留)，神门四出，门外各置石狮一对，四隅有角阙。正门南出为神道，两侧自南向北设鹊台、乳台、望柱各一对，以及动物和人等各种石像生。下宫及陵台前献殿已无遗迹，下宫位置现保存石狮一对。后陵规制小，位于帝陵之北。

特别提示

北宋是历史上第一个集中建造皇陵的朝代，这种形制对后世影响很大。北宋也是最后一个使用"方上"陵制的朝代。

9.2.5 明十三陵

明十三陵位于北京昌平天寿山南麓，始建于永乐七年(1409年)，自长陵始，共有13位皇帝陵墓建造于此。这里三面环山，南面敞开，山口处有龙虎二山丘如双阙对立，气势宏伟。整个陵区以长陵为中心，共用一条稍有曲折，长约7km的神道。神道最南端始于5间11楼石牌坊 (图9.15)，向北依次设大红门、碑亭、望柱、18对石像生，再北是龙凤门，由此至长陵约4km，形成了恢宏壮阔而静谧肃穆的陵园氛围(图9.16)。

特别提示

明十三陵的选址和整体规划构思充分体现出自然环境美与建筑艺术的高度融合。

图 9.15 明十三陵石牌坊

【参考视频】

图 9.16 明十三陵总平面图

1—长陵；2—献陵；3—景陵；4—裕陵；5—茂陵；6—泰陵；7—康陵；8—永陵；9—昭陵；10—定陵；
11—庆陵；12—德陵；13—思陵；14—石像生；15—碑亭；16—大红门；17—石牌坊

长陵以天寿山主峰为背景，平面布局仿"前朝后寝"模式，由 3 进院落空间和其后的圆形宝城组成(图 9.17)。第一进院内设神厨、神库等；第二进院内是长陵的主体建筑——祾恩殿(图 9.18 和图 9.19)；第三进院内设二柱门和石五供，院北正中为方城明楼(图 9.20)，其后即宝城宝顶，宝顶封土之下为地宫。

其他各陵布局都参照长陵陵制，由祾恩门、祾恩殿、方城明楼和宝城宝顶等组成，但尺度较小。

知识链接

石五供是从佛教中借鉴而来的供养祭器，始见于明代永乐帝长陵，后成定制。由石祭台和石香炉 1 个、石花瓶 2 个、石烛台 2 个组成，如图 9.21 所示。

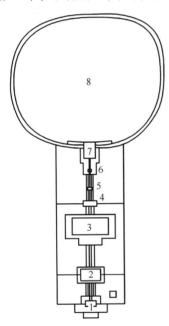

图 9.17 明长陵总平面图与鸟瞰图

1—陵门；2—祾恩门；3—祾恩殿；4—内红门；5—二柱门；6—石五供；7—方城明楼；8—宝顶

【参考图文】

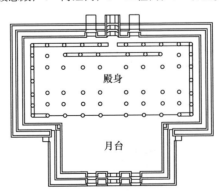

图 9.18 明长陵祾恩殿平面图

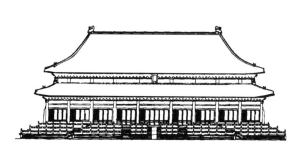

图 9.19　明长陵祾恩殿立面图

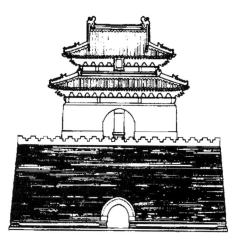

图 9.20　明长陵方城明楼立面图

图 9.21　明长陵方城明楼及石五供

9.2.6　清泰陵

　　清西陵有 14 座陵寝，周围群山环抱，正南有东、西华盖山作门阙，南面有易水横穿其腹地，山川秀丽，景色清幽。

　　雍正帝泰陵为清西陵的主陵，沿深远的主神道从南向北依次排列(图 9.22)：围合成门前广场的 3 座汉白玉石牌坊、大红门、神功圣德碑亭、七孔桥、石像生(石望柱、狮、象、马、文臣、武将等)、蜘蛛山、龙凤门、三孔石桥、三路并列三孔石桥、神道碑亭等建筑，自隆恩门进入陵区前院，院内有 5 间面阔的隆恩殿(图 9.23)，后为卡子墙、琉璃花门、二柱棂星门、石五供、方城明楼、宝城。自大红门至宝城，神道共长 2.5km。尤其是陵区入口之景观，极其雄伟壮观。

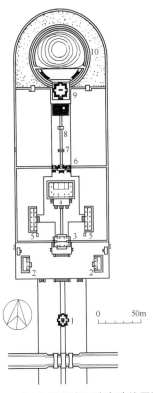

图 9.22　河北易县清西陵泰陵总平面图

1—碑亭；2—朝房；3—隆恩门；4—隆恩殿；
5—配殿；6—琉璃花门；7—棂星门；
8—石五供；9—方城明楼；10—宝城

图 9.23　清泰陵隆恩殿

本 讲 小 结

　　本讲阐述了中国古代陵墓建筑的发展概况；分别介绍了秦始皇陵作为陵园制度开创者的布局情况、西汉茂陵的"方上"陵体形制及布局情况、唐乾陵"因山为陵"形制所营造的空间特色、北宋永昭陵"上、下宫"的布局特征、明十三陵的规划布局特色，以及清泰陵的空间布局特征。

思 考 题

1. 简述中国古代陵墓的发展概况。
2. 简述西汉茂陵的"方上"陵体形制及布局情况。
3. 简述明十三陵的规划布局情况。
4. 试讨论、分析唐乾陵的空间布局艺术特色。

第 10 讲
近代中国建筑

教学目标

通过学习，了解中国近代建筑的发展概况和近代建筑教育的发展；掌握这一时期主要的建筑思潮及其代表作品；学习其设计手法，并能在设计创作中灵活运用。

教学要求

能力目标	知识要点	相关知识
了解近代建筑发展概况	近代建筑发展概况	近代建筑发展历程、城市建设概况、各类型建筑发展概况
熟悉近代建筑教育的发展	近代建筑教育	建筑教育发展
掌握近代建筑设计思潮，学习其设计手法，并能在设计中灵活运用	近代建筑设计思潮	主要建筑设计思潮及代表作品

中国近代建筑处于承上启下、中西交织、新旧接替的过渡时期，既交织着中西文化的碰撞，也经历了近现代的历史搭接，与它们所关联的时空关系是错综复杂的。大部分近代建筑还遗留到现在，成为今天城市建筑的重要构成部分，并对当代中国的建筑活动产生了巨大的影响。

10.1 中国近代建筑发展概况

10.1.1 中国近代建筑发展历程

从 1840 年鸦片战争开始，中国进入半殖民地半封建社会，中国建筑也开始了近代化的进程。

从鸦片战争到 19 世纪末，随着外国资本主义的渗入以及中国资本主义的发展，中国社会各方面发生了变化。重修颐和园和河北几座皇陵的修建成了最后一批皇家工程。随着封建王朝的崩溃，木构架建筑体系在工官系统下画上了句号，但民间建筑仍在延续。

这时期主要的新建筑活动是一些租界和外国人居留地中早期的外国领事馆、银行、商店、工厂、仓库、教堂、饭店、俱乐部、住宅以及散布于城乡各地的教会建筑，外观多为"殖民地式"或欧洲古典式的风貌。这些殖民输入的西方建筑和中国工业主动引入的西式厂房构成了近代中国建筑转型的初始面貌。

虽然新建筑无论在类型上、数量上、规模上都十分有限，但标志着中国建筑迈开了转型的初始步伐，通过西方近代建筑的被动输入和主动引进，近代中国新建筑体系逐渐形成。

1895 年"马关条约"签订后，外国资本得以合法进入中国，为资本输出服务的建筑类型增多，规模扩大，西方专业建筑师的参与使新建筑的设计水平明显提高。甲午战争后，出于民族资本主义发展的需要和政治变革的需求，我国开始主动引进西方近代建筑，显著推进了各类建筑的转型速度。20 世纪 20 年代初，早期赴美日学习建筑的留学生相继回国，并开设建筑事务所，中国建筑师队伍由此诞生。1923 年江苏公立苏州工业专门学校设立建筑科，开创了中国的建筑学教育。

到 20 世纪 20 年代，中国近代建筑的类型大大丰富，居住建筑、公共建筑、工业建筑的主要类型已大体齐备，水泥、玻璃、机制砖瓦等新建筑材料的生产能力，以及钢筋混凝土结构等工程结构技术、施工技术有了很大提高，近代中国的新建筑体系已经形成。

1927 年，南京国民政府成立，结束了军阀混战，经济相对稳定，房地产投资增加，建筑活动活跃。随着留学生回国人数的增加，中国建筑师队伍明显壮大，他们在"首都计划"等官方建筑活动中积极实践，努力探索"中国固有式"建筑的设计。西方装饰艺术风格与现代主义建筑逐渐传入中国，中国建筑师也创作了一批装饰艺术风格的建筑，并尝试融入中国式图案装饰。20 世纪 30 年代，我国还出现了一些中国建筑师参与的现代派建筑。1927—1928 年，中央大学、东北大学、北平大学艺术学院等开办了建筑系。1927 年中国建筑师学会成立，1930 年中国营造学社成立，并相继出版了相关学术期刊。由此可见，1927 年到 1937 年的 10 年间，我国建筑设计创作活跃，并紧随世界建筑潮流的发展，建筑教育、建筑学术活动也十分活跃，形成了近代建筑活动的**繁盛期**。

从 1937 年到 1949 年，中国陷入了持续的战争状态，近代化进程趋于停滞，建筑活动很少。20 世纪 40 年代后半期，通过西方建筑书刊的传播和少数新回国建筑师的影响，中国建筑界加深了对现代主义的认识。但是由于战争，近代建筑并没有发展的机会。总的来说，这是近代中国建筑活动的一段停滞期。

10.1.2　中国近代城市建设概况

19 世纪 20 年代中叶，由于被动开放后西方资本主义的入侵和社会变革中民族资本主义的发展等诸多因素的作用，古老的中国城市体系开始转型，城市数量、分布状况、城市规模、城市性质、城市功能、城市结构都发生了显著变化。

通商开埠、工矿业发展、铁路交通建设诸方面是促成中国近代城市转型的主要因素，由此形成了主体开埠城市、局部开埠城市、交通枢纽城市、工矿专业城市 4 类近代城市。

主体开埠城市是指以开埠区为主体的城市，分为两种情况：一是多国租界型，如上海、天津、汉口等；二是租借地、附属地型，如青岛、大连、哈尔滨等。

局部开埠城市是指划出特定地段，开辟面积不很大的租界居留区、通商场，形成局部开放的城市，如济南、沈阳、重庆、苏州、杭州、广州、厦门、宁波、长沙等。

交通枢纽城市是指因铁路建设而形成的铁路枢纽城市或水陆交通枢纽城市，如郑州、蚌埠、石家庄等。

工矿专业城市分为工业城市和矿业城市两种，工业城市多为复合型城市，最具特色的是南通、无锡等民族资本集中投资的工业城市；矿业城市是因煤、铁、金、银、铜、铅等矿的开采而兴起的城市，如焦作、唐山、抚顺等。

10.1.3　中国近代建筑的发展

中国近代建筑主要有居住建筑、公共建筑、工业建筑 3 类。

居住建筑除继续延续传统的住宅外，出现了两种新住宅类型：一是从西方国家引入的，早期独院式的高级住宅，如近代实业家张謇在南通建造的"濠南别业"，20 世纪 20 年代后，舒适型的花园洋房建造数量增多；多层、高层公寓住宅多位于交通方便的地段，如上海百老汇大厦(图 10.1)、上海毕卡地大厦等；二是由传统住宅演化出的住宅，有以上海石库门住宅为代表的里弄住宅，分布在青岛、沈阳、长春、哈尔滨等北方城市的居住大院，广州一带一种单开间大进深的联排式住宅"竹筒屋"，东南沿海城市下店上宅的骑楼，广东桥乡的庐式侨居和雕楼侨居等。

近代公共建筑的类型已很丰富。20 世纪 20 年代前建造的行政和会堂建筑主要是外国使领馆、工部局、提督公署和清政府的"新政"活动机构、咨议机构及商会大厦等，其布局和造型基本上仿西方同类建筑，如青岛提督公署、江苏省咨议局等。20 世纪 20 年代后期起，国民党政府在南京、上海、广州等地建造了一批办公楼和大会堂，如上海市政府大楼、南京外交部大楼、南京国民大会堂、广州中山纪念堂等，这些建筑都是"中国固有形式"的传统复兴式。银行建筑竞相追求高耸宏大的体量、坚实雄伟的外观和富丽堂皇的内景，大多采用西方古典式、折中式的建筑形式，如上海汇丰银行；也有少数采用传统复兴形式，如上海中国银行。火车站建筑外观多移植国外建筑形式，建筑水平与同时期国外的

火车站基本相当，如中东铁路哈尔滨站(1898 年)是流行于俄国的新艺术运动风格；济南火车站(1912 年)是仿中世纪后期德国风格。在文化、教育、医疗建筑中，占有重要比重的教会学校、医院大都采用"中国式"，如燕京大学；国民党政府也明文规定此类建筑采用"中国固有形式"，如南京中山陵、南京中央博物院、北京协和医院等。商业娱乐服务业建筑在中国近代公共建筑中数量最多、分布面最广，可分为旧式的和新式的两类。

图 10.1　上海百老汇大厦

近代工业建筑的发展主要表现为结构及空间的演进。中国近代工业兴起的前期，许多厂房仍沿用木构架结构厂房，如 1865 年建的上海江南制造局，1867 年建的天津机器局。19 世纪下半叶，砖木混合结构成为大中型厂房最通用的形式，如 1866 年建的福州船政局、1898 年建的南通大生纱厂，至 20 世纪中小型工厂仍在沿用。从 19 世纪 60 年代开始出现钢结构厂房，到 20 世纪 20—30 年代已普遍应用于机器厂、纺织厂等。如 1904 年建的青岛四方机车修理厂；20 世纪初，钢筋混凝土结构首先用于单层纺织厂房，以后框架、门架、半门架和各种拱架的钢筋混凝土结构在各类大跨单层厂房中普遍应用。20 世纪初至 20 世纪 20—30 年代，许多纺织厂、卷烟厂、食品厂、制药厂的主要车间和仓库都向多层发展，多层厂房以钢筋混凝土结构最为普遍，主要有框架、无梁楼盖和混合结构 3 种形式。

10.2　中国近代建筑教育

中国近代建筑教育由两个渠道组成：一是国内兴办建筑科、建筑系；二是到欧美和日本留学。国内的建筑学科是建筑留学生回国后正式开办的，所以在时间程序上，留学在先，办学在后。

1905 年，徐鸿遇到英国利兹大学学习建筑工程，许士谔到日本东亚铁道学校学习建筑科，他们可能是中国最早的建筑留学生。此后，赴欧美日学建筑的势头渐起，其中，美国宾夕法尼亚大学建筑系的影响最大，范文照、朱彬、赵深、杨廷宝、陈植、梁思成、李扬安、卢树森、吴景奇、黄耀伟、吴敬安、谭垣等都先后毕业于该系，他们之中的许多人成了中国近代建筑教育、建筑设计和建筑史学的奠基人与主要骨干。

1923 年，江苏公立苏州工业专门学校设立建筑科，迈出了中国人创办建筑学教育的第一步。苏州工专建筑科是由柳士英发起，与刘敦桢、朱士圭、黄祖淼共同创办的。他们 4 位都是留学日本回国的，很自然沿用了日本的建筑教学体系。建筑科学制 3 年，课程偏重工程技术，专业课程设有建筑意匠(即建筑设计)、建筑结构、中西营造法、测量、建筑力学、建筑史和美术等。1927 年，苏州工专与东南大学等校合并为国立第四中山大学，1928 年 4 月更名为中央大学，从而成为中央大学建筑科。

1928 年，东北大学工学院和北平大学艺术学院也开设了建筑系。东北大学建筑系由梁思成创办，教授有陈植、童寯、林徽因、蔡方荫等，是清一色的留美学者，学制 4 年，教学体系仿照宾夕法尼亚大学建筑系，建筑艺术与设计课程多于工程技术课程。北平大学艺术学院建筑系的创办起于该院院长杨仲子，他是留法学者，主张在艺术学院中设建筑系，学制 4 年，基本上沿用法国的建筑教学体系。

此后，我国又陆续开办了一系列建筑系科，如 1932 年成立的广东省立工业专门学校建筑工程系(1937 年并入中山大学)，1937 年成立的天津工商学院建筑系(1949 年改为津沽大学)等。其中，1942 年创建的圣约翰大学建筑系更是将包豪斯的现代主义建筑教学体系移植到中国。圣大建筑系由黄作燊(1915—1975 年)任系主任，他留学于伦敦建筑学院，后又师从美国哈佛大学格罗皮乌斯。黄作燊聘请德、英、匈等外国新派建筑师任教，为中国的现代建筑教育打下基础。

1946 年，较早接受现代主义思想的梁思成又创设清华大学建筑系并担任系主任，他于 1946—1947 年赴美考察，并于 1947 年担任联合国大厦设计顾问，其间考察了许多现代建筑和城市，参加了普林斯顿大学召开的"人类环境设计"学术讨论会，访问了诸多现代主义大师如柯布西耶、格罗皮乌斯、沙里宁等人。回国后，梁思成提出了"体形环境"设计教学体系，梁思成认为建筑教育的任务不仅仅是培养设计个体建筑的建筑师，还要造就广义的体形环境的规划人才，因此将建筑系改名为营建系，下设建筑学和市镇规划两个专业，课程分为文化及社会背景、科学及工程、表现技巧、设计课程、综合研究 5 部分，加设社会学、经济学等选修课程。梁思成的建筑教育思想和建筑教育实践推进了中国建筑教育的现代进程。

知识链接

在 20 世纪 20 年代末，中国建筑史学科正式诞生了。学科的创立者梁思成、刘敦桢等做了大量工作，把几千年来一直为士大夫所盲目不齿的建筑事业纳入学术领域，为中国建筑历史和建筑理论研究初步奠定了基础。

【参考视频】

拓展讨论

梁思成等人在艰苦条件下通过不懈地努力，在中国建筑历史、建筑教育等方面做出了卓越的贡献，你从中获得怎样的启示和感悟？

10.3　中国近代建筑设计思潮

近代中国的建筑形式和建筑思想十分复杂，既有传统建筑体系的延续，又有新建筑体系的构筑发展；既有形形色色、风格各异的西方洋式建筑，又有"中国固有形式"的新建筑探索；既有西方折中主义建筑的广泛存在，也有西方"新建筑运动"和"现代主义建筑"的探索实践；既有外国建筑师的设计思潮影响，也有中国建筑师的积极探索。

1. 折中主义的洋式建筑

洋式建筑在近代中国建筑中占有很大的比重。它通过被动输入和主动引进两个途径而在近代中国广泛分布。

被动输入的洋式建筑是近代中国洋式建筑的一大组成部分，是由于资本主义列强的侵略而出现在外国租界、租借地、附属地、通商口岸、使馆区等被动开放的特定地段，如外国大使馆、工部局、洋行、银行、火车站、商店、饭店、俱乐部、花园住宅、教堂及教会其他建筑、工业厂房等。它们被统称为"洋房"，不仅输入了新功能、新技术，也带来了洋式建筑风貌。这类建筑最初由非专业的外国匠商营造，后来主要由外国专业建筑师设计。

主动引进的洋式建筑是由中国业主兴建或中国建筑师设计的"洋房"，早期主要出现在洋务运动、清末"新政"和军阀政权所建造的建筑上，如北京的陆军部、海军部、总理衙门、大理院、参谋本部、国会众议院，以及江苏、湖南、湖北等省的咨议局等。这些建筑大多仿用国外行政、会堂建筑常见的西方古典式外貌。20世纪20年代后，中国设计师设计了中国业主的居住、金融、商业、工业、文化、教育、娱乐等新类型的建筑，主要采用该类型建筑的西方通用形式，由此形成了洋式建筑的另一组成部分。

早期的洋式建筑主要是"殖民地式"，这种建筑形式从英国殖民地印度、东南亚传入，主要特征是带有外廊，一般为一两层楼，带两三面外廊或周围外廊，也称为"外廊样式"，如上海早期的德国领事馆、天津早期的法国领事馆等。

早期主要的洋式建筑风格是西方折中主义。折中主义有两种表现形态，这两种形态在近代中国都有表现。一是群体折中主义，即不同类型的建筑分别采用不同的历史风格，如教堂用哥特式、行政机构和银行用古典式、剧场用巴洛克式、住宅用西班牙式等，从而形成建筑组群的折中主义面貌，如上海外滩建筑群(图10.2)，十余幢建筑涵盖了欧洲古典式、文艺复兴式、新古典主义、装饰艺术等多种风格。二是单体折中主义，即同一幢建筑上混用古希腊、古罗马、文艺复兴式、巴洛克等各种风格样式和艺术构件，如天津华俄道胜银行、天津劝业场(图10.3)等。

上海外滩建筑群主要由浦东发展银行大楼(原汇丰银行)、海关大楼、中国太平洋保险公司总部(原亚细亚大楼)等十余幢建筑组成。浦东发展银行大楼建于1921—1923年，平面近似正方形，建筑面积约32000m²。大楼主体为钢筋混凝土结构，高5层，中部突起两层钢结构顶，另有地下室一层半。立面采用严谨的新古典主义构图，全楼横向分为5段，中部为贯穿2～4层的仿古罗马科林斯双柱式，上部为钢结构的穹顶。营业大厅内采用拱形玻璃天棚和意大利大理石雕琢的爱奥尼式柱廊。该建筑由英商公局和洋行设计，共耗资1000

余万元。当时，被誉为"从苏伊士运河到泛太平洋地区白令海峡最豪华的建筑"。

图 10.2　上海外滩建筑群

图 10.3　天津劝业场

天津劝业场由法国建筑师慕乐和设计，1928 年建成，是法租界商业中心的标志，也是当时天津的标志性建筑。主体 5 层，局部 7 层，钢筋混凝土框架结构。转角处建有高耸的塔楼，由两层六角形的塔座、两层圆形塔身和穹隆式的塔顶所组成。在立面处理上，利用底层陈列窗上的大挑檐，入口处大拱券，有凸有凹的阳台设计，五层和七层的半圆拱窗券，增加了装饰效果。内部采用中空回廊式，顶部设有 3 层天窗，四周部分屋顶为屋顶花园，即"天外天"游乐场。建筑师混合使用各种设计手法以追求商业气氛，构图完美、杂而不乱，是高水平的折中主义建筑作品。

2. 中国传统复兴主义形式

中国近代建筑"中国固有形式"的传统复兴潮流是在中外建筑文化碰撞的形势下，外来的新体系建筑的"本土化"表现。这股潮流先由外国建筑师发端，后由中国建筑师引向高潮。

19 世纪末到 20 世纪初，西方传教士纷纷在中国创办教会学校，一批西方建筑师参与了这些教会学校"中国装"的规划设计。从其设计思路看，前期的特点是屋身保持西式建筑的多体量组合，顶部揉入以南方样式为摹本的中国屋顶形象，如华东政法大学韬奋楼(原上海圣约翰大学怀施堂)(图 10.4)等；20 世纪 10 年代末，建筑师开始关注屋身和屋顶的整合，以北方官式样式为摹本，建筑整体形象走向宫殿式的仿古追求，如美国建筑师史迈尔设计的南京金陵大学北大楼(今南京大学北大楼)(图 10.5)、墨菲设计的燕京大学(今北京大学内)、格里森设计的北京辅仁大学教学楼(今北京师范大学内)(图 10.6)等。

图 10.4　华东政法大学韬奋楼

图 10.5　南京金陵大学北大楼

143

图 10.6　北京辅仁大学教学楼

中国建筑师开始传统复兴的设计活动是以 1925 年南京中山陵设计竞赛为标志的。

【参考视频】

南京中山陵(彩图 17)通过 40 多个方案竞选，一、二、三名均为中国建筑师，最终采用头奖吕彦直的设计方案，1926 年奠基，1929 年建成。中山陵位于南京紫金山南坡，依山就势而建，从南到北沿中轴线依次布置石牌坊(图 10.7)、墓道、陵门、碑亭、石阶、祭堂、墓室，自陵门以北绕以钟形陵墙。主体建筑祭堂(图 10.8)平面近方形，出 4 个角室，外观上形成 4 个石墙墩，上面为蓝色琉璃瓦歇山式屋顶。中山陵在总体布局上借鉴了中国古代陵墓的布局特点，选用了传统陵墓的组成要素并加以简化，获得了宏伟庄重的效果；单体建筑也借鉴传统陵墓建筑形制，运用新材料与新技术，色调明朗、装饰简洁。整个建筑群民族韵味浓郁，又呈现出新的格调，成为中国近代传统复兴建筑的起点。

图 10.7　南京中山陵石牌坊

图 10.8　南京中山陵祭堂

继中山陵以后，相继建成了广州中山纪念堂(1926 年吕彦直设计，1928 年开工)、上海市政府大厦(1931 年，董大酉设计)、南京中央医院(1931 年，基泰工程司设计)、北京交通银行(1931 年，基泰工程司设计)、北京仁立地毯公司(1932 年，梁思成、林徽因设计)、南京外交部大楼(1931 年，华盖建筑师事务所设计)、南京国民大会堂(1934 年，奚福泉设计)等一批传统复兴风格的建筑。

这些传统复兴建筑在"中国式"的处理上差别很大，大体上可以概括为以下 3 种设计模式。

(1) 仿古做法的"宫殿式"。这类建筑极力保持中国古建筑的外形轮廓和体量关系，保持整套传统造型构件和装饰细部，如国民党党史史料陈列馆、中山陵藏经楼、中央博物馆、上海市政府大厦等。中央党史史料陈列馆(今中国第二历史档案馆)(图10.9)由杨廷宝于1934年设计,1935年2月动工,次年7月落成。党史馆坐北朝南,为3层楼的钢筋混凝土结构,底层有大小办公室、会议室和史料库房,外观上做台基处理;二、三层是陈列室,外观为5开间周围廊重檐歇山顶形象;内部装修为菱花门窗、天花藻井、沥粉彩画。整个建筑颇为完整地保持了古建筑的程式化形象。

(2) 折中做法的"混合式"。这类建筑不拘泥于传统建筑构图形式,建筑体型由功能空间决定,屋顶保持大屋顶的组合或局部大屋顶与平顶结合,外观呈新建筑的基本体量与"中国特征"的附加部件(如大屋顶等)的综合,如董大酉设计的上海市图书馆(图10.10)、博物馆,这两幢建筑东西相对而立,外观形态与尺度大体相仿,为两层平屋顶楼房,中部局部突起3层的门楼,覆蓝色琉璃瓦重檐歇山顶,檐下装饰华丽,四周平台围以石栏杆。这种做法被认为是"宫殿式"的一种改良。

图10.9 中央党史史料陈列馆旧址　　　　图10.10 上海市图书馆

(3) 以装饰为特征的现代式。这类建筑是在西方"装饰艺术"设计潮流的影响下,在新建筑的体量基础上,适当装点中国式的装饰细部。所谓装饰细部,不再是大屋顶等部件,而是一种民族特色的符号标志的呈现,如南京中央医院旧址、江苏省人大常委会办公楼(原国民政府外交部办公楼)(图10.11)、南京人民大会堂(原国民大会堂)、北京交通银行、仁立地毯公司、上海江湾体育馆、上海中国银行(图10.12)等。江苏省人大常委会办公楼是由华盖建筑师事务所设计的,平面呈"T"形,钢筋混凝土结构,平屋顶,入口处有一个宽敞的门廊。整座建筑的平面设计与立面构图基本采用西方近代建筑手法,下部为水泥砂浆仿石勒脚,墙面用褐色泰山砖饰面,中国式装饰主要表现为檐下褐色琉璃砖砌出简化的斗栱装饰、顶层的窗间墙饰纹、门廊柱头点缀的霸王拳雕饰、大厅天花清式彩画装饰等。

图10.11 江苏省人大常委会办公楼　　　　图10.12 上海中国银行

📖 **拓展讨论**

为什么在这个时期会出现中国传统复兴建筑活动?

3. 西方现代主义形式

19世纪下半叶,欧美各国兴起探求新建筑运动,19世纪80年代和90年代相继出现新艺术运动、青年风格派、芝加哥学派等探求新建筑的学派。这些新学派力图摆脱传统形式的束缚,使建筑走向现代化。

这场运动通过外国建筑师也渗透入近代中国。20世纪初,在哈尔滨、青岛等城市出现了一批新艺术运动和少量青年风格派的建筑,如哈尔滨的火车站、中东铁路管理局大楼、铁路旅馆、铁路技术学校、莫斯科商场、道里秋林公司等一大批建筑都是新艺术运动风格的建筑,它们都采用合理的功能空间、较为简洁的体量、流畅的曲线,展现出新的建筑潮流。

1925年后,"装饰艺术"风格流行于欧美各国,这种摩登形式很快在上海风靡一时。如英商公和洋行设计的沙逊大厦(今上海和平饭店北楼)(图10.13)、汉弥尔登饭店,英商业广地产公司建筑部设计的百老汇大厦,匈牙利建筑师邬达克设计的大光明电影院、国际饭店等。

上海和平饭店北楼位于南京路外滩,平面呈"A"形,为10层(局部13层)钢框架结构,外饰采用花岗石贴面,立面处理成简洁的直线条,底部饰有花纹雕刻。东立面为主立面,顶部冠以十多米高的方尖锥式瓦楞紫铜皮屋顶,具有当时美国芝加哥学派高层建筑风格。2~4层是写字间,5~7层为华懋饭店,饭店内部设有英、美、印、德、法、意、日、西、中等9国套房。九楼有夜总会及小餐厅,十楼原是维克多·沙逊的英国式住宅,精美豪华。金字塔式的顶内还有个大餐厅。整个大楼内外装饰讲究,当时被誉为"远东第一楼"。

上海大光明电影院(图10.14)建筑立面处理成横竖线条交叉构图形式,采取乳黄色曲面外墙,使用大片玻璃窗及方形玻璃灯柱,室内顶棚及墙面线脚自然流畅,现代感十足。

图10.13 沙逊大厦旧址

图10.14 上海大光明电影院

上海国际饭店(图 10.15)由中国银行储蓄会所建，共 24 层，全高 82m，钢框架结构，是当时国内最高的建筑物。外立面采用直线处理，底部墙面镶嵌黑色磨光花岗石，上部镶砌棕褐色面砖，前部 14 层以上每 4 层收缩一次，平面设计紧凑，造型简洁挺拔。

图 10.15　上海国际饭店

20 世纪 30—40 年代，在东北地区也出现了一些由日本建筑师导入的现代建筑，如大连火车站、三井洋行大楼等，这些建筑外观没有任何装饰，显得朴素简洁。

西方现代建筑文化及思想通过报纸杂志、建筑师的交流、建筑教育等方式在中国广为传播，中国建筑师把摩登的"装饰艺术"与新兴的"国际式"统称为"现代式"，并热情地参与"现代式"的设计创作，虽然大多数为装饰艺术样式，但也不乏"准国际式"和地道的现代派建筑。

华盖建筑师事务所设计了很多具有明显现代风格特征的作品，如大上海大戏院(1933 年)、上海恒利银行(1933 年)、上海金城大戏院(图 10.16，1935 年)、上海浙江兴业银行(1935 年)等。奚福泉设计的上海虹桥疗养院(图 10.17，1934 年)建筑形式完全符合内部功能要求，没有任何与结构无关的装饰，重视功能实用，注意卫生及环境，造型美观大方，已深得现代主义建筑的本质特征。庄俊设计的上海大陆商场(1933 年)外部立面只有局部简洁的纹饰，上海孙克基产妇医院(1935 年)造型式样已接近"国际式"建筑。范文照设计的协发公寓(1933 年)与上海美琪大戏院(1941 年)、李景沛设计的上海广东银行大楼(1934 年)、董大酉设计的自宅(1935 年)、梁思成设计的北京大学地质馆与女生宿舍等，都对现代风格进行了探索实践。

知识链接

　　1935 年 5 月 24 日，主题歌为《义勇军进行曲》的电影《风云儿女》上海金城大戏院首映，主题歌《义勇军进行曲》以奔放的革命热情、激昂的旋律吹响了抗战时代的进军号角。1949 年后，这里改名为黄埔剧场，也成为中华人民共和国国歌《义勇军进行曲》的首次播放处。

　　特别提示

　　中国建筑师与欧、美、日建筑师的这些现代建筑活动构成了近代中国在现代建筑方面的开端。由于抗日战争开始，现代建筑仅仅活跃了六七年就中断了。

本 讲 小 结

　　本讲简要介绍了中国近代建筑的发展历程、城市建设和各类型建筑发展概况；较详细地阐述了近代建筑教育的发展；深入分析了近代中国建筑的建筑思潮。

思 考 题

1. 简述中国近代建筑的发展历程。
2. 简述中国近代城市的主要类型。
3. 简要介绍梁思成的"体形环境"设计教学体系。
4. 简述中国近代建筑的设计思潮。

第 **11** 讲
现代中国建筑

教学目标

　　了解现代中国的建筑发展历程，理解城市建设和各类型建筑发展概况，了解现代建筑教育与建筑学术的发展，掌握现代中国建筑的各种建筑思潮和建筑作品。坚定文化自信，创新发展中国特色的新时代建筑。

教学要求

能力目标	知识要点	相关知识
能够结合时代特点理解现代中国建筑的发展，分析各种建筑思潮及其作品，理性思考社会主义新时代中国特色建筑创作道路	现代中国建筑发展概况	现代中国建筑的发展；城市及各类型建筑的发展；现代建筑教育和学术的发展
	现代中国的建筑作品与建筑思潮	改革开放前后各种建筑思潮及建筑作品

1949 年 10 月 1 日中华人民共和国成立，新中国在政治上、经济上与文化意识上都产生了一系列的变革，建筑领域也发生了巨大的变化。改革开放后，中国建筑的发展更是令世人瞩目，让我们一起来领略现代中国建筑的风采。

11.1 现代中国建筑发展概况

11.1.1 现代中国建筑发展概述

中国大陆(以下省去大陆二字)的建筑发展大致可以划分为两个阶段：第一阶段是 1949 年(中华人民共和国成立)—1978 年，第二阶段是 1979 年改革开放以后。

1. 1949—1978 年的建筑发展

1949 年 10 月中华人民共和国成立后，百废待兴。1950—1952 年，党和政府在国内外严峻的局势下恢复生产，改善民生。1952 年 4 月，针对建设中的偷工减料问题，中共中央还作出了"三反后必须建立政府的建筑部门和建立国营公司的决定"，先后在北京、上海、天津、南京、武汉、重庆等城市建立了国营的建筑设计单位和建筑工程公司。1952 年 8 月建筑工程部成立，提出建筑设计的总方针，其主要内容是"适用、坚固安全、经济，适当照顾外形的美观"。这时期建筑活动多为改善人民生活急需的住宅、医院等民用项目，如上海曹杨新村、天津中山门工人新村等；另外建造了一些政府行政需要的办公建筑以及会堂、宾馆等，如重庆市人民大会堂、北京和平宾馆等，这些建筑反映出现代建筑思想的延续。

第一个五年计划时期(1953-1957 年)，主要建设任务包含了 694 个大型建设项目，其中有苏联援建的 156 个项目中 145 项。1953 年 9 月，政府决定，建筑工程部的基本任务是从事工业建设。此后部辖各大区及省市设计院，均改为"工业建筑设计院"，工作重心转为工业建筑设计。这期间在砖混结构规范、构件标准化、装配化及流水作业等方面取得进展，规划工作方面也取得一些经验，也为后来城市发展留有了余地。在建筑设计方面，"社会主义内容、民族形式"设计指导原则的引入，推动了民族形式的广泛探索。1955 年 2 月建工部党组向中共中央提出"适用、经济、在可能条件下注意美观"，建筑方针由此正式确立。此后，一些建筑师以平屋顶为基本体型，在现代建筑与民族形式相结合的新民族形式方面开展了积极探索。

1964 年 11 月开始了"设计革命运动"。这时期的建筑活动主要围绕国防和战略布局展开，如长江大桥、葛洲坝工程等都在继续建设；另外一些援外工程、外事工程、外贸工程等，如广交会建筑、涉外宾馆、机场、体育建筑等也在建设中，并展现出新的形象。

2. 改革开放后的建筑发展(1979 年至今)

1978 年 12 月，中共中央召开了十一届三中全会，做出了把工作重点转移到社会主义现代化建设上来的战略决策。在改革开放的政策指引下，中国经济开始由计划经济向市场经济转型。建筑思想得到了空前的解放，建筑创作环境渐趋宽松。外国各种建筑理论与设计思想通过多渠道涌入国内，中国建筑师积极吸收新的理论与新的手法，积极探索具有中国特色的现代建筑。这时期各类设计竞赛和评优活动的举办，大大鼓励了建筑师的创作热情。同时，学术思想空前活跃，各种学术著作相继出版。

**知识链接**

　　这时期，老一代建筑师的研究成果结集出版，如《梁思成文集》(1982 年)、《刘敦桢文集》(1982 年)等;同时，陈志华的著作《外国建筑史》(1979 年)、同济大学罗小未等四所学校教师合作编写的《外国近现代建筑史》(1982 年)也相继出版；一些中青年建筑师或教师也陆续出版了研究成果，如彭一刚的《空间组合论》等。

　　20 世纪 90 年代，以邓小平南方谈话为契机，掀起了全国性的经济建设热潮，房地产开发在全国兴起，建筑设计开始在市场经济的模式下运作，建筑创作环境更加宽松和自由。而中国建筑师在后现代建筑等新思潮与现代建筑原则的矛盾中，积极寻求具有中国特色的创作之路，以现代建筑设计原则为基础，融入新的理念和思路，促使建筑设计多元创新。高层建筑与大跨度建筑发展迅速，促使我国建筑技术、施工水平和设备技术迅速发展。1995年注册建筑师制度实施,对中国建筑市场的发展产生了极其深远的影响。

**知识链接**

　　《中华人民共和国注册建筑师条例》是为了加强对注册建筑师的管理，提高建筑设计质量与水平，保障公民生命和财产安全，维护社会公共利益制定的条例。条例于 1995 年 9 月 23 日国务院令第 184 号发布，自发布之日起施行。根据 2019 年 4 月 23 日中华人民共和国国务院令(第714 号)公布的《国务院关于修改部分行政法规的决定》第一次修订。注册建筑师是指依法取得注册建筑师并从事房屋建筑设计及相关业务的人员。注册建筑师分为一级注册建筑和二级注册建筑师。

　　进入 21 世纪，中国经济和城市建设以令人瞩目的速度迅猛发展，建筑业又进入一个新的高潮，建筑的规模和数量都迅速增加。世纪贸易组织(WTO)的加入使中国的建筑市场进一步开放，更多的外国设计公司进入中国，国内的设计院也完成了市场化改革，中外合作设计渐趋增多，建筑创作焕发出新的活力。同时，现代工程技术、电脑技术、信息技术、生态技术等的发展，促使建筑创作在全球趋同的背景下，对建筑艺术和建筑科学等方面的探索创新和实验非常活跃。

　　党的十八大以后，在创新、协调、绿色、开放、共享的新发展理念引领下，中国建筑展示出了全新的面貌。2015 年 12 月，时隔 37 年再次召开中央城市工作会议，提出了"适用、经济、绿色、美观"的新时期建筑方针，为城市规划和建筑创作的进一步发展指明方向。建筑设计水平达到了新的高度，建筑施工技术水平实现跨越性发展，部分领域施工技术达到世界领先水平，城市信息模型(CIM)、建筑信息模型(BIM)、大数据、智能化、云计算、物联网等信息技术集成应用能力提升，一批具有世界顶尖水准的工程项目接踵落成，如港珠澳大桥、北京大兴国际机场、上海中心大厦等；超高层、深基坑、大空间、大跨度

的高难度建筑工程和高速、高寒、高海拔、重载铁路施工及特大桥隧、水利枢纽等专业工程的设计施工技术已迈入世界先进行列，离岸深水港、大型机场工程等建设技术达到世界领先水平。绿色建筑快速发展，建筑节能改造有序推进，助力国家"碳达峰、碳中和"目标的实现。同时在"一带一路"沿线国家和地区重大项目的规划建设方面取得突出成果，如摩洛哥穆罕默德六世大桥、蒙内铁路、巴基斯坦 PKM 高速等。

 特别提示

建筑总高度 632 米的上海中心大厦(彩图 18)代表着中国超高层建筑的"高度"；以"四纵四横"高铁主骨架为代表的高铁工程标志着中国工程"速度"和"密度"；以港珠澳大桥为代表的中国桥梁工程标志着中国工程"精度"和"跨度"；世界最大海岛人工港——洋山深水港码头代表着中国工程"深度"。

 知识链接

2012 年王澍设计的中国美术学院象山校区获得普利兹克建筑奖，该奖项是建筑领域的国际最高奖项，王澍是首位获得该奖项的中国建筑师。

另外，中国台湾、香港、澳门等地区也经历了各自的建筑发展过程，在建筑创作方面积极探索并取得一定的成就，有代表性的建筑有台北嘉新大楼、台北新光大楼、台北国际金融中心(101 大厦)、香港汇丰银行总部大楼、香港力宝中心、香港中国银行大厦、香港会展中心二期工程、澳门圣保罗教堂遗址(大三巴牌坊)、澳门中国银行大楼、澳门国际机场等。

 知识链接

台北国际金融中心(101 大厦)(图 11.1)，高度 508 米(楼顶高度 448 米)，2003 年建成，由建筑师李祖原设计。以中国人的吉祥数字 8 作为设计单元，每八层楼为一个结构单元，彼此接续、层层相叠，在外观上形成有节奏的律动美感，宛若劲竹节节高升，象征生生不息的中国传统建筑意涵，开创了国际摩天楼的新风格。2010 年前，台北 101 大厦是世界第一高楼(但不是世界最高建筑)。

香港中国银行大厦(图 11.2)由贝聿铭设计，1990 年建成。楼高 315m，加顶上两杆的高度共367.4m。正方形平面，对角划成 4 组三角形，每组三角形的高度不同，节节升高，使得各个立面在严谨的几何规范内变化丰富，外形被比作竹子"节节高升"，象征力量、生机和锐意进取的精神，基座采用厚重的石材，以增强稳定的感觉。

澳门圣保罗教堂遗址，又称大三巴牌坊(图 11.3)，是澳门最具代表性的标志之一，位于炮台山下，左临澳门博物馆和大炮台名胜，是圣保罗教堂正面前壁的遗址，此墙因类似中国传统牌坊而得名"大三巴牌坊"。牌坊糅合了欧洲文艺复兴时期巴洛克风格与东方建筑文化而成，体现出东西艺术的交融，巍峨壮观，雕刻精美。2005 年与澳门历史城区的其他文物一起成为联合国世界文化遗产。

图 11.1　台北国际金融中心　　图 11.2　香港中国银行大厦　　图 11.3　澳门圣保罗教堂遗址

11.1.2　城市建设、建筑类型及技术的发展

1. 城市建设发展

1949 年，中国共产党明确提出，工作重心从农村转向城市，并由城市领导乡村。中国城市开始了新的发展历程。解放初期的城市，多数发展极不平衡、城市化程度很低、工业基础薄弱，甚至停留在封建时代。党中央将城市工作的重心放在了恢复与发展生产，改善劳动人民的居住和生活条件。1952 年 9 月，全国第一次城市建设座谈会召开，提出加强城市规划设计工作和在 39 个城市设置城市建设委员会，并将全国城市按性质和工业建设比重划分为四类：重工业城市(如北京、包头)、工业比重较大的改建城市(如吉林、武汉)、工业比重不大的旧城市(如大连、广州)和其他中小城市。随着城市建设的恢复与发展，到 1952 年，全国设市城市增加到 160 个，城市规划与建设工作开始步入一个新的阶段。1954 年全国城市建设会议要求"完全新建的城市与工业建设项目较多的城市，应在 1954 年完成城市总体规划设计"。到 1957 年，共计 150 多个城市编制了规划。1958 年到 1978 年，城市规划与建设主要以新兴工业城市、首都北京建设以及三线城市建设颇具特色。如石家庄、郑州、洛阳、大庆、合肥等城市都是通过大规模的工业建设发展起来的新兴工业城市，是中国第一代工业城市。首都北京的城市规划与建设，经历了规划构想、总体规划初步方案确定和修改、完善，是中国现代城市规划发展过程中的一个缩影，既有有益的探索，也有无法挽回的遗憾。"三线"城市建设是从国防安全原则出发，按照"大分散，小集中"的城市规划与建设政策，从 1965 年前后在西南地区的贵州、云南、四川等省建设军工厂和重要工业项目的城市，如攀枝花的城市建设是山地城市的规划实践成功探索。

十一届三中全会以后，1978 年第三次全国城市工作会议，要求认真编制和修订城市总体规划和详细规划，随后一系列城市发展方针、城市规划法规等发布实施，1989 年城市规划法通过，城市规划及建设全面恢复并步入法制轨道。1990 年后，城市建设进入更快的发展阶段，但也出现了一些不和谐现象，如拆迁规模过大、速度过快，突破规划控制，开发密度大、容量高，千城一面等。这时期城市规划与建设主要表现在改革开放后的沿海新兴城市和城市新区的规划建设，如深圳、珠海、厦门、汕头、海南、上海浦东开发区等；同

时随着城市土地有偿使用的转化，旧城改造成为经济效益开发的热点，从单一的危旧房改造或基础设施建设，转变为综合处理旧城区物质老化、功能调整、用地结构转化等层面的改造更新。1982 年国家颁布《关于保护我国历史文化名城的指示的通知》，创立了我国历史文化名城保护制度，先后公布了 99 个国家级历史文化名城，1994 年制订了《历史文化名城保护规划编制要求》，1997 年历史文化名城平遥、丽江作为完整城市被列入世界文化遗产。

拓展讨论

至 2022 年，我国已有 141 座城市被列为国家历史文化名城。党的二十大报告提出"加大文物和文化遗产保护力度，加强城乡建设中历史文化保护传承"。你认为在城乡建设中应该怎样保护和传承历史文化遗产？

2000 年注册规划师执业资格考核制度实施。2007 年《中华人民共和国城乡规划法》通过，以促进城乡统一规划、统一建设及统筹协调发展。除了法律法规体系之外，还逐步研究和建立了一套独具特色的城乡规划技术标准和规范体系。中国城市发展逐渐融入全球化背景下以"大都市"与"城市群"为中心的城市化进程。工业园区、经济技术开发区、高新区等功能单一的产业区建设得到加强，以居住为主体的新城区开始成为热点，建成区面积和城市建设用地规模不断扩大，如天津滨海新区、郑州郑东新区等成为城镇建设中的重点。随着城镇规模的扩大、城市空间的蔓延与城镇之间交往增加，分工协作的都市圈和城市群逐步形成。

党的十八大以来，我国城市规划理念发生深刻的转变。"绿水青山就是金山银山"的观念深入人心，城市的宜居性和城市发展的可持续性不断提升。党的十八大提出"走中国特色新型城镇化道路"，城市群建设工作得到高度重视，城市群发展进入新阶段，2014 年《国家新型城镇化规划(2014—2020 年)》提出以城市群为主体形态，推动大中小城市和小城镇协调发展。2015 年 12 月，中央城市工作会议在北京召开，从国家层面为城市建设搭建了顶层设计，为城市建设工作制定了规划蓝图，城市发展模式迎来转折点。党的十九大报告提出，"以城市群为主体构建大中小城市和小城镇协调发展的城镇格局。"京津冀、长三角和粤港澳大湾区等城市群建设加快推进，特色小(城)镇不断涌现，城市功能全面提升。党的二十大报告提出，"以城市群、都市圈为依托构建大中小城市协调发展格局，……提高城市规划、建设、治理水平，加快转变超大特大城市发展方式，实施城市更新行动，加强城市基础设施建设，打造宜居、韧性、智慧城市。"为我国城市规划建设指明了发展方向。

特别提示

改革开放 40 余年，中国经历了世界历史上规模最大、速度最快的城镇化进程，取得了举世瞩目的成就。中国城镇化率由 1978 年的 17.92%提高到 2020 年的 63.89%，城镇常住人口由 1978 年的 1.7 亿人增长到 2020 年的 9.02 亿人，城市数量由 1978 年的 193 个增加到 2018 年 672 个。根据相关规划，我国共布局了 19 个国家级城市群。

2. 住宅建筑发展

中华人民共和国成立后，住宅成为主要建设的建筑类型之一，如各地建设的工人新村以及棚户区改造。20 世纪 50 年代至 70 年代的居住建筑主要是砖混结构的多层住宅楼或平房，户型设计主要是以一条长走廊串联着许多单间，厨房和卫生间为共用(俗称筒子楼)。住宅标准极低，设备简陋，居住环境拥挤。1952 年全国城市居民人均居住面积为 $4.5m^2$，1978 年下降到 $3.6m^2$。

1980 年 4 月邓小平同志发表关于住房问题的讲话，启动了中国房改进程。20 世纪 80 年代住宅设计标准逐步提高，大力推广墙体改革。80 年代中期开始在全国开展试点小区建设，推动了住宅建设科技的发展，推动住宅建设迈向新的阶段。1991 年国家颁布《关于全面推进城镇住房制度改革的意见》，住房推行市场化，房地产开始发展，住宅设计进入一个多元化的阶段，大起居室小卧室兴起，厨房、卫生间的面积和设备设施等级提升，家居环境受到重视，高层住宅、别墅等住宅类型出现。1994 年国务院提出安居工程计划，1998 年中国城市住房商品化时代全面到来，并建立了住宅保障制度。至 1998 年中国城市人均住宅面积提升的 $18.7m^2$，城市住宅成套率大幅提高。

进入 21 世纪，住宅建筑的类型更加多样化，有普通住宅、公寓式住宅、高档住宅、别墅等，也有低层、多层、小高层、高层、超高层等住宅类型，结构形式主要有钢混框架结构、钢混剪刀墙结构、钢混框架-剪刀墙结构、钢结构等；住宅的户型趋于多样化，信息化智能化家居产品成为常见配置，小区环境愈加优美，配套设施更加全面先进便利。随着不断完善的住房市场体系和住房保障体系，居民住房条件显著改善。

党的十八大以后，住房建设能力明显提升，城镇居民人均住房建筑面积由 2012 年的 $32.9m^2$，增加至 2021 年的 $41.0m^2$，且普及了城市住宅"成套化"，居民住房更加宜居，并在绿色住宅建筑、智能化住宅建筑以及老旧住宅小区改造等方面的积极探索。美丽宜居乡村建设深入推进，乡村居住水平、基础设施和生态环境显著改善。

3. 公共建筑发展

20 世纪 50 年代至 70 年代，普通公共建筑发展缓慢。改革开放后，公共建筑的类型发生了翻天覆地的变化。随着建筑设计思想的开放、创作环境的改善、建筑技术的进步和设计技术的更新，交通建筑、体育建筑、科教建筑、商业建筑、办公建筑、博览建筑以及综合体等各种建筑类型进一步拓宽，功能更趋复杂，设施更加专业智能，建筑形象展现出新面貌。

交通建筑是随着公路、铁路、航运的发展而快速发展，20 世纪 80 年代至 90 年代，中国兴建了许多大型车站和民用航空港，交通建筑的设计和施工水平有了本质的飞跃，建筑体量宏大，功能渐趋复杂，在建筑造型上也有突破，如沈阳铁路北站、杭州铁路新客站等。进入 21 世纪后，尤其是党的十八大以后，交通建筑更是突飞猛进，随着青藏铁路的开通和铁路里程的飞速增长，一些带有地域特色的车站兴建起来。国内外航线的开拓，促使广州新白云国际机场航站楼、北京首都机场 T3 航站楼、北京大兴国际机场(彩图 19)等大型、超大型建筑建成。

旅馆建筑作为改革开放以来的"先锋"建筑，全国各地建造了大量的旅馆，如上海龙柏

饭店、广州白云宾馆、杭州黄龙饭店、北京首都宾馆等。进入 21 世纪，旅馆建筑更具特色，与地方自然环境或人文环境相结合的地域特色成为设计趋向，如贵州花溪迎宾馆、承德行宫酒店、三亚喜来登酒店等。

体育建筑是中国建筑创作中比较活跃的建筑类型，在 20 世纪 60 年代至 70 年代兴建的许多大型体育馆场，摆脱了 50 年代"大屋顶"的束缚，逐步焕发出体育建筑的面貌；20世纪 90 年代，体育建筑在经济性、科学性与真实性原则下，更加注重建筑本体价值的开发，建筑形象的创造也更加主动；进入 21 世纪后，场馆功能更加复杂，设施要求更加专业，设计思想更加开放，技术更加完善，体育建筑形象呈现出百花齐放，如中国国家体育场(鸟巢)、中国国家游泳中心(水立方)、广州体育馆等。2022 年北京冬奥会场馆国家速滑馆(冰丝带，彩图 19)、首钢滑雪大跳台(雪飞天，彩图 20)等不仅在结构技术、绿色低碳技术、生态环境保护、工业遗产再利用等方面成功实践，更与中国传统文化元素相结合，表现出独特的中国文化魅力。

高层建筑是经济发展和科技进步的产物，被认为是现代化的象征，在 20 世纪 80 年代，高层建筑仅分布在北京、深圳、广州等有限的几个城市，如北京国际大厦、深圳国贸中心大厦(高 160 米)等。到 20 世纪 90 年代，高层建筑普及到中小城市，规模和高度进一步提高，高层建筑涉及住宅、旅馆、办公、金融、商业综合楼等多种类型，如深圳地王大厦(高325m，1996 年，图 11.4)、广州中信广场(高 391m，1997 年)、上海东方明珠电视塔(高 468m，1994 年)、上海金茂大厦(420.5m，1998 年，图 11.5)等，使我国超高层建筑施工技术跨入世界先进行列。进入 21 世纪，高层建筑继续向着更高的高度，更大的体量和更加综合的功能发展，超高层建筑建设进入了高峰期，不仅数量快速增多，其高度近年来也在不断刷新。如上海环球金融中心(高 492m，2008 年)、广州塔(高 610m，2009 年，图 11.6)、上海中心大厦(高 632m，2015 年，彩图 17)，深圳平安国际金融中心(高 592.5m，2017 年)、武汉绿地中心(高 593,2019 年)、天津高银 117 大厦(高 597m，2020 年)等。2020 年 5 月，中国住建部和国家发改委联合下发通知，要求各地进一步加强城市与建筑风貌管理，严格限制各地盲目规划建设超高层"摩天楼"，一般不得新建 500 米以上建筑。

 特别提示

高层建筑土地利用率高，有利于缓解城市用地的紧张，有助于改善城市面貌，超高层的摩天大楼往往成为城市的新地标。但是高层建筑尤其是超高层建筑也存在很多弊病，所以我们要合理的、适度的发展高层建筑，不能把修建超高层的摩天大楼作为城市经济繁荣的攀比手段。

知识链接

我国《民用建筑设计统一标准》GB 50352-2019 规定：建筑高度大于 27.0m 的住宅建筑和建筑高度大于 24.0m 的非单层公共建筑，且高度不大于 100.0m 的，为高层民用建筑；建筑高度大于 100.0m 为超高层建筑。世界超高层建筑学会的新标准规定，300.0m 以上为超高层建筑。

图 11.4　深圳地王大厦

图 11.5　上海金茂大厦

图 11.6　广州塔

4. 工业建筑发展

工业建筑自 20 世纪 50 年代得到大力发展，其类型较近代有所增加，建设规模和水平更是得到大力拓展，如长春第一汽车制造厂、洛阳轴承厂、三门峡水利枢纽、攀枝花钢铁厂等，主要沿用苏联的工业建筑体系。20 世纪 60 年代，增加了在石油、化工、铁路等方面拓展。

改革开放后，工业建筑创作有了新的活力。1991 年，成立了中国建筑学会建筑师学会工业建筑专业学术委员会，开展工业建筑学术研讨，促进工业建筑的新发展。新兴经济开发区的建设、旧工业区的改造开发，科学技术的发展，特别是高新技术工业的蓬勃发展，促使一些新型的工业建筑出现，如多层厂房建筑、洁净的封闭车间、灵活通用车间、新型科学实验建筑、核电站等。随着环保意识的加强，工业建筑不仅要满足环保要求，而且注重环境绿化。工业建筑尤其是多层工业厂房多采用民用建筑的设计手法；企业形象和企业文化也得到重视，有的工业建筑采用了象征和隐喻手法，以突出企业形象，使工业建筑展现出不同的风貌。如成都飞机公司 611 所科研小区，一些厂房采用了圆形和八角形等建筑平面，建筑组合比较灵活，形象简洁，大片绿化改善了环境质量，建筑与环境的结合使整个小区和谐统一。大连华录电子有限公司，建筑群布置与自然环境紧密结合，并引入 CI 企业形象设计，使建筑形象更具个性。北京经济技术开发区建设了许多技术性和艺术性都较高的工业建筑，如资生堂丽源化妆品有限公司、北京四通松下电工等，形成较好的厂区环境，同时带动了商业区、住宅区等的建设。开发区功能分区明确、环境优美，是新型工业建筑的示范。

进入 21 世纪后，工业行业的发展速度更是让人目不暇接，工业生产类型进一步向精细的科技化生产模式转变，工业建筑生产技术的迅速发展以及产品的更新换代，也使得人们对于生产厂房的建筑要求也越来越高，工业建筑的设计也趋于专业化、高科技化、多功能化、可持续化方向发展。

11.1.3 建筑教育及学术的发展

1952 年中国高等学校进行了一次全国规模的大调整，中国的建筑教育格局由此形成。同济大学和重庆建筑工程学院成为土建类的高等工业院校，其余在理工科大学:清华大学、天津大学、南京工学院(由南京大学分出)、华南工学院、哈尔滨工业大学中设建筑学专业。1953 年原武汉大学、湖南大学、广西大学、南昌大学的土木系合并在湖南大学。1956 年，东北工学院、青岛工学院、苏南工业专科学校、西北工学院等校土建专业合并成立西安冶金建筑工程学院。1959 年，以哈尔滨工业大学土木系为基础成立了哈尔滨建筑工程学院。

1977 年至 1988 年设置建筑学专业的学校增至 46 所。同时随着室内装修的兴盛，几乎所有的美术院校和艺术系都办起了环境艺术或室内设计专业。1986 年 11 月全国首届建筑教育思想讨论会在南京举行，开始在各个院校探索建筑教育改革。到 20 世纪 90 年代，建立的建筑学评估制度，使中国的建筑教育进入了一个新的发展阶段。

中国建筑学会于 1954 年 10 月成立，1957 年 2 月召开了第二届理事会，此后又召开过两次代表大会，同时申请加入了国际建筑师协会，先后于 1955 年、1957 年参加了国际建协第四届、第五届大会及相关设计竞赛等活动。第五次代表大会在 20 世纪 80 年代才得以召开。此后，建筑学会及其各分会的活动频繁，不仅在学术上获得了提高，也为 80、90 年代各地的建设作了贡献，并协助建设部完成了新形势下有关建筑设计的大量规范的重编、改编及新编工作。1999 年在北京召开的世界建筑师协会第 20 届大会，中国建筑师作为会议东道主和主要组织者为会议作出了贡献，会议通过的《北京宪章》号召建筑师回归基本问题，从传统建筑学走向广义建筑学，力图从人类社会发展及其面临的危机这样一种宏大的视野中审视建筑学新的定位，也促成建筑学者将自己的工作推进到广阔的社会中，以适应人类发展的新需求。

进入 21 世纪，中国建筑学会紧密配合国家的经济建设，协助各级政府开展建设工作，发挥了学会的桥梁和纽带作用。2006 年 9 月，中国建筑学会在北京成功举办了第 12 届亚洲建筑师大会暨亚洲建协第 27 届理事会。此次会议的举办具有重大历史意义，也扩大和提高我国建筑界在国际建筑舞台上的影响和地位。学会组织参与了汶川地震、玉树地震的灾后重建工作，参与上海世博会筹备和中国馆方案征集、评审和研讨工作，扩大了学会的影响。2008 年《堪培拉协议》是我国首次以发起成员身份在专业教育评估和认证方面参与国际规则的制定，它标志着我国建筑学专业教育已迈入国际领先行列，有利于推进建筑教育的国际交流与合作，推动我国高等建筑教育的发展。

11.2　现代中国的建筑作品与建筑思潮

11.2.1　1949-1978 年的建筑作品与思潮

1. 民族形式的延续与发展

20 世纪 50 年代，爱国主义与民族传统相联系，产生了一大批从中国传统建筑中发掘建筑语言完成的建筑设计作品。如重庆人民大会堂、长春地质宫、北京友谊宾馆、南京华东航空学院教学楼、中国美术馆、湖南大学礼堂等。

重庆人民大会堂(图 11.7)1951 年-1954 年建成，建筑总面积 2.5 万平方米。由张嘉德设计，采用复古主义手法，中部会堂为圆形，冠以直径 46 米的三重檐宝顶，似天坛祈年殿；堂前为重檐歇山楼，外轮廓似天安门，另有方形及八角形双重檐尖亭各两座，以长廊相连。整座建筑体量庞大，施以辉煌的色彩，绿顶红柱、白色栏杆。在 99 步台阶的烘托下，雄伟壮观，成为山城重庆的骄傲。

中国美术馆(图 11.8)，建成于 1962 年，由戴念慈在清华大学设计小组方案的基础上调整完善并主持完成。主体大楼为仿古阁楼式，黄色琉璃瓦大屋顶，四周廊榭围绕，设计者巧妙地将大屋顶与墙体组织得尺度得体，比例、色彩、质感典雅明快，具有鲜明的民族建筑风格。

图 11.7　重庆人民大会堂　　　　　　　　图 11.8　中国美术馆

2. 建筑新探索

建筑创作中也有新的探索，既有针对特定环境的探索，也有设计理念上的探索。如北京和平宾馆、北京儿童医院、北京电报大楼、伊克昭盟成吉思汗陵、乌鲁木齐新疆人民剧场、人民英雄纪念碑等

北京和平宾馆(图 11.9)由杨廷宝设计，1953 年建成，建筑面积 7900 平方米。主楼采用一字形布置，为保留两棵古榆树，采用不对称手法处理宾馆入口、餐厅等，巧妙地组织室内外空间，同时保留东侧原有的四合院供宾馆使用。主楼结构采用钢筋混凝土框架，外观采用现代主义手法，非常简洁。整个建筑设计周密、功能分区合理，保留古树，空间处理巧妙，被誉为"中国当代建筑设计的里程碑"。

北京儿童医院，1952 年建成，主要设计者华揽洪遵循现代主义理念，平面合理，立面简洁，但通过立面比例处理以及屋角略有起翘、栏杆上简约点缀传统纹样等细部处理，使建筑有了传统建筑的神韵。

人民英雄纪念碑(图 11.10)位于北京天安门广场中心，由梁思成、刘开渠设计完成。平面呈方形，通高 37.94 米，分台座、须弥座和碑身三部分。台座基座分两层，四周环以汉白玉栏杆，四面均有台阶。台座为大小两层须弥座，上层小须弥座四周镌刻花环，下层大须弥座束腰部分，四面镶嵌八幅巨大的汉白玉浮雕，浮雕高 2 米，总长 40.68 米，浮雕镌刻着自鸦片战争以来的伟大革命斗争史实；碑身采用青岛浮山花岗岩，碑心石高 14.7 米、宽 2.9 米、厚 1 米、重 60 余吨，正背两面分别镌刻着毛泽东和周恩来所题写的碑名和碑文，碑顶冠以简化的庑殿顶。整个纪念碑的造型既有民族风格特色，又有鲜明的新时代精神。

图 11.9　北京和平宾馆

图 11.10　人民英雄纪念碑

3. 政治相关的建筑创作

为迎接中华人民共和国成立十周年，政府决定在首都北京建设包括人民大会堂在内的十项建筑工程。这批建筑政治意义重大，而且建设项目多、任务急、工期短，反而促使建筑创作的多样化。十大工程仅用了不到一年时间，人民大会堂、中国革命历史博物馆、全国农业展览馆、中国人民革命军事博物馆、民族文化宫、钓鱼台国宾馆、北京工人体育场、北京火车站、民族饭店和华侨大厦(已拆除)全部落成。1959 年 9 月 25 日，《人民日报》社论盛赞这些建筑"是我国建筑史上的创举"。

人民大会堂(彩图 21)位于天安门广场西侧，1959 年 10 月竣工，总建筑师为张镈，建筑方案设计为赵冬日、沈其。大会堂平面呈"山"字形，南北长 336 米，东西宽 206 米，总建筑面积 17.18 万平方米，由万人大会堂、宴会厅、全国人大常委会办公楼三部分组成。由东门经中央大厅进入万人大会堂，大会堂宽 75m,深 60m,平面呈卵形，中央穹顶高 33m。舞台上可容 300 人以上座席，台前有容纳 70 人的乐池。观众厅座席分上中下 3 层。墙面与穹顶呈圆角相连，采用"水天一色、浑然一体"的手法，穹顶中央镶嵌五角红星和金色葵花光束图案(彩图 22)。大会场北翼是有五千个席位的大宴会厅；南翼是全国人大常务委员会办公楼。建筑正面纵分为五段，中部稍高，主次分明；立面采用了中国传统建筑的三段式处理手法，上有黄绿相间的琉璃瓦屋檐，下有 5 米高的花岗岩基座，柱廊既非传统西洋古典建筑，也非传统中国建筑法式，而是两者独到的结合。建筑造型庄严雄伟，壮丽典雅，富有民族风格。会堂有声、光、电、空调等现代化的设施。大会堂功能之复杂，结构、安全、电信、机电设备、庭园、道路、市政管线等专业工程质量要求之高，都是史无前例的。

北京火车站(图 11.11)位于建国门与东单之间，总建筑面积 8.9843 万平方米，平面布局对称，首层安排旅客流程作业，二层大部分为候车面积和旅客餐厅等，通过高架候车厅到达各站台。建筑的中央大厅采用了 35m×35m 的预应力钢筋混凝土双曲扁壳结构，正立面将扁壳外露，用三个拱形垂直窗将其化成正常的尺度，与相邻的两座重檐四角攒尖的钟楼形成统一的整体。北京站是在新功能、新结构与民族形式相结合方面做出了成功的探索的可贵尝试。

此后，大部分省会城市及其他一些城市陆续建造了毛主席思想胜利万岁展览馆，如四川毛主席思想胜利万岁展览馆，同时还有一些纪念性建筑，如郑州二七纪念塔(图 11.12)等。

图 11.11　北京火车站

图 11.12　郑州二七纪念塔

 特别提示

国庆工程是特殊时代的特殊作品；在集体创作过程中注定表达出建筑作品的折衷性和先锋性；在当时就出现的多样化创作手法，又在新技术上暗含国际潮流，做了诸多以新结构为切入点的中国建筑新探索，是建筑多元化的先声。

4. 窗口领域的新建筑

在一些援外工程、外事工程、外贸工程等领域，如援外体育、会堂和观演建筑、使领馆、涉外宾馆、机场以及体育馆场等，在有限条件下寻求局部突破，尤其是外贸窗口城市广州的建筑，结合当地自然条件，以轻巧空透、清新自然的特点给人崭新的新形象，在建筑的地域性和现代发展道路作出积极的探索。如援外建筑——塞尔加尔友谊体育场、斯里兰卡国际会议大厦、几内亚人民宫、苏丹友谊厅等；外交领域建筑——北京饭店东楼、北京友谊商店、伊朗驻华使馆、杭州笕桥机场候机楼；外贸窗口广交会建筑——广州中国出口商品交易会展览馆、广州宾馆、广州白云宾馆等。

杭州笕桥机场候机楼(图 11.13)是为迎接中美建交及美国总统尼克松访华而兴建，候机楼从设计到竣工仅两个月。建筑采用一字形平面，底层中部为候机厅，南翼为贵宾楼接待室，北翼为寅馆，二层大厅内作错层处理，夹层上为餐厅，下为银行、邮政、商店等。大楼平面简洁紧凑，流线简捷明确，并有利于快速施工，立面在框架结构的柱廊之间采用大片玻璃，呈现出开朗向上的形象。

图 11.13　杭州笕桥机场候机楼

图 11.14　广州白云宾馆

广州白云宾馆(图 11.14)是应外贸之需于 1976 年 6 月建成的，由莫伯治等人设计。如图 11. 楼 33 层，高度 114.05m，结构采用板式剪力墙体系。低层为大跨度的公共部分，高层为客房。宾馆前院保留了山冈和树林，尽量不破坏自然环境，同时使主楼与交通干线之间形成适当的隔离，保证了主楼的安静环境。建筑内部空间分隔与庭院绿地结合，将绿化引入楼内，形成各种景观。白云宾馆创造了当时中国高层建筑的最高纪录，也是高层现代建筑与传统园林结合的先例。

11.2.2　改革开放后的建筑作品与思潮

改革开放 40 余年，中国经济飞速发展，城市建设速度令人瞩目，为中国建筑师提供前所未有的实践机会，外国建筑师也竞相来中国抢占市场。改革开放也解除了设计思维的禁锢，带来了国外各种文化观念和建筑思潮的交流与结合，同时，市场化的影响，使建筑设计更加自由，在多元创新的建筑格局下，建筑设计水平迅速提高。

1. 中国建筑师的建筑实践与思考

20 世纪 80 年代以后，在中外文化频繁交流与碰撞的过程中，中国建筑师在各种西方建筑思潮的猛烈冲击下，对中国国情下的建筑发展做出自己的思考。在经历了"传统与继承"和"时代与创新"的迷茫与反思，20 世纪 90 年代形成多元创新探索的格局。到 20 世纪 90 年代中期，更多理性的思考和实践，促使建筑与环境、文脉等结合，与新材料、新技术结合，探寻适合中国特色的建筑发展趋向。到世纪之交，无论是资深建筑师的建筑理论和创作实践，还是新一代建筑师在建筑艺术和建筑科学等方面的探新实验，都呈现出超越文化传统、地方特色和时代精神，基于建筑本体的理性创新趋向。因此，许多作品表现出多种设计倾向，也有的个性特色明显，这里仅作大致分类。

(1) 中国传统建筑形式的再探索

中国传统形式的再现，多数贯彻了创新的思路，旨在探索对传统建筑形式与现代建筑的结合。20 世纪 90 年代后，注重传统建筑内涵的发掘和发扬，具有中国传统特色的建筑逐渐呈现出多样化的面貌。具有代表性的作品有曲阜阙里宾舍、陕西博物馆、北京大学新图书馆、曲阜孔子研究院、南京雨花台烈士纪念建筑群、菊儿胡同、北京金融大厦、国家图书馆等；同时也出现了为顺应旅游业发展而修建的复古建筑，如武汉黄鹤楼、北京琉璃厂文化街、天津古文化街、南京夫子庙古建筑群等。

曲阜阙里宾舍是一座宾馆(图 11.15)，建于 1985 年，由建筑大师戴念慈设计，地处孔庙东侧、孔府南侧，采用类似四合院的布局，院落以回廊贯通。建筑主体为两层，采用钢筋混凝土结构，中央大厅的十字屋顶为四点支撑的十字形折壳，与外部的十字形歇山屋顶相吻合，使现代的结构形式与传统的屋顶造型较好地结合起来，灰瓦屋顶高低错落，灰砖墙面中点缀少量白墙和石墙，整体建筑古朴典雅，与古城文脉和历史传统建筑相协调。

北京大学新图书馆(图 11.16)，建于 1998 年，由中国工程院院士关肇邺设计。新馆由主楼、南配楼、北配楼三部分组成，采用中轴对称布局；主楼平面略呈凸字形，主楼北部加了二层楼阁，并冠以歇山式大屋顶，突出了主楼的主导地位，主楼两侧配以采用了攒尖顶的学术报告厅和多功能厅以及作为疏散楼梯的透空式"爬山廊"，巧妙地增加了空间层次，构成了新馆主楼和周围原有建筑群之间尺度上的和谐过渡。建筑功能与布局设计合理，柱网采用了 7.5m×7.5m 的模数式结构，形成大空间的开放格局，便于开架服务和根据工作需要灵活调整。

图 11.15　阙里宾舍

　　北京菊儿胡同新四合院(图 11.17)，以"类四合院"的新街坊体系，吸取了公寓住宅楼的优点，对北京四合院住宅做有机更新，把建筑的层数提高到 2～3 层，提高了容积率，1 层每户有 1 个小院，2、3 层楼部分单元除有阳台外，还有 6～22m^2 的楼顶平台，整体布局错落有致。新四合院以传统的建筑符号及构件、院落等，自觉融入旧城的文脉，为住户提供了良好的居住人文环境。

图 11.16　北京大学新图书馆

图 11.17　菊儿胡同新四合院

 特别提示

　　菊儿胡同新四合院是北京旧城改造的一次成功实验，探索了一种老城市中解决居住问题的方法和途径，也在旧城改造中如何保护传统文化风貌问题上有了新的突破。

　　(2) 新地方主义

　　新地方主义注重建筑与其所在地区的自然环境、建筑环境和文化传统特性相适应，给人以归属感。新地方主义是中国建筑创作的重要倾向之一，表现出各个不同地区异彩纷呈的地方精神。代表作品有福建武夷山庄、上海龙柏饭店、上海新天地、无锡太湖饭店、新疆维吾尔自治区迎宾馆、南京梅园新村周恩来纪念馆、贵州省老干部活动中心、上海图书馆、西藏博物馆主馆、三亚喜来登酒店、拉萨火车站等。

福建武夷山庄(图 11.18)，建于 1983 年，建筑设计借鉴闽北传统民居的特点，建筑主体依山就势，错落有致的沿着斜坡南向平行布置，建筑内外空间流畅，使用地方建筑材料，在建筑外形上模仿当地的坡屋顶和悬梁垂柱，建筑形象质朴清新，色彩和谐素雅，整个建筑以独特的建筑风格与环境融为一体，以浓郁的乡土气息延续当地悠久的历史文脉。室内环境设计突出主题意境，隐喻武夷山的神话传说和历史典故，凭借丰富变化的内部空间形态，发掘砖、石、竹、木等地方材料与砖雕、石刻，竹编等传统技艺来塑造内部空间形态，具有浓厚的地方色彩。

图 11.18　福建武夷山庄

图 11.19　拉萨火车站

拉萨火车站(图 11.19)位于拉萨市南部新区，是青藏铁路的标志性工程。在功能上，重视"以人为本"，强调以人流为主的客运流程，流线关系明晰，各活动区域及设施布置相互匹配。在外观上，整体沿水平方向伸展，与高原环境融为一体。简洁的斜向墙板和竖条窗前后错落，粗糙纹理的预制彩色混凝土墙板结合白色、藏红色等藏区建筑典型色彩，抽象再现了藏区建筑的形态特征和粗犷大气的视觉效果。木构架的使用，让人联想到藏区传统建筑的石木结构，入口处层叠挑出的木架暗合了传统的藏区门楣、窗楣形式特点。车站设计恰当地延续了当地的文脉，与高原自然环境和西藏民族文化非常协调。

(3) 新现代风格

改革开放后，一些建筑师遵循现代主义原则，以其简洁的造型传达出一种精神，但又不排斥传统，也不拒绝后现代主义的启示，在空间的运用、自然环境等方面创新突破。如广州白天鹅宾馆、深圳南海酒店、深圳国际贸易中心大厦、北京国际饭店、深圳科学馆、河北博物馆、外研社大楼、天大冯骥才文学艺术研究院等。

广州白天鹅宾馆(图 11.20)是一座五星级标准的宾馆，建成于 1983 年，由广州市设计院余酸南、莫伯治等人设计。主楼 34 层，高 100 米，平面为腰鼓形，采用剪力墙无梁楼板混凝土结构，主立面上的阳台由斜板构成，在阳光下形成丰富的明暗变化，极富韵律感，显得雅致轻巧。3 层的裙房为公共活动区，临江布置，使建筑内外环境融为一体；公共活动空间分为前后两个中庭，围绕中庭布置餐厅、休息厅、商场等活动空间，形成了上下盘旋、动静相宜的多层园林空间，"故乡水"中庭(彩图 24)内飞瀑流涧、亭桥相隔、富有岭南庭园特色，给人庭中有园、园中有景之感。整个建筑表现出简洁明快的时代特征，又颇具岭南园林特色。

深圳南海酒店(图 11.21)，建于 1985 年，位于深圳蛇口海滨，依山面海，建筑师巧妙地利用这一得天独厚的自然环境，将建筑、园林、青山、大海融合在一起。主楼平面为弧形构图，围山面海展开，剖面构图自下面上采用层层退后的手法，使每间客房都具有充足的阳光和良好的海景视域；客房的圆弧碗状阳台成为突出的造型要素，形成优美的韵律。整个建筑体形独特，形象舒展又丰满，令人印象深刻，被誉为"南海明珠"。

图 11.20　广州白天鹅宾馆

图 11.21　深圳南海酒店

(4) 象征与隐喻的倾向

象征与隐喻是建筑创作中常见的一种设计手法，通过特殊的建筑造型、空间形态或建筑构件等，来象征或隐喻某种特定的文化内涵。代表性作品有威海甲午海战纪念馆、南京侵华日军大屠杀遇难同胞纪念馆、河南博物馆、上海博物馆、沈阳"九一八"事变陈列馆等。

南京侵华日军大屠杀遇难同胞纪念馆，1985 年建成，选址在当年侵华日军集中枪杀和掩埋大批中国军民的江东门，现场堆堆白骨仍历历在目。设计师尽量将喧嚣的城市摒除在外，而在院落中运用较强的艺术象征手法隐喻了那场灾难给中国人民造成的痛苦。从纪念馆前广场拾级而上，循着大屠杀幸存者的足迹，映入眼帘的是纪念墙上镌刻着的醒目的中英日三国文字"遇难者 300000"，触目惊心(图 11.22)。转过墙后，由上而下俯览，是凄凉一片的卵石广场，这里寸草不长，几棵纹丝不动的枯树，一座母亲的塑像，悲痛无力地伸着手，找寻她失去的亲儿；在她后面，是半地下的遗骸陈列室，造型像一具巨大的棺椁，渲染出强烈的死亡气氛；而沿边的常青树和丛丛碧草，又给人以生机，一种"野火烧不尽"的无限生命力和顽强不屈的斗争精神紧紧地扣住了"生"与"死"的主题(图 11.23)。当人们走进如同墓穴的陈列馆，那一幅幅地狱般的画面让人震撼，悲愤的情绪在时空中回荡。

图 11.22　"遇难者 300000"纪念墙

图 11.23　卵石广场

（5）高技派倾向

高技派是 20 世纪后期出现的一个建筑运动，在建筑上以夸张的形式突出当代技术的特色。国外高技派作品必然在国内产生一定影响，一些建筑在建筑技术美方面进行了探索和实践，如北京奥体中心体育馆、广州天河体育中心、上海证券大厦、厦门高崎机场 3 号候机楼、天津体育馆、深圳发展银行等。

北京奥体中心体育馆(图 11.24)建于 1990 年，马国馨设计，平面形状为六边形，比赛大厅为长方形斜切角，长 93m，宽 70m，一层是比赛用房，二层是观众入口和休息厅，全馆利用高架平台实现外部环通。屋顶采用了曲面网架，并建起了高达 70m 的钢筋混凝土塔筒，由筒体加斜拉杆与桁架主梁相连，使大跨度建筑的功能和体形较完美地统一起来，具有强烈的标志性。

知识链接

北京奥体中心包括和游泳馆、田径场、曲棍球馆等。总体设计上总分考虑了建筑与环境的互补关系，围绕人工湖，灵活布局绿化和雕塑、小品，使景观有机组合，成为一处体育花园，建筑屋顶、屋脊、檐口及构件的细部处理，类似于传统建筑常用的做法，在创造新的建筑形式的同时又具有强烈的东方建筑特色。

上海证券大厦(图 11.25)，位于上海浦东陆家嘴金融区，由东西两塔楼和中央横跨 63 米的天桥组成敞开的巨门造型，建筑高度为 109 米，地上 27 层，地下 3 层，总建筑面积约 10 万平方米，2-9 层是无柱式的交易大厅，其面积达 3600 平方米。大厦外表银白色铝合金板的"米"字形网与深蓝色玻璃幕墙形成刚柔对比的效果，巨大尺度的"米"字形钢结构给人强烈的视觉冲击力，使整个建筑极富时代感。

图 11.24　北京奥体中心体育馆

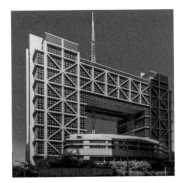

图 11.25　上海证券大厦

（6）后现代倾向

受后现代主义建筑思想的影响，国内的一些建筑也呈现出一定的后现代特色，如深圳南油文化广场、北京恒基中心、北京燕莎中心凯宾斯基饭店等。

北京恒基中心是集旅馆、商场、办公、高档公寓于一体的大型商业综合体，如图 11.26，位于北京市中心建国门内大街，1997 年建成。建筑采用精巧的古典建筑处理手法并融合古都风貌的设计理念。特别是办公楼顶部钟楼，屋顶不做弧度，简洁而美观，檐下柱廊中心圆拱带有"帕拉第奥母题"的简化符号装饰，圆拱下镶嵌圆形大钟，既具有中国特色又兼具西洋风范。钟楼顶的绿铜板及外墙绿色双层保温玻璃的应用，使整幢建筑色调更为和谐，再加上外墙各处精心处理的细部及线条装饰，充分体现出古典风格与时代感的完美结合。

图 11.26　北京恒基中心

(7) 解构主义倾向

解构主义建筑始于西方 20 世纪 80 年代，虽然不能被多数人所接受，但其非均衡、无中心、扭曲叠置等设计手法常被一些建筑师当作表达时代精神的工具，建筑呈现出非理性的夸张造型，带来强烈的视觉冲击力。如广州红线女艺术中心(图 11.27)，平面布置采用了离散式构图，主要空间采用矩形平面，两侧的辅助空间做适当的扭曲、变形处理；建筑造型夸张，高低错落的、舒卷着的白色弧形墙体和端部旋梯的回旋处理，如戏剧中舞动的水袖，正立面以半圆形斜向玻璃墙以及入口形式来象征乐器乐声；整个建筑以空间体量为构图要素，采用错位、组合、扭转等设计手法，表达一种与戏剧艺术相融合的婉转回旋的动感。北京首创拓展 CEO 大厦、东莞图书馆新馆、中国电影博物馆(图 11.28)等也都以非理性的夸张造型，呈现出解构主义的美学意味。

图 11.27　广州红线女艺术中心

图 11.28　中国电影博物馆

8) 绿色建筑

为了应对全球化的能源危机和环境问题，生态、绿色、低碳、可持续性建筑成为时代精神的主题。《绿色建筑评价标准》GB/T 50378-2019 对我国"绿色建筑"的定义为：在建

筑的全寿命周期内，最大限度地节约资源(节能、节地、节水、节材)保护环境和减少污染，为人们提供健康、适用和高效的使用空间，与自然和谐共生的建筑。绿色建筑既要很好地完成了建筑的基本功能，又在绿色节能技术上有所创新，并结合绿色建筑的要求，在建筑艺术上创造绿色建筑的形式语言。如深圳建科大楼、上海莘庄综合楼、深圳市深汕特别合作区中建绿色产业园办公楼、成都中建低碳智慧示范办公大楼等。十几年来，我国的绿色建筑已由单体建筑向生态城区、城市规模化发展。

知识链接

我国自 2005 年，每年举办"国际绿色建筑与建筑节能大会"。2006 年颁布的《绿色建筑评价标准》GB/T 50378-2006，经 2 次修订，2019 年 8 月 1 日起《绿色建筑评价标准》GB/T 50378-2019 开始实施。到 2021 年，全国新建绿色建筑面积已经从 2012 年的 400 万平方米增长到 2021 年的 20 多亿平方米。城镇新建绿色建筑面积占比达 84%，获得绿色建筑标识项目累计达 2.5 万个。

东莞生态园控股有限公司办公楼(图 11.29)，建筑面积 3.7 万平方米，在充分考虑当地气候特点和现代办公建筑要求的基础上，进行低成本适宜性节能设计，采用遮阳、通风等被动式节能策略，全部 5 层的办公空间被巨大的金属外罩所覆盖，降低能耗的同时形成鲜明的造型与空间特色；建筑功能合理，注重人与人之间的交流，营造交往空间，并将岭南传统建筑文化与绿色理念相结合，充分利用场地的景观条件，形成良好的景观面。

图 11.29　东莞生态园控股有限公司办公楼

深圳市深汕特别合作区中建绿色产业园办公楼，建筑面积 2500 平方米，屋顶铺设的 400 多平方米太阳能光伏发电装置，将太阳能转化为电能，实现了"零碳"排放，使建筑成为一座"绿色发电厂"。这是全球首个"光储直柔"建筑，"光储直柔"建筑是将光伏发电、分布式储能、直流电建筑、柔性控制系统这 4 种技术相结合，整合利用，实现建筑节能低碳运转。

拓展讨论

二十大报告提出"推动绿色发展，促进人与自然和谐共生""推进工业、建筑、交通等领域清洁低碳转型"。在碳达峰、碳中和目标下，发展绿色建筑的意义是什么？你了解哪些绿色建筑技术？

 **知识链接**

除了以上创作倾向外，还存在着附庸社会时尚的现象。究其原因，是在市场经济影响下，商业价值成为一些建筑师追求的重要目标，建筑趋向大众化和商品化。大众文化的出场和通俗文化的盛行，某种程度上造成了庸俗化建筑的流行，比如所谓的欧陆风情，简陋地滥用、模仿西方传统建筑符号或片段；也有简单地模仿传统建筑的形式或随意抽象变形传统建筑的符号；或者滥用各种建筑手法，追求新奇的形式。其实质是形式主义，形式模仿使建筑丧失了传承文化的功能，变成了不能表达语义的华丽辞藻的堆砌，从而造成建筑内涵的贫乏。

 特别提示

在建筑创作中，很多人认为建筑的目标是创造某种特定的风格。但事实上，建筑作为人为的社会产品，建筑的发展脱离不开时代的政治、经济、科技技术和文化艺术等因素的影响。因而，建筑的发展不是风格的变迁，而风格也绝不可以预先设定。

 拓展讨论

二十大报告提出"坚持百花齐放、百家争鸣，坚持创造性转化、创新性发展，以社会主义核心价值观为引领，发展社会主义先进文化，弘扬革命文化，传承中华优秀传统文化，满足人民日益增长的精神文化需求"，那么在建筑创作中，你认为应该怎样创新发展中国特色的新时代建筑。

2. 域外建筑师在中国的建筑作品

改革开放后，大规模建设活动和开放的市场吸引了外国建筑师纷纷抢滩登陆。八九十年代，一些外国建筑师的作品，如北京香山饭店、北京长城饭店、上海金茂大厦、深圳地王大厦等，在设计理念和方法、建筑技术和建筑艺术的创造等方面带来新气象。加入世界贸易组织(WTO)后，外国建筑师在中国的活动更趋活跃，中外合作设计也渐趋增多。有的建筑作品在建筑艺术创造以及技术层面具有一定的创造性，但也有的作品因与中国的审美意趣相距甚远、造价极其高昂等原因带来诸多争议。2008年两院院士吴良镛指出，中国的一些城市已成了外国建筑大师或准大师"标新立异"的"试验场"。因此，需要理性观察和对待这一现象，毕竟国外建筑师在中国的主要目的是获取商业利益。

(1) 北京香山饭店

香山饭店(彩图25)建于1982年，由华裔建筑大师贝聿铭设计。饭店位于西山风景区的香山公园内，整个建筑吸收中国园林建筑特点，采用园林式院落组合，大小不一的院落以单面景窗连廊贯通。建筑外观以白色墙面、灰砖线脚与漏窗图案，给人白墙黛瓦的素雅感，并作为特定的符号，重复出现在室内外空间中，形成完整统一的协调感。庭院内山石、湖水、花木与白墙灰瓦式的主体建筑相映成趣，湖中心设有"曲水流觞"石盘。建筑采用玻璃采光顶的饭店中庭内，粉墙翠竹，山石水池，是典型的中国式庭院。自旅馆大门、穿过门厅、中庭，直达庭院中的曲水流觞，形成一个明显的轴线。无论空间序列、庭院的处理还是细节处理，都展现出中国传统建筑的文化意蕴。

(2) 国家大剧院

国家大剧院(如图 11.30)位于天安门广场人民大会堂西侧,由法国建筑师保罗·安德鲁主持设计,中国国家大剧院外部为钢结构壳体,呈半椭球形,东西长轴 212.2 米,南北短轴 143.64 米,高 46.68 米,地下最深 32.50 米。内部主要有歌剧院、音乐厅、戏剧场三大演出场以及艺术展厅、餐厅、音像商店等配套设施,三个剧场以立体环廊连接,起迅速疏散人流的作用。

大剧院壳体由 18000 多块钛金属板拼接而成,面积超过 30000 平方米,钛金属板经过特殊氧化处理,其表面金属光泽极具质感,中部为渐开式玻璃幕墙,由 1200 多块超白玻璃巧妙拼接而成,两种材质经巧妙拼接呈现出唯美的曲线。椭球壳体外围环绕着水色荡漾的人工湖,湖面面积达 3.55 万平方米,湖面波光与倒影交相辉映,共同托起中央巨大而晶莹的建筑,各种通道和入口都设在水面下,观众通过水下通道进入演出大厅。

国家大剧院造型新颖、前卫,犹如"水中明珠",但在大剧院与天安门广场周围建筑的关系方面引起争议。

(3) 中央电视台总部大楼

中央电视台总部大楼(图 11.31)由雷姆·库哈斯及大都会建筑事务所(OMA)设计,占地面积 19.7 万平方米,总建筑面积约 55 万平方米,其中主楼由两栋分别为 52 层 234 米高和 44 层 194 米高的塔楼组成,两座 L 形钢结构塔楼各自向内倾斜 6 度,在 163m 以上高空,由"L"形的 2 个悬臂结构悬空连为一体,建筑外表面的玻璃幕墙由强烈的不规则几何图案组成。这种悬空结构形成了独特新奇的建筑造型,但也成为争议焦点。设计者认为这种结构减少了建筑的占地面积,为公共绿地和公共活动提供了更多的预留空间。

图 11.30　国家大剧院

图 11.31　中央电视台总部大楼

但由于如此规模的悬挑违背了建筑科学的一般原理,使得结构技术难度极大,不得不"创新",导致工程造价从预算的 50 亿元一路攀升到近 200 亿元。

(4) 中国国家体育场(鸟巢)

国家体育场(图 11.32)位于北京奥林匹克公园中心区南部,为 2008 年北京奥运会的主体育场,由皮埃尔·德梅隆、李兴刚、赫尔佐格设计。主体建筑呈空间马鞍椭圆形,建筑面积 25.8 万平方米,可容纳观众 9.1 万人。整个体育场的立面与结构是统一的,各个结构元素之间相互支撑,形成网格状的构架,将建筑物的立面,楼梯,碗状看台和屋顶融合为一个整体,看上去就仿若树枝织成的鸟巢。为了屋顶防水,灰色钢网以透明的膜材料覆盖。

国家体育场整体设计新颖激进，成为 2008 年北京奥运会世界瞩目的标志性建筑。

图 11.32　中国国家体育场(鸟巢)

图 11.33　北京大兴国际机场室内

(5) 北京大兴国际机场航站楼

北京大兴国际机场(彩图 19)位于北京市大兴区，占地 140 万平方米。航站楼由由法国 ADP Ingenierie 建筑事务所和扎哈·哈迪德工作室设计，建筑面积 78 万平方米，设 104 座登机廊桥。地上五层，为进港、出港、票务、安检、行李提取等功能区。地下共两层，地下一层是广场式的换乘中心，可以换乘高铁、地铁、城铁等，地下二层设轨道交通站点。

航站楼采用放射性的指廊构型，外形像一只展翅欲飞的金凤凰，庞大的中央核心区屋面仅用 8 根 C 形柱支撑，柱顶与屋面作一体化设计，使建筑艺术和功能结构完美结合，如图 11.33。核心区向四周散射五条指廊，从中心到每条指廊末端的距离仅 600 米，最大限度提高步行通行效率。指廊端头分别设置了"中国园、茶园、丝园、瓷园、田园" 5 个别具特色的室外庭院，其中中国园以传统园林风格为主。航站楼采取屋顶自然采光和自然通风设计，同时实施照明、空调分时控制，采用地热能源、绿色建材等绿色节能技术和现代信息技术。

 知识链接

北京大兴国际机场航站楼是全球最大的单体航站楼，是世界首个实现高铁下穿的航站楼，是世界最大的减隔震建筑，双层出发车道边是世界首创。其建设难度堪称世界之最，自由曲面屋顶上 8000 块玻璃中没有两块是一样的，建设了世界最大单块混凝土板(面积达 16 万平方米)。北京大兴国际机场创造了 40 余项国际、国内第一，技术专利 103 项，新工法 65 项，国产化率达 98%以上。

本 讲 小 结

本讲简要介绍了现代中国建筑的发展历程、城市建设和各类型建筑发展概况，阐述了现代建筑教育与建筑学术的发展，分析了现代中国建筑的建筑思潮和建筑作品。

思 考 题

1. 简述改革开放前后民族形式的延续与发展和中国传统的再探索分别有哪些代表作品？

2. 简述新地方主义建筑代表性作品有哪些？

3. 举例说明我国绿色建筑的发展情况。

第 12 讲
外国奴隶社会时期建筑

教学目标

　　了解奴隶制社会时期古埃及、两河流域、古希腊、古罗马建筑的发展概况；熟悉各地域建筑的发展特征和代表性的建筑；掌握古希腊柱式的主要特征和雅典卫城的建筑成就；理解古罗马的拱券技术和柱式发展；理解《建筑十书》的意义；掌握万神庙、大角斗场等建筑的艺术成就。

教学要求

能力目标	知识要点	相关知识
能够理解古埃及和两河流域建筑的发展和建筑特征	古埃及建筑的类型和代表性建筑	(1) 金字塔 (2) 神庙
	两河流域的建筑类型和代表作品	(1) 两河流域建筑的特征 (2) 两河流域代表作品
能够分析、掌握古希腊、古罗马柱式的主要特征和雅典卫城、大角斗场等建筑的艺术成就，并能在设计创作中加以借鉴	古希腊柱式的特征、雅典卫城在布局和单体建筑方面的成就	(1) 古希腊柱式 (2) 雅典卫城
	古罗马拱券技术、古罗马柱式、万神庙的成就、大角斗场等公共建筑、建筑理论成果对后世建筑的影响	(1) 拱券结构 (2) 古罗马柱式 (3) 万神庙与公共建筑 (4)《建筑十书》

引例

古埃及的金字塔和神庙充满着神秘的气息，两河流域建筑以其壮阔的遗址展示出曾经的辉煌；古希腊建筑是欧洲建筑的摇篮，古希腊创造的柱式展现出独特魅力和强大生命力，古罗马将柱式与拱券完美地结合，辉煌的拱券结构和宏伟壮丽的古罗马建筑表现出独特的艺术特色，对欧洲建筑影响深远。

12.1 古埃及建筑

12.1.1 古埃及建筑概述

古埃及是世界上最古老的国家之一。古埃及的领土包括上、下埃及两部分，上埃及是尼罗河中游峡谷，下埃及是河口三角洲。尼罗河两岸气候炎热少雨，北部地区是沙漠，南部地区是陡峭的山岩，缺少良好的建筑木材。古埃及人使用石头、棕榈木、芦苇、纸草、黏土和土坯等建造房屋。古埃及人在几何学、测量学方面取得了很大的成就，并创造了起重运输机械，这些成就对建筑的发展起着巨大的推动作用。

古埃及建筑经历了 4 个发展时期。

(1) 古王国时期(公元前三千纪)。公元前 3000 年左右，古埃及成为统一的奴隶制国家。这时的皇帝崇拜还未脱离原始拜物教的意识形态，建筑以皇帝的陵墓——金字塔为代表，纪念性建筑物单纯而开阔。

(2) 中王国时期(公元前 21 世纪—公元前 16 世纪)。这时期手工业和商业发展起来，出现了一些有经济意义的城市。新宗教形成，从皇帝的祀庙脱胎出神庙的基本形制。建筑以石窟陵墓为代表，这一时期已采用梁柱结构，能建造较宽敞的内部空间。

(3) 新王国时期(公元前 16 世纪—公元前 11 世纪)，这是古埃及最强大的时期。皇帝崇拜与太阳神崇拜结合，皇帝崇拜的纪念物完全转化为太阳神庙，神庙力求神秘和威严的气氛。

(4) 晚期(约公元前 332—公元前 30 年)，即托密勒王朝时期。这时期国势衰落，北部屡遭亚述、波斯和希腊入侵，最后为古罗马所吞并。这时期建筑规模不大，受古希腊、古罗马文化的影响。

12.1.2 金字塔的演变

1. 金字塔的雏形

古埃及人特别重视建造陵墓，因为他们相信人死而灵魂不灭，保护好尸体，3000 年后就会在极乐世界里复活永生。早在公元前四千纪，古埃及陵墓不仅有庞大的地下墓室，还在地上用砖造祭祀的厅堂，其形式仿照当时贵族的住宅，称为"玛斯塔巴"，即略有收分的长方形台子，如图 12.1 所示。皇帝的陵墓也是模仿当时的宫殿。

后来，为了满足皇帝专制统治的需要而必须制造出对皇帝本人的崇拜，皇帝的陵墓渐渐发展成为纪念性的建筑物，而不仅仅是死后的住所。由此，皇帝的陵墓改变了形制。

第一王朝皇帝乃伯特卡在萨卡拉的陵墓就在祭祀厅堂之上造了9层砖砌台基，形成了向高处发展的集中式纪念性构图的雏形。

图 12.1　玛斯塔巴

2. 金字塔的形成

到了古王国时期，随着中央集权国家的巩固和强盛，古埃及人越来越刻意制造对皇帝的崇拜，通过用石头建造的一个又一个陵墓的不断探索，最后形成了金字塔。

第一座石头金字塔是萨卡拉的昭赛尔金字塔，如图 11.2 所示，约建于公元前 3000 年。塔的基底东西长 126m，南北长 106m，高约 60m。金字塔是台阶形的，分为 6 层。金字塔本身排除了仿木构的痕迹，形体单纯，简练稳定，纪念性增强。但是，昭赛尔金字塔的祭祀厅堂、围墙和其他附属建筑物依然模拟用木材和芦苇造的宫殿，用石材刻出宫殿建筑的种种细节。这纤细而华丽的做法把金字塔映衬得端重、单纯，纪念性更强。

【参考视频】

图 12.2　昭赛尔金字塔

昭赛尔金字塔建筑群的入口在围墙东南角，经过一个狭长、黑暗的甬道后就是院子，明亮的天空和金字塔同时呈现在眼前。建造者利用光线明暗和空间开阖的强烈对比，造成从现世走到了冥界的假象，震撼着人们的心灵，以此渲染皇帝的神性。

3. 金字塔的高潮——吉萨金字塔群

公元前三千纪中叶，古埃及人在吉萨(今开罗近郊)建造了第四王朝三位法老的金字塔，胡夫、哈佛拉、孟卡拉 3 座金字塔相邻而建，形成一个金字塔群，是古埃及金字塔最成熟的代表，如图 12.3 所示。

图 12.3　吉萨金字塔群

金字塔形为精确的正方锥体，形式极其单纯，胡夫金字塔高 146.6m，底边长 230.35m，用 230 余万块平均重约 2.5t 的石块干砌而成，石块间缝隙连刀尖都插不进去，表面有一层磨光的石灰岩贴面(今已剥落)。金字塔内部有墓室，各室通过甬道相连。哈佛拉金字塔高 143.5m，底边长 215.25m。孟卡拉金字塔高 66.4m，底边长 108.04m。

金字塔脚下的祭祀厅堂、围墙和其他附属建筑的体量相对很小，不再模仿木构和芦苇的建筑形象，而是采用完全适合石材特点的简洁的几何形体，与金字塔的风格统一了。

金字塔的入口处理构思进一步发展，从东边几百米外的门厅到祭祀厅堂，要通过石头砌成的密闭的、黑暗的、狭窄的甬道，走过这长长的甬道，进入厅后的院子，阳光灿烂中高耸入云的金字塔赫然出现在眼前，容易对皇帝产生强烈的崇拜情绪。

 知识链接

哈佛拉金字塔旁的狮身人面像称作"斯芬克斯"。石像的面部是按哈佛拉的相貌塑造的，它面向东方，高 19.8m，长 45.7m，面阔 4.1m，一只耳朵就有 2m 长，下颌的胡须长达 5m，除狮爪是用石块砌成之外，整个狮身人面像是用一整块天然巨石雕成的，如图 12.4 所示。

图 12.4　哈佛拉金字塔狮身人面像

金字塔的艺术表现力主要在其外部形象。金字塔的外形为简洁、单纯、精确的正方锥体，各自呈正方位，互相以对角线连接，以蔚蓝的天空为背景，屹立在一望无际的黄色沙漠上。这种高大、简洁、稳定、雄伟的形象与周围自然环境构成了浑然和谐的整体，极具表现力和纪念性。

4. 金字塔的衰落

中王国时期，古埃及首都迁至上埃及的底比斯，这里峡谷窄狭，两侧都是悬崖峭壁。金字塔的艺术构思完全不适合了。皇帝们仿效当地贵族的传统，大多在山岩上凿石窟作为陵墓，利用原始拜物教中的山岩崇拜来神化皇帝。

皇帝陵墓形成了新的格局：规模宏大的祭祀厅堂成了陵墓建筑的主体，布置在悬崖前，按纵深序列布局，最后一进是凿在悬崖里的圣堂，悬崖被巧妙地组织到陵墓的外部形象之中。如曼都赫特普三世墓，进入墓区大门，首先是一条长约 1200m 的石板路，两侧密排着狮身人面像，然后是一个大广场，道路两侧排着皇帝的雕像。由长长的坡道登上一层前缘壁镶着柱廊的坪台，坪台中央有一座不大的金字塔，其正面和两侧有柱廊。后面是一个四周柱廊环绕的院落，再后面是一座有 80 根柱子的大厅，最后是凿在悬崖里的圣堂。

12.1.3　太阳神庙

1. 太阳神庙的特点

到新王国时期，太阳神庙代替陵墓成为皇帝崇拜的纪念性建筑物。其中规模最大的是卡纳克(Karnak)和卢克索(Luxor)两处的阿蒙神庙。

神庙的典型形制是沿着纵深轴线依次排列着高大的门、柱廊院、多柱厅、密室和僧侣用房等。

神庙有两个艺术重点。一个是大门及其门前的神道及广场，群众性的宗教仪式在这儿举行。神道两旁排列着斯芬克斯(狮身人面像)。门的样式是高大的梯形石墙夹着不大的门道，石墙上满布着彩色的浮雕，门前有一两对皇帝的圆雕坐像和方尖碑，如图 12.5 所示。它们之间形成强烈的对比和丰富的构图，力求富丽堂皇，喧闹热烈，以适应宗教仪式的戏剧性要求。另一个是大殿内部，皇帝在这里接受朝拜。大殿里布满了粗壮高大的柱子，排列密集，视线处处被遮挡，中间两排柱子加高形成高侧窗，光线透过高窗落在巨大的柱子上形成斑驳的光影，给人一种神秘的压抑感，幽暗而威严的氛围与仪典的神秘性相适应。

知识链接

方尖碑(图 12.6)是太阳神庙的标志，常成对地竖立在神庙的入口处。其断面呈正方形，上小下大，顶部为金字塔形，常镀合金。高度不等，已知最高者达 50 余米，一般修长比为(9～10)：1，用整块的花岗岩制成，碑身刻有象形文字的阴刻图案。

图 12.5　卢克索神庙大门

【参考图文】

图 12.6　方尖碑及细部

2. 卡纳克阿蒙神庙

卡纳克的阿蒙神庙是经历很长时间陆续建造起来的，总长 336m，宽 110m。前后一共造了 6 道大门，以第一道最为高大，它高 43.5m，宽 113m，如图 12.7 所示。

主神殿是柱子林立的柱厅，宽 103m，进深 52m，面积达 5000m^2，内有 16 列共 134 根高大的石柱。中间两排 12 根柱高 21m，直径 3.6m，支撑着当中的平屋顶，两旁柱子较矮，高 13m，直径 2.7m。殿内石柱如林，仅以中部与两旁屋面高差形成的高侧窗采光，光线阴暗，形成了法老所需要的"王权神化"的神秘而压抑的气氛，如图 12.8 所示。

在卡纳克神庙的周围有孔斯神庙和其他小神庙，宗教仪式从卡纳克神庙开始，到卢克索神庙结束。两者之间有一条 1000m 长的石板大道，两侧密排着圣羊像，路面夹杂着一些包着金箔或银箔的石板，闪闪发光。

图 12.7 卡纳克神庙大门

【参考图文】

图 12.8 卡纳克神庙的柱厅

 知识链接

埃及各地都有神庙建筑,这些神庙也各具特色。有代表性的是拉美西斯二世修建的阿布辛贝神庙,整个神庙开凿在一块巨大的岩石山体上,以入口及神庙内各种精美的雕刻而闻名,如图 12.9 所示。

【参考视频】

图 12.9 阿布辛贝神庙入口

12.2 两河流域建筑

12.2.1 两河流域建筑概述

1. 两河流域概况

两河流域是指在底格里斯河和幼发拉底河之间的流域。两河文明是世界最早的文明之一,又称为美索不达米亚文明。公元前四千纪,苏美尔人在两河下游建立了一些奴隶制国家。公元前 19 世纪之初,巴比伦王统一了两河下游,甚至征服了上游。公元前 900 年左右,上游的亚述王国建立了版图包括两河流域、叙利亚和埃及的军事专制的亚述帝国,并开始兴建规模宏大的城市与宫殿。公元前 625 年,迦勒底人征服亚述,建立新巴比伦王国,巴比伦城重新繁荣,成为东方的贸易与文化中心,到公元前 539 年被波斯帝国所灭。此后又经过波斯、马其顿、罗马与奥斯曼等帝国的统治。第一次世界大战后,其主要部分在今伊拉克境内。

2. 建筑特征

色彩斑斓的饰面技术是两河流域古建筑的主要特色。两河中下游缺乏良好的木材和石材,黏土和芦苇是主要的建筑材料。从公元前四千纪起,人们开始大量使用土坯建造房屋。

为了保护土坯墙免受频繁暴雨的侵蚀,趁土坯潮软的时候,钉入长约 12cm 的圆锥形陶钉。陶钉密密排列,形如镶嵌,于是人们将底面涂成红、白、黑 3 种颜色,组成图案;公元前三千纪后,由于当地盛产石油,人们开始使用沥青保护墙面,并在外面贴各色石片和贝壳以防止沥青暴晒;土坯墙下部易损,因此多在此部位用砖或石垒,甚至以石板贴面,做成墙裙。由此,在墙的基部做横幅的浮雕成为两河流域建筑的特色之一。公元前三千纪,色泽美丽、防水性好的琉璃被发明,成为最重要的饰面材料,如新巴比伦城墙,城墙以亮丽的蓝色为底色,由白黄两色组成的狮子、公牛和龙的图案散布在城墙各处,由上到下一层一层地排列着,昂首阔步,栩栩如生,如图 12.10 所示。

图 12.10 新巴比伦城的伊什塔尔城门

 特别提示

无论是陶钉还是琉璃砖,饰面的技术和艺术手法都产生于土坯墙的实际需要,从而形成稳定的传统。这一时期色彩斑斓的饰面技术对后来的拜占庭建筑和伊斯兰教建筑影响很大。

11.2.2 代表建筑

1. 乌尔观象台

观象台(Ziggurat)又称山岳台,是古代西亚人崇拜天体、崇拜山岳、观测星象的高台建筑物。山岳台是一种多层的高台,自下而上逐层缩小,由夯土筑成或土坯砌筑,有坡道或阶梯逐层通达台顶,顶上有一间不大的神堂。坡道或阶梯有的正对着高台立面,有的沿左右分开上去,也有螺旋式的。

图 12.11　乌尔观象台

乌尔观象台是夯土筑成的,表面贴一层砖,侧面内倾,砌有薄薄的凸出体,如图 12.11 所示,第一层基底面积为 65m×45m,高 9.75m,有 3 条大坡道登上第一层,一条垂直于正面,两条贴着正面。第二层的基底面积为 37m×23m,高 2.0m,第三、第四层更成倍缩小,台顶有一座山神庙(二层以上残毁)。据估算,乌尔观象台总高约 21m。

2. 萨艮王宫——亚述文明的遗迹

公元前 8 世纪,两河上游的亚述统一西亚、征服古埃及后,在各处兴建都城,建造宫殿和庙宇。萨艮王宫是最重要的建筑遗迹,如图 12.12 所示。

王宫建在高 18m、边长 300m 的方形土台上,从地面通过宽阔的坡道和台阶可达宫门。宫殿由 30 多个内院组成,共 200 多个房间,布局明确。从南面大门进入一个 92m² 的大院子,其东面是行政部分,西面是庙宇区,北面是皇帝的正殿和后宫。宫殿的西部有庙宇和山岳台,反映了皇权与神权的合流。

王宫的大门由 4 座方形碉楼夹着 3 个拱门,中央拱门宽 4.3m,墙上满贴彩色琉璃面砖,上部有雉堞,下部有高 3m 高的石板墙裙,上刻浮雕。在门洞口的两侧和碉楼转角处,雕刻着具有 5 条腿的人首翼牛像。

知识链接

人首翼牛像是亚述常用的装饰题材,象征睿智和健壮。萨艮王宫门洞两侧和碉楼转角处的人首翼牛像如图 12.13 所示,其正面表现为圆雕,侧面为浮雕。正面有两条腿,侧面 4 条,转角一条在两面共用,一共 5 条腿。因为它们巧妙地符合观赏条件,所以并不显得荒诞。它们的构思不受雕刻体裁的束缚,把圆雕和浮雕结合起来,很有创新精神。

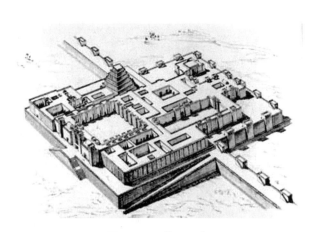

图 12.12　萨艮王宫

图 12.13　人首翼牛像

3．珀赛玻里斯宫

波斯人曾创立横跨亚非欧的伟大帝国，集中体现当时最高建筑成就的是宫殿建筑。

珀赛玻里斯宫(公元前 518—公元前 446 年)是其中最著名的一所，如图 12.14 所示。宫殿倚山建于高约 12m，面积 450m×300m 的大平台上。大宫门在西北角，入口处是壮观的 6.7m 宽的石砌大台阶，侧面刻有朝贡行列的浮雕，前有门楼。中央为接待厅和百柱厅，东南是财库，西南为后宫，三者之间以"三门厅"作联系枢纽，布局整齐但无轴线关系。

接待厅 62.5m²，有 36 根石柱，高 18.6m，柱径与柱高比为 1∶12，墙为土坯砌筑，表面贴黑白两色大理石和彩色琉璃砖，琉璃砖上有浮雕装饰。百柱厅 68.6m²，有 100 根石柱，高 11.3m，厅内墙面画满色彩鲜艳的壁画。柱子更为精致，柱头上雕刻着覆钟、仰钵、涡卷和一对雄牛，柱身刻有凹槽，柱础为覆钵形，刻着花瓣，极为华丽精巧。

图 12.14　珀赛玻里斯宫

12.3　古希腊建筑

12.3.1　古希腊建筑概述

公元前 8 世纪起，在巴尔干半岛、小亚细亚西岸和爱琴海的岛屿上建立了很多小的奴隶制国家，经出海移民，他们又在意大利、西西里和黑海沿岸建立了一批城邦国家。各城邦之间的政治、经济、文化关系十分密切，总称为古希腊。

古希腊建筑经历了3个发展时期。

古风时期(公元前8—公元前6世纪),这时建立了许多经济与文化联系密切的城邦国家,古希腊的宗教定型,形成了一些有全希腊意义的圣地,改用石头建造的神庙形成了一定的形制,柱式也基本定型。

古典时期(公元前5—公元前4世纪)是古希腊的繁荣时期。雅典成为全希腊各城邦的盟主,经济与文化高涨。圣地建筑群和神庙建筑完全成熟,雅典卫城和卫城内的帕提农神庙是其最完美的代表作品。

希腊化时期(公元前4—公元前2世纪),这一时期希腊文化传播到西亚、北非,同时受到当地原有建筑风格的影响,形成了不同的地方特点。

12.3.2　古希腊柱式

神庙是古希腊城市最主要的大型建筑。早期的庙宇是用木构架和土坯建造的,因保护墙面的需要,在外围形成了柱廊,带来了丰富的光影和虚实变化。于是,围廊式成为神庙的典型形制,并改用石头建造。因此,柱子、额枋和檐部的艺术处理基本上决定了庙宇的面貌。古希腊建筑艺术的种种改进也都集中在这些构件的形式、比例和相互组合上。公元前6世纪,它们已经相当稳定,有了成套的做法,这套做法以后被罗马人称为"柱式"(Order)。

1. 柱式的组成

柱式一般由檐部、柱子以及基座组成,各部分名称如图12.15所示。柱子是主要的承重构件,也是艺术造型中的重要部分。从柱身高度的1/3开始,它的断面逐渐缩小,称为收分,柱子收分后形成略微向内弯曲的轮廓线,加强了它的稳定感。檐部、柱子、基座又分别包括若干细小的部分,它们大多是由于结构或构造的要求发展演变而来的。在檐口、檐壁、柱头等重点部位常饰有各种雕刻装饰,柱式各部分之间的交接处也常带有各种线脚。

柱式各部分之间从大到小都有一定的比例关系。由于建筑物的大小不同,柱式的绝对尺寸也不同,为了保持各部分之间的相对比例关系,一般采用柱下部的半径作为量度单位,称为"母度"(Module)。

2. 古希腊柱式简介

古希腊主要有两种柱式同时在演进,一种是流行于小亚细亚先进共和城邦的爱奥尼式(Ionic),另一种是意大利、西西里一带寡头制城邦的多立克式(Doric)。爱奥尼式比较秀美华丽,比例轻快,开间宽阔,反映着从事手工业和商业的平民们的艺术趣味。多立克柱式粗壮,受古埃及建筑的影响,反映着寡头贵族的艺术趣味。古希腊对人体美的重视和赞赏在柱式的造型中具有明显的反映,刚劲、粗壮的多立克柱象征着男性的体态和性格,爱奥尼柱式则以其柔和秀丽表现了女性的体态和性格。晚期出现科林斯柱式,除柱头由毛茛叶纹装饰外,其他部分同爱奥尼式一样。3种柱式(图12.16)的比较见表12-1。

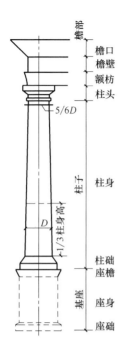

图 12.15　柱式的组成

图 12.16　多立克、爱奥尼、科林斯柱式

表 12-1　多立克和爱奥尼、科林斯柱式比较

类别	柱式		
	多立克柱式	爱奥尼柱式	科林斯柱式
比例	粗壮[1∶(5～6)]	修长[1∶(9～10)]	修长[1∶(10～11)]
柱间距	1.2～1.5 个柱底径	2 个柱底径	同爱奥尼柱式
柱身凹槽	柱身有 20 个尖齿凹槽	柱身有 24 个平齿凹槽	同爱奥尼柱式
柱身收分	收分和卷杀明显	无明显收分和卷杀	同爱奥尼柱式
柱础	无柱础,拔地而起	复杂的富有弹性的柱础	同爱奥尼柱式
柱头样式	简单而刚挺的倒圆锥台	精巧柔和的涡卷	华丽的毛茛叶纹装饰
檐部	较重(约 1/3 柱高)	较轻(柱高的 1/4 以下)	同爱奥尼柱式
装饰线脚	线脚极少,偶有方线脚	多种复合的曲面线脚,带雕饰	同爱奥尼柱式
装饰雕刻	高浮雕,强调体积	浅浮雕,强调线条	同爱奥尼柱式
风格特征	刚劲雄健	清秀柔美	纤巧、华丽

　　由此可见,多立克和爱奥尼柱式典型地概括了男性与女性的体态和性格,形成了鲜明的风格特色。两种柱式从整体到局部乃至每个细节,都分别表现出刚劲雄健和清秀柔美的性格特征。柱式在结构与构造上体现出严谨的逻辑性,条理井然。同时,柱式,尤其是爱奥尼柱式又具有相当强的适应性,庙宇、公共建筑、住宅、纪念碑等都普遍使用柱式,使其成为希腊建筑的代表。

12.3.3　雅典卫城

1.　圣地建筑群

在氏族制时代，部落的政治、军事和宗教中心是卫城。部落首领的宫殿里，正厅中央设着祭祀祖先的火塘，它是维系全氏族宗教的象征。在小亚细亚、爱琴海和阿提加地区，许多平民从事手工业、商业和航海业，他们同氏族的关系薄弱了，地域部落代替了氏族部落，民间的保护神崇拜就代替了祖先崇拜，守护神的祭坛代替了正室里的火塘。同时，民间的自然神圣地也发展起来，有一些圣地的重要性超过了旧的卫城。

【参考视频】

有些圣地定期举行节庆，人们从各个城邦汇集拢来，圣地周围陆续造起了竞技场、旅舍、会堂等公共建筑，而在圣地的中心则建有神庙，它们是公众欢聚的场所，是公众鉴赏的中心。

德尔斐(Delphi)的阿波罗(Apollo)圣地就是这类圣地的代表，如图 12.17 所示。它顺应地势修建了曲折的道路，沿路布置了许多小小的建筑物，组成了一幅幅富有变化又各自完整的画面。

图 12.17　阿波罗圣地

2.　雅典卫城简介

公元前 5 世纪中叶，在希波战争中，古希腊人击退了波斯的侵略。作为全希腊的盟主，雅典进行了大规模的建设。建设的重点在卫城，在这种情况下，雅典卫城达到了古希腊圣地建筑群、庙宇、柱式和雕刻的最高水平。

卫城建在一个陡峭的山冈上，仅西面有一通道盘旋而上。建筑物分布在山顶上一约 280m×130m 的天然平台上，主要建筑有山门、胜利神庙、帕提农神庙、伊瑞克提翁神庙以及雅典娜雕像。整个建筑群布局自由活泼，结合地形，高低错落，主次分明。无论是身处其间或是从城下仰望，都有很好的视觉效果。其中以帕提农神庙位置最高、体量最大、形制最隆重、装饰最华丽、风格最雄伟，占据主体地位，其他建筑则处于陪衬烘托地位，体现了对立统一的构图原则。雅典卫城布局如图 12.18 所示。

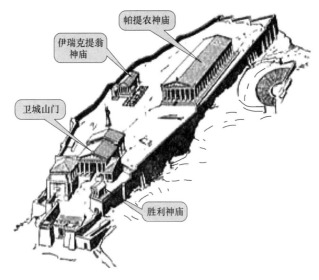

图 12.18 雅典卫城

山门是卫城唯一的入口，位于山冈西端的陡坡上。为了适应地面的倾斜，山门西半比东半低 1.43m，屋顶也断开处理，以使前后两个立面各自比例适宜。山门两侧因地制宜地采用不对称形式，北翼是展览室，南翼是敞廊。山门为多立克式，如图 12.19 所示，前后各有 6 根柱子，中央开间特别大，净宽 3.85m，突出了大门的作用，门前设坡道，以便车马通行，其他门洞前设踏步。山门内部沿中央道路两侧有 3 对爱奥尼柱式，这种在多立克建筑上混用爱奥尼柱式的做法是雅典卫城的首创。因多立克柱式在外处于统治地位，而爱奥尼柱式仅布置在内部，所以并无不协调之感。

胜利神庙在山门右前方，以制衡山门的不对称布局。胜利神庙为爱奥尼式，体量很小，台基面积仅 5.38m×8.15m，前后各 4 根柱子。建筑檐壁上有一条长 26m、高 43cm 的浮雕带，基墙上沿 1m 高的女儿墙外侧也有浮雕，浮雕题材都取自反波斯侵略战争的场面，如图 12.20 所示。

图 12.19 卫城山门

图 12.20 胜利神庙

帕提农神庙(图 12.21)是雅典卫城的主体建筑，坐落于山冈最高处，在雅典的任何一处都可望见。它是卫城内唯一的围廊式神庙，形制最隆重。

帕提农神庙是希腊本土最大的多立克神庙，呈长方形，坐落在 69.54m×30.89m 的 3 级台基上，柱子底径 1.905m，高 10.43m，东西各 8 根，南北各 17 根。神庙全部用晶莹洁白的大理石砌成，还用了大量镀金饰件，东西檐部的三角形山花、陇间板、外檐壁上满是雕刻，而且柱头和整个檐部色彩浓重，以红蓝为主，局部贴金，装饰极为华丽。

【参考图文】

图 12.21　帕提农神庙

帕提农神庙的多立克柱式被誉为此种柱式的典范，它比例匀称、尺度合宜、风格高雅、刚劲挺拔、细部处理精巧细致，并运用将每根巨柱均向内微斜、角柱加粗等视差校正手法，使建筑更加庄重。

神庙的内部分成两个大厅，正厅又叫东厅，内部坐落着 12.8m 高的雅典娜神像，其南、北、西三面采用上下两层叠柱的多立克式列柱，以减小柱径，反衬神像的高大和内部的宽阔。后面是国库和档案馆，内部有 4 根爱奥尼式柱子。

知识链接

雅典卫城建筑群建设的总负责人是雕刻家菲迪亚斯。帕提农神庙的主要设计人是伊克底努，卡里克拉特参与设计。帕提农神庙的雕刻也是最辉煌的杰作，由菲迪亚斯和他的弟子创作完成。神庙内的雅典娜神像用象牙和黄金制成，是菲迪亚斯最光辉的作品。

伊瑞克提翁神庙(图 12.22)建在帕提农神庙对面一块有高差的地段上，采用了自由不对称的布局形式。东部圣堂前面 6 根爱奥尼柱子；西部圣堂比东部低 3.2m，正门朝北，门前是面阔 3 间的柱廊；西立面建有 4.8m 高的基座墙，其上立柱廊；南立面是一片封闭的石墙，其西端是由 6 根女郎柱形成的柱廊(图 12.23)。各个立面变化很大，体形复杂，但构图完整均衡，各立面之间相互呼应。

伊瑞克提翁神庙与帕提农神庙在各个方面形成鲜明的对比，帕提农神庙为多立克柱式，对称布局，雄伟端庄，装饰华丽，金碧辉煌，而伊瑞克提翁神庙为爱奥尼柱式，采用不对称布局，轻巧活泼、色彩淡雅。这种对比处理使建筑群更加丰富生动。

　　伊瑞克提翁神庙是古典盛期爱奥尼柱式的典型代表。南立面的女郎柱更是设计巧妙。她们长裙束胸，轻盈飘忽，头顶千斤，亭亭玉立。为了支撑沉重的石顶，6 位少女的颈部必须足够粗，但这样必将影响其美观。于是建筑师给每位少女颈后保留了一缕浓厚的秀发，在头顶加上花篮，成功地解决了建筑美学上的难题，充分体现了建筑师的智慧，因而举世闻名，如图 12.23 所示。

图 12.22　伊瑞克提翁神庙

图 12.23　伊瑞克提翁神庙女郎柱

12.4　古罗马建筑

12.4.1　古罗马建筑概述

　　古罗马本是意大利半岛中部西岸的一个小城邦国家，公元前 5 世纪起实行自由民主的共和政体。公元前 3 世纪，古罗马征服了全意大利。到公元前 1 世纪末，古罗马统治了东起小亚细亚和叙利亚，西到西班牙和不列颠的广阔地区，北面包括高卢(相当现在的法国、瑞士的大部以及德国和比利时的一部分)，南面包括埃及和北非。公元前 30 年起，古罗马成为帝国。

　　古罗马的建筑按其历史发展可分为 3 个时期。

　　(1) 罗马共和国初期(公元前 8 世纪—公元前 2 世纪)。此时，拱券结构发展并基本成形，建筑在石工、陶瓷构件方面也有突出成就。

　　(2) 罗马共和国盛期(公元前 2 世纪—公元前 30 年)。这一时期古罗马在公路、桥梁、城市街道与输水道方面进行大规模的建设。公元前 146 年对古希腊的征服又使它承袭了大量的希腊文化。除了神庙之外，公共建筑，如剧场、竞技场、浴场、巴西利卡等十分活跃，并发展了罗马角斗场。同时古希腊建筑在建筑技艺上的精益求精与古典柱式也强烈地影响着罗马。

　　(3) 罗马帝国时期(公元前 30 年—公元 476 年)。这时，歌颂权力、炫耀财富、表彰功绩成为建筑的重要任务，罗马建造了不少雄伟壮丽的凯旋门、纪功柱及以皇帝名字命名的广场和神庙等。此外，剧场、圆形剧场与浴场等亦趋于规模宏大与豪华富丽。

12.4.2　拱券技术

拱券技术是古罗马建筑最伟大的成就，它对欧洲建筑影响深远。拱券技术的发展得益于建筑材料——天然混凝土的发明。它的主要成分是一种活性火山灰，加入石灰和碎石后，凝结力强，可塑性良好，坚固，不透水。公元前 1 世纪中叶，天然混凝土在拱券结构中几乎完全替代了石块；公元 2—3 世纪，混凝土拱券结构技术发展到新的水平，拱和穹顶的跨度已很可观了。如罗马万神庙的穹顶直径达到了 43.3m，成为最高世界纪录。

早期的拱为筒形拱，它和穹顶一样很重，而且是整体的、连续的，都需要连续的承重墙来负荷它们，这使得建筑内部空间封闭而单一。为了摆脱承重墙的限制，只需要四角有支柱的十字拱出现了，它使建筑内部空间得以解放，如图 12.24 所示。进而形成了拱顶体系，以平衡十字拱的侧推力。拱顶体系就是一列十字拱串联相互平衡纵向的侧推力，横向的侧推力由两侧的筒形拱抵住，筒形拱的纵轴垂直于串联十字拱的纵轴，它们本身的横推力相互抵消，这样，只需要在最外侧用厚重的墙体承重。

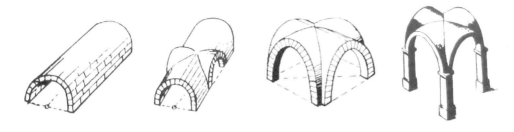

图 12.24　古罗马的拱券

**特别提示**

拱顶体系是古罗马一个极有意义的创造，它使建筑获得了宽敞开阔、流动贯通的内部空间，并初步形成了有轴线的内部空间序列。

公元 4 世纪后，拱券结构又有了新发展。早期的肋形拱出现，即先筑一系列发券，然后在其上架设石板，从而大大减小了拱顶重量。然而由于古罗马的没落，这项意义重大的新创造没来得及推广和改进。

12.4.3　古罗马柱式

古罗马柱式是古罗马人继承了古希腊柱式后，在解决柱式与古罗马建筑之间矛盾的过程中发展而成的。

1.　古罗马柱式简介

古罗马的柱式有 5 种，如图 12.25 所示，即塔司干柱式、多立克柱式、爱奥尼克柱式、科林斯柱式和复合柱式。古罗马人继承并发展了古希腊的多立克、爱奥尼、科林斯 3 种柱式，同时又增加了另两种柱式。

(1) 塔司干柱式(Tuscan Order)是罗马原有的一种柱式,形式和多立克柱式很相似,但柱身没有凹槽。

(2) 复合柱式(Composite)是一种更为华丽的柱式,由爱奥尼和科林斯柱式混合而成,有很强的装饰性。

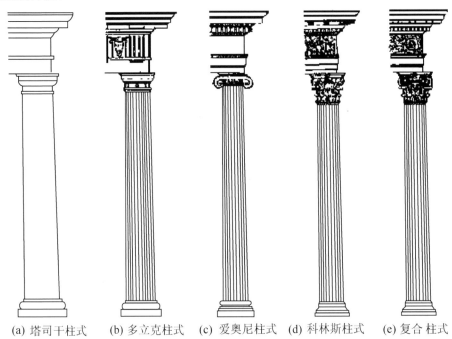

(a) 塔司干柱式　　(b) 多立克柱式　　(c) 爱奥尼柱式　　(d) 科林斯柱式　　(e) 复合柱式

图 12.25　古罗马柱式

2. 柱式和拱券的结合

古罗马的建筑主要使用拱券结构,而这种结构中是不需要柱式的,为了能够将柱式应用到建筑中,古罗马人创造性地解决了柱式与古罗马建筑的矛盾,发展了柱式。

(1) 解决了柱式与拱券结构的矛盾,创造了券柱式和连续券。

券柱式就是在墙上贴装饰性的柱式,从柱础到檐口,各个部分一一具备,然后在柱式的开间中套入券洞,券脚和券面都采用柱式的线脚装饰,从而获得协调统一的构图效果。只是柱式成了单纯的装饰品,一般采用壁柱或倚柱的形式。

连续券是把券脚直接落在柱式柱子上,中间加一小段檐部。这种方法只适用于很轻的结构,使用很少。

(2) 解决了柱式与多层建筑的矛盾,发展了叠柱式和巨柱式。

叠柱式是在多层建筑中,底层用塔司干或多立克柱式,二层用爱奥尼柱式,三层用科林斯柱式,再上一层则用科林斯壁柱。而且上层柱子的轴线比下层的略向后退,以获得稳定感。古罗马建筑一般都是使用券柱式的叠加。

巨柱式是一个柱式贯穿二至三层,形成垂直式构图。这种做法突破了叠柱式水平划分的局限,同叠柱式合用,可以突出重点,但易造成比例失真。

(3) 解决了柱式与古罗马建筑巨大体积的矛盾。

由于古罗马的建筑比古希腊建筑高大得多,简单地等比例放大柱式会造成笨拙、空洞的印象，所以必须丰富柱式的细节，用一组线脚代替一个线脚，用复合线脚代替简单线脚，并增加雕饰丰富它们。

12.4.4　万神庙

罗马城的万神庙(Pantheon) 在重建时采用了穹顶覆盖下的集中制形制，成为单一空间、集中式构图的建筑物的代表，也是古罗马穹顶技术的最高代表，如图 12.26 所示。

万神庙平面为圆形，有一个 8 根科林斯柱式形成的门廊。万神庙的穹顶直径达 43.3m，顶端高度也是 43.3m。按照当时的观念，穹顶象征天宇。它中央开一个直径 8.9m 的圆洞，象征着神和人的世界的联系，如图 12.27 所示。

图 12.26　万神庙　　　　　　　　　图 12.27　万神庙内景

穹顶由砖券和混凝土浇筑而成，为了减轻穹顶重量，越往上越薄，下部厚 5.9m，上部 1.5m。庞大的穹顶支撑在 6.2m 厚的连续的混凝土墙上，墙内沿圆周有 8 个发券，其中 1 个是大门，7 个是壁龛，龛内放置神像。

万神庙的内部空间是单一的，穹顶被划分成均匀的凹格，连续不断，不分主次。凹格越往上越小，在圆形洞口射入的光线映衬下，穹顶呈现为饱满的半球形状。凹格与墙面划分形成的水平环，使四周构图连续统一，加强了空间的整体感、安定感。天光从中央圆洞射入，柔和朦胧，渲染出一种神秘而静谧的宗教气氛。

12.4.5　公共建筑

1. 古罗马大角斗场

古罗马大角斗场又称科洛西姆角斗场，如图 12.28 所示，它是古罗马建筑的代表作品。

大角斗场平面是椭圆形的，中央是表演区，四周是观众席。表演区长轴 86m，短轴 54m；观众席长轴 188m，短轴 156m，大约有 60 排座位，逐排升起，分为 5 区，前面一区是荣誉席，最后两区是下层群众的席位，中间是骑士等地位比较高的公民坐的，可容纳观众 5 万多人。大角斗场有 80 个出入口，出入口和楼梯都有编号，观众对号进入，顺着设在放射形墙垣间的楼梯到达对应的各层各区，人流集散互不干扰。

【参考视频】

支承庞大观众席的是一些沿外圈回环的筒形拱和放射形排列的筒形拱，它们覆盖在 7 圈灰华石的墩子上，每圈 80 个。这种空间关系复杂却井井有条的结构处理使其结构面积仅占底层面积的 1/6，在当时是很大的成就。

图 12.28　大角斗场

大角斗场的立面高 48.5m，分 4 层。下面 3 层各有 80 间券柱式，底层用塔司干柱式，第二层用爱奥尼柱式，第三层用科林斯柱式，第四层是实墙，装饰科林斯壁柱。立面上连续不断的券柱式为建筑带来了丰富的方圆、虚实和光影变化，而又使其浑然一体，不分主次，更显宏伟。

特别提示

古罗马大角斗场功能合理，结构精妙，造型优美，三者和谐统一，具有很高的建筑成就。而且古罗马大角斗场形制完善，在体育建筑中沿用至今，并无原则变化。

2. 卡拉卡拉浴场

卡拉卡拉浴场(Thermae of Caracalla) 占地 575 m×363m。地段中央是浴场的主体建筑(图 12.29 和图 12.30)，长 216m、宽 122m。中轴线上设冷水浴、温水浴、热水浴 3 个大厅，两侧对称布置更衣室、洗濯室、按摩室、蒸汽室等，形成横轴线及次要的纵轴线。轴线上空间的大小、高低、开阔变化丰富，不同拱顶和穹顶又带来形状的变化。这种组织简洁、变化丰富而又流转贯通的室内空间效果开创了内部空间序列的艺术手法。

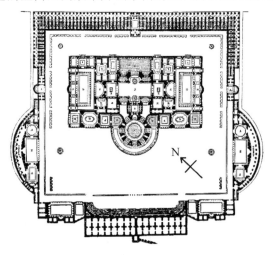

图 12.29　卡拉卡拉浴场平面

图 12.30　卡拉卡拉浴场

空间艺术的成就得益于出色的结构。浴场的温水厅长 55.8m、宽 24.1m，处于主轴线的交汇处，是最开敞的空间。它用 3 个十字拱覆盖，拱顶高度为 38.1m。十字拱的重量集中在 8 个墩子上，墩子外侧有一道横墙抵御侧推力，横墙之间跨上筒形拱，既增强了整体性，又扩大了大厅空间。

浴场内功能完善，布局合理，重要大厅都有天然采光，设有集中供暖系统。此外浴场还设有图书馆、讲演室、健身房、商店等，锅炉房、仓库、奴隶室等设在地下。室内装饰华丽。

知识链接

罗马广场的演变鲜明地表现出建筑形制同政治斗争的密切关系。

罗马共和时期的广场是城市社会、政治和经济活动的中心，建造没有统一规划，零乱地分布着庙宇、讲演台、政府机构、钱庄、商店、作坊等，广场与市民生活密切相关。如罗曼努姆广场，修建零散，陆续进行，完全开放，建有巴西里卡、庙宇、经济活动用房、政府大楼等，它是一个公共活动场所。

共和末期，恺撒擅权之后，按完整规划建造了一个封闭的广场。它的后半部是围廊式维纳斯庙(维纳斯是恺撒家族的保护神)，广场成了庙宇的前院，广场中间立着恺撒的骑马镀金铜像，广场俨然成为恺撒个人的纪念碑。封闭的、轴线对称的、以庙宇为主体的广场新形制由此形成了。

奥古斯都广场更进一步，连钱庄也排除在外，仅在两侧保留了半圆形的演讲堂，正中尽端建围廊式战神庙，它高高耸立，完全控制了广场。广场周边的花岗石围墙高达 36m，与城市完全分开。到图拉真皇帝时期，对皇帝的崇拜几近神化。

图拉真广场的形制参照了东方君主国建筑的特点，不仅轴线对称，而且做多层纵深布局，在将近 300m 的深度里布置了几进建筑物。古罗马人有意识地利用室内外空间交替，通过空间的纵横、大小、开阖、明暗交替，雕刻和建筑物交替等一系列的交替酝酿建筑艺术高潮的到来。广场入口建凯旋门，广场两侧为敞廊，外各做一半圆厅，形成横轴。广场中心为图拉真骑马铜像。广场尽端进入罗马最大的乌比亚巴西里卡，两侧各有半圆大龛。后进为小庭院，耸立着图拉真纪功柱，小院两侧为图书馆。小院后接围廊式大院，尽端正中建立崇奉图拉真本人的庙宇。

12.4.6　《建筑十书》

《建筑十书》是西方从古代保留至今最完整的古典建筑典籍。它是公元前 27 年古罗马建筑师维特鲁威所著，约于公元前 14 年出版。全书分 10 卷，内容包括建筑教育、城市规划和建筑设计原理、建筑材料、建筑构造做法、施工工艺、施工机械和设备等。它提出建筑学的基本内涵和理论，建立了建筑学的基本体系，主张一切建筑物都应考虑"实用、坚固、美观"，提出建筑物均衡的关键在于它的局部。

《建筑十书》奠定了欧洲建筑科学基本体系，系统地总结了古希腊、古罗马建筑实践经验并做出理论解释，相当全面地建立起城市规划和建筑设计的基本原理，论述了建筑艺术原理并能联系到建筑实践。但也存在一些问题，如对柱式做了过于苛细的量的规定；为迎合帝国复古政策，有意忽视共和末期以来拱券技术和天然火山混凝土的重大成就；文字较晦涩等。

本 讲 小 结

本讲简要介绍奴隶制社会时期古埃及、两河流域、古希腊、古罗马建筑的发展概况和《建筑十书》的成果，详细阐述了金字塔的演化与成就、神庙建筑的特点，两河流域建筑特征以及代表建筑，古希腊柱式的特征、雅典卫城在布局和单体建筑方面的成就，古罗马拱券技术和柱式的发展，万神庙、大角斗场、卡拉卡拉浴场等建筑的成就。

思 考 题

1. 简述古埃及金字塔的演变及代表作品。
2. 简述两河流域建筑的特征。
3. 简述古希腊柱式的类型及特点。
4. 简述雅典卫城的布局特点。
5. 论述帕提农神庙与伊瑞克提翁神庙之间的对比关系。
6. 简述古罗马将柱式和拱券结合的方法。
7. 简述古罗马大角斗场的建筑成就。

第13讲
欧洲中世纪建筑

了解欧洲中世纪拜占庭帝国和西欧建筑的发展概况；掌握拜占庭建筑的风格特征及其代表作；掌握西欧罗马风建筑、哥特式建筑的风格特征及代表作品。

能力目标	知识要点	相关知识
能够在当时的社会背景下理解欧洲中世纪建筑的发展；能够简要分析拜占庭建筑、罗马风建筑、哥特式建筑的风格特征	拜占庭建筑	(1) 拜占庭建筑的特征 (2) 拜占庭建筑的代表作品
	罗马风建筑	(1) 罗马风建筑的特征 (2) 罗马风建筑的代表作品
	哥特式建筑	(1) 哥特式建筑的特征 (2) 哥特式建筑的代表作品

欧洲的封建社会时期,即从西罗马灭亡到14—15世纪资本主义萌芽出现的历史时期称为中世纪。集中统一的教会统治和封建势力的分裂状态,使宗教建筑成为欧洲中世纪建筑成就的最高代表。下面一起走进神秘的教堂,感受建筑艺术所带来的宗教魅力。

13.1　中世纪建筑概述

公元 395 年,古罗马帝国分裂为东西两个国家。西罗马的首都在罗马,东罗马则建都在君士坦丁堡,后称为拜占庭帝国。

公元 479 年,西罗马帝国灭亡,西欧四分五裂,形成封建割据的状态。公元 5—10 世纪,西欧的建筑极不发达,建筑体量都不是很大,建造也很粗糙。10 世纪后,建筑活动规模大了,建筑技术迅速发展,建筑进入新的阶段。

东罗马在公元 4 世纪开始封建化,公元 5—6 世纪逐步走向鼎盛,公元 7 世纪后逐渐衰落,建筑减少,规模也大不如前。1453 年东罗马被土耳其灭亡。

基督教在公元 4 世纪就已盛行。在中世纪分为两大宗,西欧为天主教,东欧为正教,并分别建立了集中统一的教会,天主教在罗马,正教在君士坦丁堡。宗教世界观统治着一切。教会的统治和封建政权的分裂状态对中世纪的建筑发展产生了深深的影响,教堂成为这一时期最具代表性的建筑。

早期的基督教堂是仿照古罗马时期的"巴西利卡"(Basilica)的形制建造的,很适合基督教仪式的需要,流行甚广,影响很大。公元 5—6 世纪时,东正教宣扬信徒间的亲密一致,而集中式教堂的内部空间的向心性和圣坛与信众的接近符合其要求,于是正教教堂大大发展了古罗马的穹顶结构和集中式形制。西欧天主教更重视圣坛上神秘的仪式,天主教教堂在发展古罗马拱顶结构和巴西利卡形制的过程中,逐渐形成了拉丁十字式形制,成为天主教最正统的教堂形制。

巴西利卡是古罗马时代一种综合用做法庭、交易所与会场的大厅形建筑。其平面一般为长方形,两端或一端有半圆形龛。大厅通常由 2 或 4 排柱子纵分成 3 或 5 部分。中央部分宽而且高,被称为中厅;两侧部分窄而且低,称为侧廊,侧廊上面常有夹层,如图 13.1所示。

图 13.1　巴西利卡示意图

13.2　拜占庭建筑

拜占庭建筑是在继承古罗马建筑文化的基础上发展起来的，同时汲取了波斯、两河流域、叙利亚等东方文化，形成了自己独特的建筑体系，并对后来俄罗斯的教堂建筑、伊斯兰教的清真寺都产生了积极的影响。

13.2.1　拜占庭建筑的特点

1. 穹顶覆盖下的集中式建筑形制

在拜占庭建筑中，建筑的构图中心往往是高大的圆形穹顶，围绕这一中心部件，周围有序地设置一些与之协调的小穹顶或筒拱。穹顶和它四面的筒拱形成等臂的十字，称为希腊十字式。

2. 结构体系完整

拜占庭的穹顶技术在借鉴波斯、巴勒斯坦的基础上，创造了把穹顶支承在方形平面上的结构方法，从而使集中形制的建筑得以发展。其典型做法是在方形平面的 4 边发券，在 4 个券之间砌筑以对角线为直径的穹顶，仿佛一个完整的穹顶在 4 边被发券切割而成，它的重量完全由 4 个券承担，从而使内部空间获得了极大的自由；再在 4 个券的顶点之上做水平切口，水平切口所余下的 4 个球面三角形部分，称为"帆拱"，在这切口之上再砌半圆形的穹顶。后来进一步发展，先在水平切口上砌一段圆筒形的鼓座，鼓座上再砌穹顶，从而使穹顶更加突出，如图 13.2 所示。

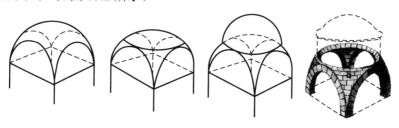

图 13.2　帆拱示意图

特别提示

帆拱既使得建筑方圆过渡自然，又能扩大穹顶下空间，还提高了穹顶的标志作用，是拜占庭建筑结构当中最具特色的一种。鼓座的使用，使穹顶在构图上的统帅作用大大加强，进一步完善了集中式形制的外部形象。

3. 灿烂夺目的装饰艺术

拜占庭建筑的内部装饰是色彩斑斓、灿烂夺目的。内部装饰有彩画和贴面两种，平的墙面贴彩色大理石，穹顶和拱券表面用马赛克壁画或粉画，主题多为宗教故事、人物、动物、植物等。马赛克壁画是用半透明的小块彩色玻璃镶成的。大面积的马赛克和粉画使建筑内部色彩斑斓，非常富丽。石雕艺术的重点部位是发券、拱脚、柱头、檐口等，题材以几何图案或程式化的植物为主。

13.2.2　拜占庭建筑代表作品

1. 圣索菲亚大教堂

君士坦丁堡的圣索菲亚大教堂是正教的中心教堂，是拜占庭帝国极盛时代的纪念碑。

圣索菲亚教堂东西长 77.0m，南北长 71.0m。从外部造型看，它是一个典型的以穹顶大厅为中心的集中式建筑，如图 13.3 所示。

【参考视频】

中央的大穹顶直径 32.6m，离地 54.8m，通过帆拱支承在 4 个大柱墩上。中央穹顶的侧推力由东西两面的半个穹顶抵住，它们的侧推力再由斜角上更小的半穹顶和东西两端各两个柱墩来平衡，小半穹顶的侧推力由两侧更矮的拱顶平衡，中央穹顶的南北方向以 18.3m 深的四片墙平衡侧推力。整个结构关系明晰，层次井然。

教堂内部空间既集中统一又曲折多变，如图 13.4 所示。东西两侧步步扩展的小空间和南北两侧柱廊划分的空间增加了空间层次和变化；它们又与中央部分相通，突出了中央穹顶的统率地位，集中统一。穹顶底部密排着一圈 40 个窗洞，将自然光线引入教堂，使整个空间变得飘忽、轻盈而又神奇，增加了宗教气氛，如图 13.5 所示。

教堂内部装饰绚丽夺目，柱墩和内墙面用白、绿、黑、红等彩色大理石拼成各种图案，柱子多为深绿色，少数为深红色，柱头为白色，镶以金箔，穹顶和拱顶以金色为底(局部蓝色作底)，镶嵌玻璃马赛克，地面上也用马赛克铺装。

图 13.3　圣索菲亚大教堂

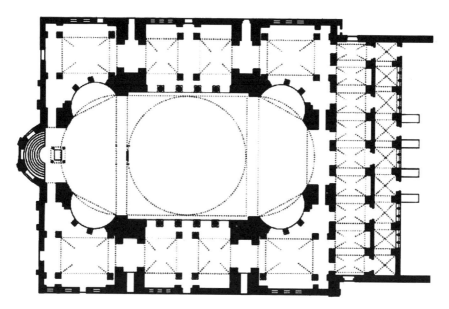

图 13.4　圣索菲亚大教堂平面

图 13.5　圣索菲亚大教堂内景

2．圣马可教堂

圣马可教堂矗立于威尼斯市中心的圣马可广场上，始建于公元 829 年，重建于 1043—1071 年。

教堂平面为希腊十字形，上覆 5 座半球形圆顶，教堂正面长 51.8m，采用华丽的拜占庭装饰，有 5 座棱拱形罗马式大门。顶部有东方式与哥特式尖塔及各种大理石塑像、浮雕与花形图案，如图 13.6 所示。

【参考图文】

教堂内部从地板、墙壁到天花板,都是精致的马赛克镶画,主题涵盖了 12 使徒的布道、基督受难、基督与先知以及圣人的肖像等。这些画作都覆盖着一层金箔,使整个教堂都笼罩在金色的光芒里,因此又被称为"金色大教堂"。

教堂建成后时有增修,15 世纪加入了哥特式的装饰,如尖拱门等;17 世纪又加入了文艺复兴时期的装饰,如栏杆等,最终成为融拜占庭式、哥特式、伊斯兰式、文艺复兴式各种流派于一体的综合艺术杰作。

图 13.6　威尼斯的圣马可教堂

3. 东欧小教堂

圣索菲亚大教堂后,拜占庭的教堂规模都很小,穹顶直径最大的也不超过 6m。不过,这些教堂的穹顶逐渐饱满起来,举起在鼓座之上,统率整体而成为中心,真正形成了垂直轴线,完成了集中式的构图,体形比早期的舒展、匀称。

华西里·伯拉仁内教堂(图 13.7)由 9 个墩式形体组合而成。中央的一个最高,近 50m,周围簇拥着 8 个参差不齐的墩体,上面各有一个葱头式穹顶,穹顶的式样、色彩均不相同,却十分和谐。该建筑是世界宗教建筑中的珍品,有"用石头描绘的童话"之称。

格拉尼查茨教堂(图 13.8)采用希腊十字形平面,内部空间从中央穹顶到四角层层降低,并在外部造型上表现出来,使形体富于变化。

图 13.7　华西里·伯拉仁内教堂

图 13.8　格拉尼查茨教堂

13.3　西欧中世纪建筑

西欧中世纪的建筑大体上分 3 个时期。

(1) 公元 479 年—10 世纪，为早期基督教时期。

(2) 10—12 世纪，为"罗马风"建筑时期。

(3) 12—15 世纪，为以法国为中心的哥特式建筑时期。

13.3.1　罗马风建筑

1. 罗马风建筑特征

西欧教堂在继承初期基督教教堂拉丁十字式形制的基础上，从公元 10 世纪起，采用古罗马建筑的传统拱券结构如半圆拱、十字拱等，有时也用简化的古典柱式和细部装饰，被称为罗马风建筑。经过长期的发展演变，西欧教堂逐渐用拱顶取代了初期基督教堂的木结构屋顶，采用扶壁以平衡沉重拱顶的横推力，后来又逐渐用骨架券代替厚拱顶。到 12 世纪，教堂的结构技术有了相当大的进步，但还比较沉重，因而带来一些艺术形式上的问题尚未解决。由此形成了罗马风建筑的典型特征：面向城市的西立面成为主要立面，常常在西面建一对钟塔；墙体巨大厚重，常用连续小券做装饰带，门窗洞口抹成八字，排上一层层线脚，以减轻墙垣的笨重感；中厅内大小柱交替，由于窗口窄小内部空间形成阴暗神秘的气氛。

2. 代表作品——意大利比萨主教堂

比萨主教堂建于 1063—1092 年，为拉丁十字式平面(图 13.9)，全长 95m，纵向有 4 排科林斯式圆柱。中厅用木桁架，侧廊用十字拱，中厅与两翼相交处为一椭圆形拱顶所覆盖。外墙是用红白相间的大理石砌成。正立面高约 32m，底层入口设有 3 扇大铜门，上有描写圣母和耶稣生平事迹的各种雕像。大门上方以四层空券廊作装饰，形成了丰富的形体和光影变化，如图 13.10 所示。

【参考图文】

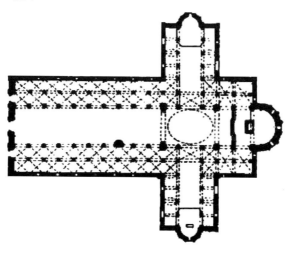

图 13.9　比萨主教堂平面

图 13.10　比萨主教堂

知识链接

　　比萨主教堂建筑群包括教堂、钟塔、洗礼堂等，是意大利中世纪最重要的建筑群之一。洗礼堂(图 13.11)建于 1153—1278 年，圆形，直径 35.4m，立面分 3 层，上两层为空券廊，圆拱屋顶，总高 54m。钟塔建于 1174 年，在主教堂东南 20 多米，圆形，直径约 16m，高 8 层，中间 6 层围着空券廊。后因基础不均匀沉降，塔身逐年倾斜，成为享誉世界的比萨斜塔，如图 13.12 所示。3 座建筑形体各异，变化丰富，但它们都以空券廊为构图母题，风格统一，形成和谐的整体。

图 13.11　洗礼堂

图 13.12　比萨斜塔

13.3.2　哥特式建筑

　　罗马风建筑的进一步发展，就是 12—15 世纪以法国为中心的哥特式建筑。随着欧洲封建社会进程的发展，建筑也逐步得到发展。这时期的建筑仍以教堂为主，但反映城市经济特点的城市广场、市政厅、手工业行会等增多，市民住宅也大有改善，建筑风格完全脱离了古罗马的影响，而是以尖券、尖形肋骨拱顶、陡峭的屋面，以及教堂中的钟楼、扶壁、束柱、花空棂等为主，形成了空灵、纤瘦、高耸、尖峭的风格特征。

 知识链接

哥特原为曾入侵罗马帝国的一支日耳曼民族,其称谓含有粗俗、野蛮的意思。哥特式教堂建筑垂直向上的形象、空灵虚幻的意境,似乎直指上苍,启示人们脱离这个充满苦难与罪恶的世界,奔赴天堂。这是基督教精神内涵较为确切的表述。

1. 哥特式建筑的特征

1) 结构的特征

(1) 使用骨架券,减轻了拱顶的重量,侧推力随之减小。

(2) 使用二圆心的尖券和尖拱。它们的侧推力较小,有利于减轻结构,而且不同跨度的尖券和尖拱可以做成相同高度。

(3) 使用飞券将拱顶的侧推力直接传给侧廊外侧的墙垛上,侧廊外墙卸去荷载而窗户大开,同时因侧廊降低中厅,也可以开高侧窗,如图 13.13 所示。

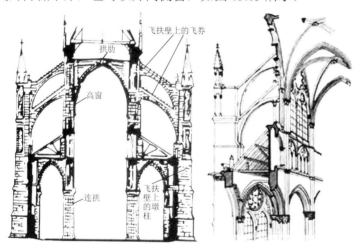

图 13.13 哥特式教堂结构示意

2) 内部空间的特征

(1) 中厅窄而长,导向祭坛的动势明显,宗教气氛强烈。

(2) 中厅很高,尖尖的骨架券从柱墩上散射出来,由于柱头淡化,整个结构似从地下生长出来,挺拔向上,形成强烈的向上的动势。

(3) 玻璃窗面积很大,占满整个开间,彩色玻璃镶嵌出一幅幅图画,极富装饰效果,如彩图 27 所示。

 知识链接

彩色玻璃窗的做法为:先用铁棂子把窗分成不大的格子,然后用工字形截面的铅条在格子里盘成图画,再把彩色玻璃镶在铅条之间。铅条柔软,便于操作。彩色玻璃上画的内容都为《新约》故事。

3) 建筑外部的特征

(1) 整个教堂处处表现出向上的动势。轻灵的垂直线条统治全身，扶壁、塔、墙垣都做垂直划分，越向上越细；小尖顶、尖塔、尖券，所有的局部和细节上端都是尖的，整个外形充满着直冲云霄的升腾感。

(2) 西立面的典型构图为一对有很高尖顶的塔夹着中厅的山墙，垂直分为 3 部分。山墙檐部比例修长的尖券栏杆和大门洞上一长列安置雕像的龛，又把 3 部分横向联系起来。中段的中央是圆形的玫瑰窗，象征天堂。下段是 3 个门洞，周圈有几层刻着成串圣像的线脚，形成透视感，如图 13.14 所示。

2. 代表作品

1) 法国哥特式建筑

【参考视频】

巴黎圣母院建于 1163—1250 年，是早期哥特式建筑的典型实例。教堂平面宽约 47m，长约 130m。正门朝西，有一对高 60 余米的塔楼，粗壮的墩子把立面纵分为 3 段，两条水平雕饰又把 3 段联系起来，如图 13.14 所示。正中是一个直径 13m 的圆形玫瑰窗(彩图 27)，两侧是尖券形窗；下部是 3 座逐渐内缩的尖券门。到处可见的垂直线条与小尖塔装饰是哥特式建筑的特色，特别是当中高达 90m 的尖塔与前面的那对塔楼，在狭窄的城市街道上举目可见，如图 13.15 所示。教堂内部极为朴素，中厅长 127m、宽 12.5m、高 32.5m，无数的垂直线条引人仰望，柱间全部开设彩色玻璃窗。

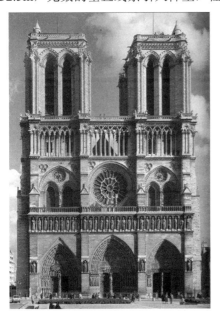

图 13.14　巴黎圣母院西立面

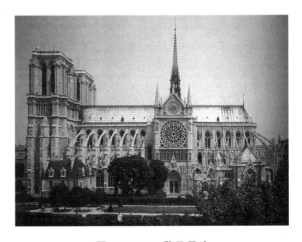

图 13.15　巴黎圣母院

夏特尔主教堂建于 1194—1260 年，为拉丁十字式平面(图 13.16)，西面两座塔楼建造时间相差 400 年，形式也各不相同，其中南塔高 107m。教堂中厅宽 16.4m、长 130m、高 36.5m，上部骨架在交叉处形成尖尖的拱券，具有极其强烈的升腾动势，如图 13.17 所示。

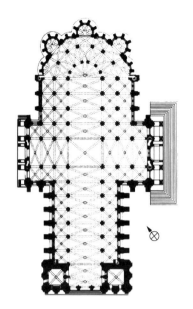

图 13.16　夏特尔主教堂平面图

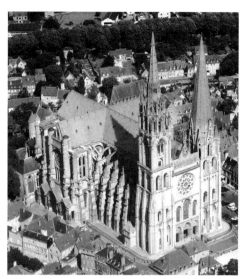

图 13.17　夏特尔主教堂

兰斯大教堂(1211—1290 年)是法兰西历代国王举行加冕典礼的教堂，为拉丁十字式平面(图 13.18)，西立面为典型的三段式构图，高高矗立着左右对称的 2 座尖塔，不计尖顶高 101m。3 座门洞上加有突出的三角门楣，立体感加强，动感强烈。中厅宽 14.65m、长138.5m、高 38.1m。花纹及雕像遍布教堂外墙，如图 13.19 所示。

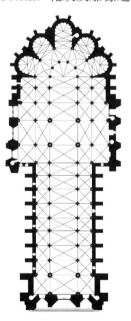

图 13.18　兰斯大教堂平面

图 13.19　兰斯大教堂西立面

亚眠主教堂(1220—1288 年)是法国哥特式建筑盛期的代表作，如图 13.20 所示。其平面呈拉丁十字形，长 143m、宽 46m，横翼凸出甚少，东端呈放射形布置 7 个小礼拜室。中厅宽 15m，拱顶高达 43m，四根细柱附在一根圆柱上形成束柱，束柱与上边的券肋连成一体，仿佛一气呵成，增强了向上的动势，如图 13.21 所示。教堂内部遍布彩色玻璃窗，几乎看不到墙面。教堂外部雕饰精美，富丽堂皇。

图 13.20　亚眠主教堂西立面

图 13.21　亚眠主教堂中厅

2) 英国索尔兹伯里大教堂

索尔兹伯里大教堂(1220—1258 年)是英国早期哥特式建筑的代表。它的中厅很长，有两个横厅。钟塔只有一个，在偏东的横厅与中厅交叉处，西立面的双塔很小，处于次要地位。圣堂部位采用矩形平面，中厅的拱廊强调水平划分，使中厅空间更具水平延伸性，如图 13.22 和图 13.23 所示。

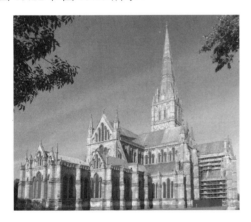

图 13.22　索尔兹伯里大教堂

图 13.23　索尔兹伯里大教堂中厅

3) 德国科隆主教堂

科隆主教堂始建于 1248 年，几经波折于 1880 年最后完成，是欧洲北部最大的哥特式建筑。它采用拉丁十字形平面，长 144m、宽 86m，西面一对八角形塔楼高达 157m，教堂外布满雕刻与小尖塔等装饰，清奇冷峻，向上的动势强烈，如图 13.24 所示。教堂中厅宽 12.6m、高 46m。教堂四壁全部为描绘圣经人物的彩色玻璃窗，使教堂显得更为庄严。

4) 意大利米兰大教堂

米兰大教堂是意大利最著名的哥特式教堂，1386 年开工建造，1897 年最后完工。教堂平面为拉丁十字形，长 158m，最宽处 90m。塔尖最高处达 108.5m。建筑外部由白色大理石筑成。高高的花窗、直立的扶壁以及 135 座尖塔都表现出向上的动势。教堂内外墙等处点缀着 6000 多座千姿百态的雕像，如图 13.25 所示。

【参考图文】

图 13.24　德国科隆主教堂　　　　　　图 13.25　意大利米兰大教堂

教堂内部由四排柱子隔开。中厅窄而长，长约 130m、宽约 55m，形成自入口导向祭坛的强烈动势。中厅高约 45m，两侧束柱柱头弱化消退，尖尖的拱券在拱顶相交，如同自地下生长出来的挺拔枝杆，形成很强的向上升腾的动势。两边的侧窗细而长，上嵌彩色玻璃，室内光线幽暗而神秘。

本 讲 小 结

本讲简述了欧洲中世纪建筑的发展概况，阐述了拜占庭建筑的特点及其代表作、西欧罗马风建筑的特点及其代表作、哥特式建筑的特征及其代表作。

思 考 题

1. 简要说明拜占庭建筑的特征和代表作品。
2. 简要说明罗马风建筑的特征和代表作品。
3. 简要说明哥特式建筑的特征和代表作品。

第 **14** 讲
意大利文艺复兴建筑与巴洛克建筑

教学目标

    了解文艺复兴建筑的发展历程；掌握文艺复兴建筑的特点及典型代表作品；熟悉文艺复兴建筑的代表人物及其作品；掌握巴洛克建筑的特点及其代表作。

教学要求

能力目标	知识要点	相关知识
了解意大利文艺复兴建筑的发展，能够在当时的社会背景下理解建筑发展的影响因素，能够通过代表作品分析文艺复兴建筑和巴洛克建筑的主要特征	佛罗伦萨主教堂的穹顶	佛罗伦萨主教堂穹顶特点
	(1) 文艺复兴建筑的成熟 (2) 文艺复兴建筑的巅峰	坦比哀多的特点；圣彼得大教堂的特点
	代表人物及其代表作	文艺复兴主要代表人物及其代表作分析
	巴洛克建筑	意大利巴洛克建筑的特点及其代表作

引例

14—15世纪，在意大利的佛罗伦萨、热那亚、威尼斯等地区产生了资本主义萌芽。新兴资产阶级为了巩固和发展资本主义生产关系，以恢复古典文学艺术的名义发起了一场文化运动——"文艺复兴运动"，借此来弘扬资产阶级思想和文化，要求在思想上摆脱封建主义的束缚，要求尊重人，给予人个性自由和人身自由，肯定人生，焕发对生活的热情，争取个人在现实世界中的全面发展。这种思想被称为"人文主义"思想。文艺复兴运动发源于意大利，在14—17世纪的西欧各国得到了广泛传播和高度发展。这场伟大的思想解放运动促使建筑也进入一个大发展和大提高的时期。

14.1 意大利文艺复兴建筑

14.1.1 佛罗伦萨主教堂的穹顶

意大利文艺复兴建筑起始的标志是佛罗伦萨主教堂的穹顶。它的设计和建造过程、技术成就和艺术特色都体现着新时代的精神。

主教堂是13世纪末佛罗伦萨的商业和手工业行会从贵族手中夺取政权后，作为共和政体的纪念碑而建造的，由建筑师迪坎比奥设计。主教堂的形制很有独创性，虽然平面上大体还是拉丁十字式的，但突破了中世纪教会的禁制，把东部歌坛设计成近似集中式的八边形的歌坛，对边的宽度是42.2m，用穹顶覆盖(图14.1)。

【参考图文】

图14.1 佛罗伦萨主教堂的穹顶

知识链接

佛罗伦萨主教堂于1296年动工，1366年建造完成了大部分。从1367年起，乔托(1226—1337年)在主教堂左侧一个中世纪旧塔的基础上设计了一座约84m高的钟塔，1384年动工，1387年完成，被称为"乔托钟楼"。

15 世纪初，伯鲁乃列斯基(Fillipo Brunelleschi，1379—1446 年)着手设计这个穹顶。为了设计穹顶，伯鲁乃列斯基到罗马逗留了几年，潜心钻研古代的拱券技术。回到佛罗伦萨后，他做了穹顶和脚手架的模型，制定了大穹顶详细的结构和施工方案。他不仅考虑了穹顶的排除雨水、采光和设置小楼梯等问题，还考虑了风力、暴风雨和地震等，并提出了相应的措施。

为了突出穹顶，人们先砌了一段 12m 高的鼓座。为了减小穹顶的侧推力和重量，穹顶轮廓采用矢形的，大致是双圆心的；用骨架券结构，穹顶分里外两层，中间是空的。于是，在八边形的 8 个角上升起 8 个主券，8 个边上又各有两根次券。每两根主券之间由下至上水平地砌 9 道平券，把主券、次券连成整体。大小券在顶上由一个八边形的环收束，环上压采光亭。这样，就形成了一个很稳定的骨架结构。这些券都由大理石砌筑。穹顶的大面就依托在这套骨架上，下半部分是石头砌的，上半部分是砖砌的。它的里层厚 2.13m，外层下部厚 78.6cm，上部厚 61cm。两层之间的空隙宽 1.2～1.5m，空隙内设阶梯供攀登。穹顶有两圈水平的环形走廊，各在穹顶高度大约 1/3 和 2/3 的位置。它们同时也能起加强两层穹顶联系的作用，加强了穹顶的整体刚度。穹顶正中有一个采光亭，不仅有造型的作用，也有结构的作用，它是一个新创造。在穹顶的底部有一道铁链，在将近 1/3 高度的地方有一道木箍，都是为了抵抗穹顶的侧推力。石块之间，在适当的地方有铁扒钉、榫卯、插销等。佛罗伦萨教堂的穹顶结构图如图 14.2 所示。

穹顶的施工也是一项伟大的成就。脚手架技术在穹顶的高空作业中发挥了重要作用；伯鲁乃列斯基还创造了一种垂直运输机械，利用了平衡锤和滑轮组，很好地解决了材料的运输问题。1431 年就完成了穹顶，只用了十几年时间。采光亭于 1470 年完成。

这座穹顶具有重大的历史意义。首先，它是在建筑中突破教会的精神专制的标志。天主教会把集中式平面和穹顶看作异教庙宇的形制，严加排斥，而工匠们敢于置教会的戒律于不顾。其次，它是文艺复兴时期独创精神的标志。佛罗伦萨主教堂的穹顶借鉴拜占庭教堂的手法使用了鼓座，把穹顶全部表现出来，包括采光亭在内，总高 107m，成了整个城市轮廓线的中心，这在西欧是前无古人的。最后，它标志着文艺复兴时期科学技术的普遍进步。这座穹顶无论在结构上还是在施工上，都具有很大的创新性。

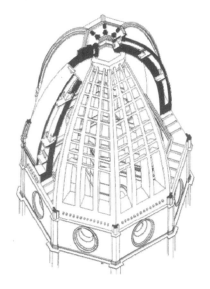

图 14.2　佛罗伦萨教堂的穹顶结构图

 特别提示

佛罗伦萨主教堂的穹顶是世界上最大的穹顶之一，它的结构和构造的精致远远超过了古罗马和拜占庭的穹顶。佛罗伦萨主教堂的穹顶被公认为意大利文艺复兴建筑的第一个作品，新时代的第一朵迎春花。

知识链接

文艺复兴时期的府邸大多为四合院，3层，临街建造。平面趋向紧凑、整齐，没有轴线。外形上只突出一个临街的正立面。正立面是矩形的，檐口挑出深远，窗子大小一致，排列整齐。内院则四周一律，不分主次。米开罗佐设计的美狄奇府邸是早期的代表作(图14.3)，墙垣仿照中世纪佛罗伦萨市政厅的样子，全部用大石块砌筑。但处理得较为精致，底层是粗凿的大石块，砌缝很宽，中层是较平整的石头，但砌缝仍有8cm宽，上层则表面平滑，不留砌缝。楼层比例渐高渐窄，各层的窗户也依照比例逐次缩小。檐部高度为立面总高度的1/8，挑出2.5m，与整个立面成柱式的比例关系。建筑稳定而庄严。中庭则是由典雅的列柱组合而成，和立面形成强烈的对比。

图14.3　美狄奇府邸

14.1.2　文艺复兴建筑的成熟

16世纪上半叶，由于新大陆的开拓和新航路的开辟，意大利失去了它的经济地位。这时，罗马城恢复了政治地位，经济逐渐繁荣起来。15世纪，各先进城市里培养出来的人文主义学者、艺术家、建筑师们纷纷向罗马集中，罗马城成了新的文化中心，文艺复兴运动进入盛期。这时建筑的创作不得不依附于教廷和教会贵族，主要作品是教堂、梵蒂冈宫、枢密院、教廷贵族的府邸等。因此，先进的社会理想经常同教会发生尖锐的冲突。幸运的是这时期的教皇有几位是出色的人文主义学者，他们懂得尊重各个文化艺术领域中的"巨人"，并支持他们的创作。

盛期文艺复兴建筑的典型代表是罗马的坦比哀多(Tempietto，1502—1510年)教堂(图14.4)，设计人为伯拉孟特(Donato Btamante，1444—1514年)。这是一座集中式的圆形建筑物，神堂外墙面直径6.10m，周围一圈多立克式的柱廊，有16根柱子，高3.6m，连穹顶上的十字架在内，总高

图14.4　坦比哀多教堂

为 14.70m。集中式的形体、饱满的穹顶、圆柱形的神堂和鼓座，外加一圈柱廊，使它的体积感很强。建筑虽小，但有层次，有几种几何体的变化，有虚实的映衬，构图很丰富。环廊上的柱子经过鼓座上壁柱的接应，同穹顶的肋相首尾，从下而上，一气呵成，浑然完整。它的体积感、完整性和多立克柱式显得十分雄健刚劲。

特别提示

坦比哀多教堂是文艺复兴时期第一个成熟的集中式纪念建筑和第一个成熟的穹顶外形，它标志着文艺复兴建筑的成熟。

14.1.3 文艺复兴建筑的巅峰

【参考视频】

圣彼得大教堂代表了 16 世纪意大利建筑、结构和施工的最高成就，是意大利文艺复兴建筑最伟大的纪念碑。在长达 126 年的建造期间内 (1506—1626 年)，罗马最优秀的建筑师都曾经主持或参与过圣彼得大教堂的营造，它凝聚了几代著名匠师的智慧。

16 世纪初，教皇尤利二世(Julius Ⅱ，1503—1513 年在位)为了重振已分裂的教会，实现教皇国的统一，决定重建已破旧不堪的圣彼得大教堂。1505 年，伯拉孟特的方案在竞赛中脱颖而出。他设计的教堂形制非常新颖，平面是希腊十字式的，四臂较长，正中覆盖大穹顶，大穹顶的鼓座上部围筑一圈柱廊，外形很像坦比哀多教堂。4 个角上各有小十字形空间。外侧是 4 个方塔，4 个立面完全相同。1506 年，教堂正式开始动工，帕鲁齐和小桑加洛协助伯拉孟特工作。1514 年，伯拉孟特去世。

新任教皇并不欣赏伯拉孟特的纪念碑，他任命拉斐尔接替伯拉孟特的工作，并且提出了新的要求。拉斐尔保留了已经建成的东立面，但在西面增加了一个长达 120m 以上的巴西利卡，使平面演化成了拉丁十字式，穹顶的统帅作用遭到严重的削弱。拉斐尔主持工程没多久，由于德国的宗教改革运动和西班牙占领罗马，圣彼得大教堂的兴建停滞了二十几年。

1534 年，圣彼得大教堂的工程再度进行，主持工作的帕鲁齐想把方案改回集中式的，但没有成功。1536 年，新主持者小桑加洛在教会的压力下仍不得不维持拉丁十字的平面，但他巧妙地在东部更接近伯拉孟特的方案，在西部以一个比较小的希腊十字代替拉斐尔的巴西利卡，这样集中式的布局仍然占主体地位。1546 年，小桑加洛逝世。

1547 年，教皇任命米开朗琪罗主持圣彼得大教堂的工程。米开朗琪罗抱着"要使古代希腊和罗马建筑黯然失色"的雄心壮志去工作。凭着自己巨大的声望，他与教皇约定，他有全权决定方案，甚至有权决定拆除已经建成的部分。教皇敕令要求全体建筑人员必须听命于他。米开朗琪罗基本上恢复了伯拉孟特的平面，并大大加强了承托穹顶的 4 个柱墩 (图 14.5)，简化了 4 角布局。他还在正立面设计了 9 开间的柱廊。他的设计极其雄伟壮观，体积的构图超越了立面构图被强调出来。1564 年，教堂建造到了鼓座，米开朗琪罗逝世，接替他工作的泡达和封丹纳在 1590 年完成了穹顶。穹顶直径 41.9m，非常接近万神庙，内部顶高 123.4m，几乎是万神庙的 3 倍。穹顶外采光塔上的十字架顶点高 137.8m(图 14.6)，成为全罗马最高点。穹顶的肋是石砌，其余部分用砖，分内外两层，内层厚度大约 3m。穹顶轮廓饱满而有张力，12 根肋加强了这个印象。穹顶的成功是无与伦比的。

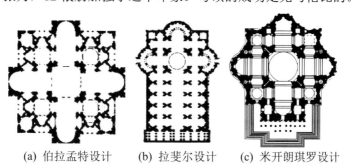

(a) 伯拉孟特设计　　(b) 拉斐尔设计　　(c) 米开朗琪罗设计

图 14.5　圣彼得大教堂的平面图

图 14.6　圣彼得大教堂

　　17 世纪初，教皇保罗五世命令马丹纳拆除已经动工的米开朗琪罗设计的立面，在前面加了一段三跨的巴西利卡。圣彼得大教堂空间和外部形体的完整性遭到了严重的破坏。由于巴西利卡巨大体形的遮挡，在西立面前方很长的距离内无法看到完整的穹顶，穹顶在构图上的统帅作用大大削弱，但它还是空前的雄伟壮丽。圣彼得大教堂堪称是人类最伟大的工程之一。

 拓展讨论

　　1. 圣彼得大教堂的复杂建造经历反映了什么问题？
　　2. 你认为文艺复兴运动的本质是什么？

14.1.4　代表人物及代表作

　　文艺复兴时期的建筑领域，活跃着许多建筑巨匠，可谓群星璀璨。他们的创作活动披荆斩棘，焕发出创造新的建筑文化的热情。

　　(1) 伯鲁奈列斯基(1377—1446 年)，意大利文艺复兴早期的建筑大师，主要在佛罗伦萨生活和工作。早年学习过金匠手艺和雕塑，佛罗伦萨主教堂穹顶的设计使他一举成名，后又建造了佛罗伦萨育婴院(图 14.7)、巴齐礼拜堂(图 14.8)和多所教堂。他对焦点透视法的发展亦做出了很大的贡献。佛罗伦萨育婴院被认为是意大利第一座具有完全文艺复兴风格的建筑，它的平面为长方形，中间是一个庭院，正面券廊开间宽阔。

图 14.7　佛罗伦萨育婴院

图 14.8　巴齐礼拜堂

(2) 阿尔伯蒂(1404—1472 年)，意大利文艺复兴时期重要的建筑师、诗人。在建筑领域，阿尔伯蒂首先是个理论家，他于 1485 年出版的《论建筑》是意大利文艺复兴时期最重要的建筑理论著作。他设计的圣玛丽亚教堂新立面成为文艺复兴时期的建筑典范。教堂底层是一组连续券，二层为典型的古希腊神庙式山墙，中心有一个玫瑰花窗，两侧对称设置涡卷状墙饰，墙壁上是他独创的由古典柱式改造而成的壁柱，如图 14.9 所示。

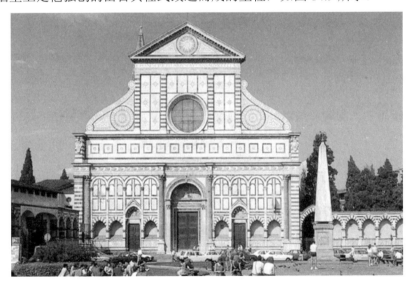

图 14.9　圣玛丽亚教堂

(3) 伯拉孟特(1444—1514 年)，意大利文艺复兴时期最有影响力的建筑师之一。伯拉孟特本是画家，早期在米兰从事建筑工作，他的风格平和秀丽，作品有米兰圣玛利亚大教堂；到罗马后，受新思想的鼓舞，他开始追求庄严雄伟、刚健有力的建筑风格，代表作品有坦

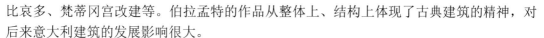
比哀多、梵蒂冈宫改建等。伯拉孟特的作品从整体上、结构上体现了古典建筑的精神，对后来意大利建筑的发展影响很大。

(4) 米开朗琪罗(1475—1564年)，意大利文艺复兴时期最伟大的雕塑家、建筑师。米开朗琪罗设计的建筑物大都极富创造力，常用深深的壁龛、凸出很多的线脚和小山花、3/4圆柱或半圆柱，喜好雄伟的巨柱式，多用圆雕作装饰，使建筑物层次丰富，体积感很强，光影变化剧烈，风格刚劲有力，洋溢着英雄主义精神，同他的雕刻及绘画风格一致。他善于把雕刻同建筑结合起来。由于装饰手法丰富，米开朗琪罗被看作是文艺复兴晚期的美术流派——样式主义的开创者，同时也很受后来的巴洛克艺术家的推崇。米开朗琪罗设计的劳仑齐阿纳图书馆(1523—1526年)，是较早将楼梯作为建筑艺术部件处理的实例，如图14.10所示。

(5) 拉斐尔(1483—1520年)，意大利文艺复兴时期画家、建筑师。1508年，拉斐尔为梵蒂冈宫绘制大型壁画"雅典学院"，描绘了一座想象中的带有巨大穹顶的古希腊建筑，表现了文艺复兴艺术家对古典风格的向往。拉斐尔的建筑风格娴雅秀丽，建筑体积起伏小，爱用薄壁柱，外墙面上抹灰多用纤细的灰塑作装饰，强调水平分划。佛罗伦萨的潘道菲尼府邸(图14.11)是拉斐尔的代表作之一，其建筑立面强调水平线条划分，外墙抹灰光滑、细腻，只在转角和大门上使用了厚重的石料，与墙面形成了鲜明对比，窗框精致，突出的三角形和弧形窗楣相间，清晰肯定，整座建筑显得很稳定。

(6) 帕拉第奥(1508—1580年)，意大利文艺复兴晚期的建筑大师，主要活动在意大利维晋寨和威尼斯。帕拉第奥在建筑理论方面成就显著。1570年，他出版的《建筑四书》一书，内容包括关于5种柱式的研究及其建筑设计作品。

图14.10　劳仑齐阿纳图书馆楼梯

图14.11　潘道菲尼府邸

 特别提示

帕拉第奥的《建筑四书》与维尼奥拉于1562年发表的《五种柱式规范》后来成为欧洲建筑师的教科书，以后欧洲的柱式大多依据他们制定的规范。

帕拉第奥的创作实践对后代影响也很大。他在维晋寨巴西利卡(图14.12)的立面构图处理是柱式构图的重要创造，称为"帕拉第奥母题"，被后世广为仿效。他设计的圆厅别墅是晚期文艺复兴庄园府邸的代表作，圆厅别墅(1552 年)平面呈正方形，中间有一个直径为 12.2m 的圆厅，因此得名，如图 14.13 所示。别墅四面的造型非常一致，各有一个由 6 根爱奥尼柱式支撑着三角形山花的门廊，前面有台阶直达二层，加强了二层在构图上的主导地位。整座别墅由最基本的几何形体组成，单纯明确、主次清晰而富有变化，透出庄重高雅的气质，如图 14.14 所示。

图 14.12　维晋寨巴西利卡

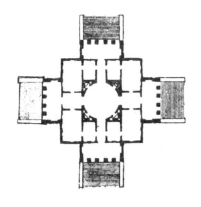

图 14.13　圆厅别墅平面

图 14.14　圆厅别墅外观

14.2　巴洛克建筑

14.2.1　巴洛克建筑的特征

巴洛克建筑是 17—18 世纪在意大利文艺复兴建筑基础上发展起来的一种建筑和装饰风格。巴洛克(Bar-oque)一词原意是畸形的珍珠，有扭曲、不规整、奇异古怪之意，后衍义为娇揉做作、拙劣虚伪。古典主义者用它来称呼 17 世纪的意大利建筑，明显带有轻蔑态度。

巴洛克风格的基调是新奇欢畅、自由奔放，巴洛克建筑的主要特征包括以下方面。

(1) 炫耀财富。它常常大量使用贵重的材料、精细的加工、刻意的装饰，以显示其富有与高贵。因此，巴洛克建筑总是富丽堂皇、珠光宝气，装饰琳琅满目，色彩鲜丽强烈。

(2) 标新立异，追求新奇。它突破了传统建筑的构图法则，追求外形自由，追求建筑形体和空间的动态，常常穿插 S 形、波浪形的曲面和椭圆形空间；不顾结构逻辑，常常采用一些非理性的组合手法，以产生反常与惊奇的特殊效果；打破了建筑与雕刻、绘画的界线，使其相互渗透，以求新奇感。

(3) 趋向自然。巴洛克流派兴建了许多郊外别墅，建筑趋于开敞，园林艺术及城市广场有所发展，装饰题材常常是自然主义的。

(4) 城市与建筑表达出世俗的情趣，洋溢着欢乐的气氛。

14.2.2 巴洛克建筑的代表作

16 世纪末到 17 世纪，在罗马掀起了一个新的建筑高潮，兴建了一大批中小型天主教堂、城市广场和花园别墅，它们是巴洛克风格的代表性建筑。

1. 罗马耶稣会教堂

意大利文艺复兴晚期著名建筑师和建筑理论家维尼奥拉设计的罗马耶稣会教堂是由样式主义向巴洛克风格过渡的代表作，也有人称之为第一座巴洛克建筑。

罗马耶稣会教堂平面为长方形，端部突出一个圣龛，中厅宽阔，拱顶满布雕像和装饰。两侧用两排小祈祷室代替原来的侧廊。十字正中升起一座穹隆顶。教堂的圣坛装饰富丽而自由，上面的山花突破了古典法式，做圣像并装饰光芒。教堂立面正门上面分层檐部和山花做成重叠的弧形和三角形，大门两侧采用了倚柱和扁壁柱。立面上部两侧做了两对大涡卷，如图 14.15 所示。这些处理手法别开生面，后来被广泛仿效。

【参考图文】

图 14.15　罗马耶稣会教堂

2. 罗马圣卡罗教堂

罗马圣卡罗教堂由波洛米尼设计，是晚期巴洛克教堂的代表作。它的殿堂平面近似橢榄形，周围有一些不规则的小祈祷室以及生活庭院，如图 14.16 所示。教堂正立面分上下两层，中央凸起，左右两边凹进，形成起伏很大的波浪形曲面，动感强烈，光影变化丰富，如图 14.17 所示。它的内部空间是椭圆形的，有很深的装饰着圆柱的壁龛和凹间，使形式变得复杂。椭圆形的穹顶分格十分巧妙，分割小而形式多样，但整体简单明确。整个建筑装饰丰富，线脚繁多，线条全为曲线，并使用了大量的雕刻和壁画。

图 14.16　罗马圣卡罗教堂平面

图 14.17　罗马圣卡罗教堂

 特别提示

　　巴洛克教堂建筑富丽堂皇，而且能创造出相当强烈的神秘气氛，符合天主教会炫耀财富和追求神秘感的要求。因此，巴洛克建筑从罗马发端，迅速传遍欧洲，甚至远达美洲。从 17 世纪 30 年代起，意大利教会财富日益增加，各个教区先后建造自己的巴洛克教堂。由于规模小，不宜采用拉丁十字形平面，因此多改为圆形、椭圆形、梅花形、圆瓣十字形等单一空间的殿堂。教堂的形式新奇，打破了古典柱式构图，突出垂直分划，破坏柱式固有的水平联系；爱用双柱，开间变化大，使节奏不规律地跳跃；追求强烈的体积和光影变化，如使用 3/4 柱或倚柱、做很深的壁龛；有意制造反常出奇的新形式，如山花残缺或套叠；大量使用曲线、曲面，制造建筑的动态。

知识链接

　　巴洛克教堂建筑喜欢大量使用壁画和雕刻。壁画喜欢运用透视法，制造空间幻觉；其色彩鲜艳明亮，对比强烈；画面构图拥挤，动态剧烈。雕刻往往渗透到建筑和绘画中，有些界限模糊，有些雕刻的安置同建筑没有确定的构图关系，好似偶然停留在某处；雕刻动态强烈，似要突破空间界限；雕刻常采用自然主义题材。

　　3. 圣彼得大教堂广场

　　1655—1667 年，教廷总建筑师贝尼尼受教皇之托在梵蒂冈圣彼得大教堂前修建一个与教堂雄伟气派相称的广场。广场以教堂前 1586 年竖立的一座重达 440 多吨的方尖碑为中心，形成一个长轴为196m、短轴为142m的椭圆形平面，为了使在广场上的信徒能看到正在布道的教皇，贝尼尼设计了一个梯形的广场与大教堂相连，如图14.18和图14.19所示。广场周围被284根塔司干柱子组成的柱廊环绕着，柱子密密层层，光影变化强烈。广场整体布局豪放，富有动感，仿佛环抱着的手臂，寓意天主教对信徒宽宏的庇护。柱廊顶上共安排了140多座圣经人物塑像，使广场的气氛更为生动。

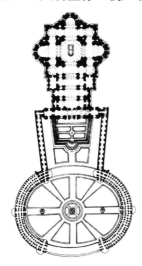

图14.18　圣彼得大教堂与广场平面图

图14.19　圣彼得大教堂广场鸟瞰图

4. 特维莱喷泉

特维莱喷泉由贝尼尼主持设计，其造型带有典型的晚期巴洛克风格。喷泉雕塑展现的是海王尼普顿率领水族从一座水池中奔腾而出，水池则坐落在一凯旋门式的巨大建筑前。海王高踞在凯旋门的中央拱门前，披风似乎正被强烈的海风吹拂着，如风帆一般鼓起；在他的脚下，海妖吹着号角，骏马奔腾。水流从凯旋门喷涌而出，随着雕塑层层跌落，最后汇入门前巨大的水池中。整组雕塑和喷泉充满了强烈的动势和勃勃生机，如图14.20所示。

图14.20　特维莱喷泉

 知识链接

　　贝尼尼(Bernini，1598—1680 年)，意大利雕塑家、建筑师。他为罗马教廷前后 8 个教皇服务了近半个世纪，教皇们给了他大量的雕塑订件和很高的荣誉。1665 年，贝尼尼又应法国国王路易十四的邀请到法国去帮助筹划卢浮宫的建造。贝尼尼还从事绘画、服装设计和舞台美术，并且写过剧本。如图 14.21 所示为贝尼尼设计的圣彼得大教堂内的青铜华盖。

图 14.21　圣彼得大教堂(青铜华盖)

　　巴洛克风格是对包括文艺复兴在内的欧洲传统建筑风格的一次大革命，其冲破并打碎了古典建筑业已建立起来的种种规则，是对严格、理性、秩序、对称、均衡等建筑风格与原则的大反叛，开创了一代建筑新风。因此，从欧洲建筑艺术的发展历史来看，它是继哥特式建筑之后，欧洲建筑风格的又一次飞跃。但是，它也存在迎合贵族阶级享乐、奢华、炫耀财富心态的世俗化倾向。

本　讲　小　结

　　本讲概述了意大利文艺复兴建筑和巴洛克建筑的发展过程，详细介绍了意大利文艺复兴建筑的代表人物及代表作，简要分析了巴洛克建筑的特征及其代表性作品。

思 考 题

1. 文艺复兴时期的著名建筑师及作品有哪些？
2. 为什么说圣彼得大教堂是意大利文艺复兴运动的里程碑建筑？
3. 巴洛克建筑的特征是什么？

第 15 讲

法国古典主义建筑与洛可可建筑

教学目标

　　了解法国古典主义建筑及洛可可建筑产生的背景；掌握法国古典主义建筑风格和洛可可风格的主要特征及代表作品。

教学要求

能力目标	知识要点	相关知识
能够通过典型案例分析法国古典主义建筑和洛可可建筑的主要特点，并能借鉴应用	法国古典主义建筑	法国古典主义产生的背景、绝对君权时期法国古典主义的代表作、园林代表作
	洛可可建筑	洛可可建筑的特点及代表作

引例

进入 17 世纪和 18 世纪，文艺复兴的影响依然在蔓延，但在不同地区之间发展的差异性表现得越来越明显，并由此滋生出多种不同的风格形态。在法国则形成了绝对君权古典主义。

15.1 法国古典主义建筑

15.1.1 法国古典主义建筑的产生

1337—1453 年，在法国本土进行了百年的英法战争，给法国带来极大的破坏。直到 15 世纪中叶，城市重新发展，产生了资本主义萌芽。国王在城市资产阶级支持下抑制封建贵族，消除封建割据，于 15 世纪末统一全国，建立起中央集权的民族国家。这一时期在一些获得自治的城市里，世俗建筑占据主导地位。这些建筑保持了浓厚的市民文化色彩，整体明快，组合较随意，装饰很华丽；窗户比较大，大多数为方额的，少量用尖券或四圆心券；建筑物的四角和中央常常有挑出的凸窗，上面竖着高高的尖顶；屋顶陡峭，内设阁楼，脊檐精巧，形体活泼。

【参考图文】

16 世纪初，罗亚尔河的河谷地带兴建了大量宫廷以及贵族的府邸和猎庄。这些府邸与中世纪的寨堡大不相同，不再需要防御性建筑，由山冈迁至平地，内部关系改善，渐趋规整；府邸上开始使用柱式的壁柱、小山花、线脚、涡卷等，水平划分加强，但形体仍较复杂，散发着中世纪的气息。如罗亚尔河谷最大的府邸商堡(1526—1544 年)，它是国王的猎庄，是法国统一后第一座真正的宫廷建筑，采用了完全对称的庄严形式(图 15.1)，使用意大利的柱式来装饰墙面，水平划分比较强。但圆形塔楼和其上的圆锥形屋顶、老虎窗、烟囱、楼梯亭等又使其体形多变，轮廓线极其复杂，如图 15.2 所示。

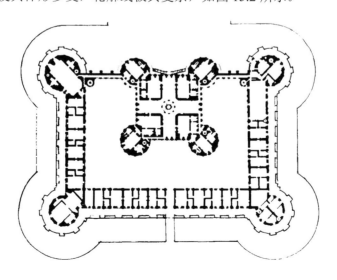

图 15.1 商堡平面图

图 15.2　商堡

特别提示

法国在 15 世纪末和 16 世纪初几次入侵意大利北部的伦巴底地区，国王弗朗素瓦一世倾慕那里的文艺复兴文化，带回了大批艺术品，也带回了工匠、建筑师和艺术家。意大利文艺复兴文化成为法国宫廷文化的催生剂。

16 世纪 20 年代末，法国的中央王权进一步加强。迁都巴黎后，在大规模建设中，宫廷建筑逐渐占了主导地位，它热衷于罗马文艺复兴盛期的柱式建筑，其雄伟庄严的风格更符合中央集权君主的政治需要。这时大批意大利建筑师来到法国，他们设计的一些宫殿和王室府邸采用了意大利四合院形制和严谨的柱式构图，产生了很大的影响。意大利文艺复兴的影响进一步加强。与此同时，逐渐成熟的法国建筑师一方面学习意大利，一方面不能割舍法国的传统文化。在两者的冲突斗争中，由于先进文化对于落后文化的压迫性，当时较弱的法国宫廷文化最终被文艺复兴所取代。但随着法国的发展和壮大，法国文化没有被完全意大利化，最终产生了自己的古典主义文化。

至 17 世纪，随着绝对君权的形成，宫廷建筑越来越突出，迫切需要探索宫廷建筑的纪念性艺术形象，于是形成了古典主义。初期的古典主义建筑主要遵循注重理性、讲究节制、结构清晰、脉络严谨的柱式建筑风格。到 17 世纪下半叶，法国的绝对君权在路易十四的统治下达到了最高峰，宫廷的纪念性建筑物成为古典主义建筑最主要的代表。

18 世纪初，法国专制政体出现危机，宫廷糜烂透顶，君权走向衰落，作为宫廷文化的古典主义便衰退了。

15.1.2　古典主义建筑的代表作

法国古典主义建筑的代表作是规模巨大、造型雄伟的宫廷建筑和纪念性的广场建筑群。这一时期法国王室和权臣建造的离宫别馆和园林被欧洲其他国家所仿效。

1. 卢浮宫

卢浮宫最初建于 13 世纪，几经修建，到路易十四时代才完成其全貌，它是欧洲最壮丽的宫殿之一。

1667—1674 年，路易十四对卢浮宫东翼进行了改建。改建后，卢浮宫东立面(图 15.3)全长 172m，高约 28m，从上到下按古典柱式的构图比例分为 3 段，底层是基座，高约 9.9m；中段是两层巨柱式的双柱柱廊，是主体部分；上面是檐部和女儿墙。中央和两端各有凸出部分，将立面分为 5 段。中央三开间凸出，用倚柱装饰，设山花，统率全局；两端凸出部分用壁柱装饰，不设山花，因而主轴线十分明确。整个立面造型简洁清晰、层次丰富、雄伟庄严。

东立面构图主从关系明确，等级层次分明，是古典主义建筑的典型特征之一，它图解了以君主为中心的封建等级制的社会秩序，同时也是对立统一法则的成功运用。

东立面构图成功运用了几何图形的比例尺度，如中央部分宽 28m，是一个正方形；两端凸出体宽 24m，是柱廊宽度的一半；双柱间的中线距离为 6.69m，是柱高的一半；基座层的高度约为总高的 1/3 等。同时，法国传统的高坡屋顶被意大利式的平屋顶代替，使整体更加单纯简洁。

事实上，双柱并不符合结构逻辑，它是非理性的，是巴洛克建筑中常有的设计手法，这表明巴洛克风格对法国古典主义的渗透。但是，双柱丰富了光影和节奏的变化，而且更加雄伟有力。这标志着法国古典主义建筑的成熟，卢浮宫东立面成为法国古典主义建筑的里程碑式作品。

图 15.3　卢浮宫东立面

2. 凡尔赛宫

法国绝对君权时期最重要的纪念碑是凡尔赛宫(Versailles)。1661 年，刚刚独立执政的路易十四因倾慕财政大臣福凯的孚-勒-维贡府邸及其花园，命令造园家勒诺特和建筑师勒沃为其设计新的行宫——凡尔赛宫。凡尔赛宫是以国王路易十三的狩猎行宫为基础建造的，这里原是一座砖建筑，三合院，向东敞开。

【参考视频】

1667 年，勒诺特在行宫西面兴建园林。园林由花园、小林园、大林园 3 部分组成，并由行宫的中轴延长而来的中轴贯穿起来。1668 年，勒沃在狩猎行宫的西、北、南三面添建

新宫殿，将原来的狩猎行宫包围起来，使之成为整个凡尔赛宫的中心，原行宫的东立面被保留下来作为主要入口。后来又将三合院的南北两翼向东延伸，形成御院；再东又接建了两座服役房；三合院的墙面被改成大理石的，得名大理石院。

1678 年，建筑师阿·孟莎接管了凡尔赛宫的建造。他把西立面中央 11 个开间补上，并从两端各取出 4 个开间，造了一个长达 19 间的大厅(镜厅)。1682 年，路易十四宣布将法兰西宫廷从巴黎迁往凡尔赛。阿·孟莎又增建了宫殿向南、向北伸展的两翼，以及教堂、橘园和大小马厩等附属建筑，建成后总长度达到 400m。北翼是宫廷贵族和官吏们居住和办公的地方，南翼供王子和公主们居住；中央部分是国王和王后的寝宫以及主要仪典大厅，正处于建筑的中心和整个宫殿的中轴线上，这条中轴线向东穿过凡尔赛城，向西穿过园林，统率周围的城市与乡村。阿·孟莎还在宫殿东面以大理石院为中心修建了 3 条放射状大道，中央一条通向巴黎市区，其他两条通向另两座离宫，如图 15.4 所示。3 条放射形大道使得凡尔赛宫宛如整个巴黎乃至整个法国的中心，充分体现了法国绝对君权时期王权至上的政治理念。1688 年，凡尔赛宫主体部分建筑工程完工。1710 年，整个凡尔赛宫殿和花园的建设全部完成。

图 15.4　凡尔赛宫鸟瞰图

凡尔赛宫是古典主义建筑的典范，建筑左右对称，造型轮廓整齐、庄重雄伟，如图 15.5 所示。但其 500 多间大殿小厅室内金碧辉煌、豪华非凡，装饰以巴洛克风格为主。如凡尔赛宫最主要的大厅——镜厅(彩图 26，内部装饰由勒勃亨设计)，长 73m、宽 10m、高 13m，是举行重大仪式的场所。西面是 17 个落地大玻璃窗，对面东墙上为 400 多面镜子组成的 17 个落地大镜面，因此得名。墙面贴白色和淡紫色大理石，采用科林斯式的壁柱，柱身用绿色大理石，柱头、柱础及护壁都是黄铜镀金的。装饰图案的主题是展开双翼的太阳，以表示对路易十四的崇敬。天花板上绘有歌颂太阳王功德的油画，还有 24 个巨大的水晶吊灯，极为华丽。

图 15.5　凡尔赛宫外立面

　　凡尔赛宫在园林艺术上同样树立了古典主义园林的典范。凡尔赛园林在凡尔赛宫的背面即西面展开，以宫殿轴线为构图中心，分宫殿、花园、林园几个层次逐步展开，中轴线长达 3000m，如图 15.6 所示。贴近宫殿西面的是由几何形花坛和水池组成的花园，如图 15.7 所示；向西是小林园，是由树木密密包围起来的一些独立景区；再向西是大林园，有一个十字形的人工运河，运河的北端是大、小特里阿农宫。园内道路、树木、水池、亭台、花圃、喷泉等均呈几何图形，有统一的主轴、次轴，构筑整齐划一，透溢出浓厚的人工修凿的痕迹，亦体现出路易十四对君主政权和秩序的追求和规范。园中道路宽敞，绿树成荫，草坪树木都修剪得整整齐齐；喷泉随处可见，雕塑比比皆是，且多为美丽的神话或传说的描写。如著名的阿东娜喷泉(图 15.8)，中央 4 层圆台层层跌落，台边装饰着会喷水的青蛙雕像，中央高台上是太阳神阿波罗的母亲阿东娜，一手护着幼小的阿波罗，一手似乎在遮挡四周向她喷来的水柱。据古希腊神话，阿东娜为天神宙斯生下阿波罗之后，被天后驱逐流亡，不得已向农夫们乞食，而农夫竟向她吐唾沫。宙斯知道之后大怒，把这些农夫变成了癞蛤蟆。

图 15.6　凡尔赛宫园林

图 15.7　凡尔赛宫花园一角

图 15.8　阿东娜喷泉

3. 恩瓦立德新教堂

恩瓦立德新教堂(Invalides，1680—1706 年)是法国 17 世纪最典型的古典主义建筑。教堂是为巴黎市中心的残废军人收容院建造的，目的是表彰"为君主流血牺牲"的人。建筑师阿·孟莎大胆采用了正方形的希腊十字式平面，四角是 4 个圆形的祈祷室。鼓座高高举起饱满有力的穹顶，形成集中式构图，高达 105m 的穹顶成为一个地区的构图中心，如图 15.9 所示。穹顶分 3 层，如图 15.10 所示，外层是木架搭建，覆铅皮，中层用砖砌，内层是石头砌筑，内层正中有一个直径约 16m 的圆洞，从圆洞可看见外层穹顶内表面的耶稣画像。

建筑外部简洁、庄严，几何形明确，穹顶表面 12 根肋之间的铅制"战利品"浮雕全部贴金，在绿色底子的映衬下辉煌夺目。教堂内部明亮，装饰节制，石料袒露着土黄本色，不加饰面。

图 15.9　恩瓦立德新教堂

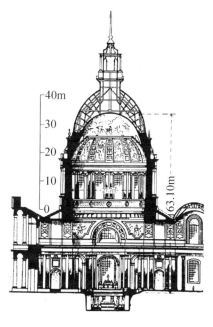

图 15.10　恩瓦立德新教堂结构图

4. 旺道姆广场

旺道姆广场(Place Vendome，1699—1701 年)是由阿·孟莎设计的，如图 15.11 所示。平面为长方形，四角抹去，短边的正中连接着一条短街，其建筑同广场上的一致。广场上的建筑为 3 层，底层是重块石的券廊，廊内设有店铺；二、三层是住宅，外墙面做两层通高的科林斯式壁柱，表现出严谨、简洁的古典主义特征。但是，带老虎窗的坡屋顶表现出法国传统建筑的残存。广场两侧正中和四角的檐口上设山花，形成了广场的横轴线，并使广场轮廓略有起伏。纵横轴线的交点上，立着路易十四的骑马铜像，后替换为柱顶立有拿破仑雕像的"纪功柱"。

图 15.11　旺道姆广场

 **特别提示**

17 世纪初的正几何形的、封闭的、周围一色的广场形制被继承下来，但形状多了一些变化，它们在巴黎城市建设中占有重要的一席之地。

15.2 洛可可建筑

15.2.1 洛可可建筑的特征

18 世纪 20 年代，洛可可建筑风格产生于法国并在欧洲流行，主要表现在室内装饰上。洛可可一词由法语 Rocaille 演化而来，原意为建筑装饰中一种贝壳形图案，1699 年，建筑师、装饰艺术家马尔列在金氏府邸的装饰设计中大量采用这种曲线形的贝壳纹样，洛可可由此得名。

18 世纪初，法国的专制政体出现危机，王权衰退，宫廷失去了吸引力。悠闲而懒散的贵族，尤其是机敏聪慧的贵夫人，卖弄风情、妖媚柔靡、逍遥自在的生活趣味对统治阶级的文化艺术产生了主导作用。这时期国家性的、纪念性的大型建筑显著减少，取而代之的是大量舒适安谧的城市住宅和小巧精致的乡村别墅。在这些住宅中，美轮美奂的沙龙和舒适的起居室取代了豪华的大厅。

洛可可风格纤弱娇媚、华丽精巧、甜腻温柔、纷繁琐细，它以欧洲封建贵族文化的衰败为背景，表现了没落贵族阶层颓丧、浮华的审美理想和思想情绪。他们受不了古典主义的严肃理性和巴洛克的喧嚣放肆，追求闲适逸乐。

知识链接

洛可可艺术风格的倡导者是蓬帕杜夫人，她不仅参与军事外交事务，还以文化"保护人"身份左右着当时的艺术风格。洛可可风格最初出现于建筑的室内装饰，后来扩展到绘画、雕刻、工艺品和文学领域。由于受到了当时法国国王路易十五的大力推崇，也被称为路易十五艺术风格。

洛可可风格主要表现在室内装饰上，主要特点有以下方面。

(1) 在室内排斥一切建筑母题。过去用壁柱的地方改用镶板或镜子，四周加纤巧的边框；檐口和小山花被凹圆线脚和柔软的涡卷代替；圆雕和高浮雕变成了色彩艳丽的小幅绘画和浅浮雕。线脚和雕饰都是细细的，薄薄的，没有体积感。室内护壁大多用木板，漆白色或木材本色，有时做成精致的框格，中间衬浅色东方织锦。

(2) 装饰题材有自然主义的倾向。洛可可风格最爱用的是千变万化的舒卷着、纠缠着的草叶，此外还有蚌壳、蔷薇和棕榈等。镜框、门窗框、壁炉架和家具腿也由其构成，为了模仿植物的自然形态，它们的构图完全不对称，建筑部件也做成不对称形状，变化万千，但有时流于矫揉造作，如图 15.12 所示。

图 15.12　波茨坦无忧宫音乐厅

(3) 爱用娇艳的颜色，如嫩绿、粉红、玫瑰红等。线脚大多是金色的，顶棚上涂天蓝色，画白云。柔和轻快的色泽给人轻松舒适感。

(4) 喜爱闪烁的光泽。墙面大量镶嵌镜子，在镜前摆放烛台，烛光摇曳，虚幻迷离。大量使用金漆、挂水晶吊灯、摆放瓷器、家具上镶螺钿，壁炉用抛光大理石等。

(5) 尽量避免直线和直角，喜欢用贝壳纹样曲线、C 形与 S 形曲线、涡旋状曲线等，天花和墙面等转角处常用涡卷花草或璎珞等进行软化或掩盖处理，如图 15.13 所示。

图 15.13　洛可可室内装饰

15.2.2　代表作品

洛可可风格的代表作有尚蒂依小城堡的亲王沙龙(1722 年，让·奥贝尔设计)、巴黎苏比斯府邸的公主沙龙、德国波茨坦无忧宫等。

巴黎苏比斯府邸由勃夫杭设计，府邸的外观很简洁，除阳台的铁花栏杆外，几乎与其他城市住宅无异。但室内装饰却是洛可可风格的，从外观上很难想象室内空间的气质。苏比斯府邸的公主沙龙如彩图 29 所示，各种纤巧繁缛的花纹、曲线遍布墙面、天花各处，

天花和墙面以弧面相接，大面镜子、镶板、绘画、娇艳的色彩、水晶吊灯和家具等，形成娇柔、妩媚、充满幻想的空间氛围。

本 讲 小 结

　　本讲概述了法国古典主义建筑与洛可可建筑的发展状况，分析了法国古典主义建筑的代表作品，简要分析了洛可可建筑的风格特征及其代表作品。

思 考 题

1. 法国古典主义建筑的建筑特点和艺术风格有哪些？
2. 卢浮宫的哪个部位是法国古典主义建筑的典型立面？
3. 简述洛可可建筑装饰的特点。

第 **16** 讲

18 世纪下半叶—19 世纪下半叶欧美建筑

教学目标

了解 18 世纪下半叶—19 世纪下半叶欧美建筑发展的社会背景；理解工业革命对建筑发展的影响；掌握这一时期的 3 种建筑复古思潮，即古典复兴、浪漫主义、折中主义；了解新材料、新技术在建筑中的应用和新类型的出现。

教学要求

能力目标	知识要点	相关知识
能够理解工业革命对建筑发展的影响，能够通过实例分析 3 种复古思潮的特点，能够认识新材料、新技术、新类型的运用对新建筑的促进作用	工业革命对城市与建筑的影响	工业革命的影响
	3 种建筑复古思潮	3 种复古思潮的特点、代表作
	新材料、新技术、新类型的运用	新材料、新技术、新类型的运用实例

18 世纪末到 19 世纪的主流是对各种风格的"复兴",如哥特式复兴、罗马式复兴、希腊复兴、新文艺复兴、巴洛克复兴等。当然，这些不是简单的模仿，而是结合了 19 世纪在结构、功能、材料和装饰方面的新观念，同时也带有折中主义的特点。

16.1　工业革命对城市与建筑的影响

1640 年英国资产阶级革命的爆发标志着世界历史进入了近代史阶段。18 世纪末，英国首先发生了工业革命，之后，美、法、德等国也先后开始了工业革命。到 19 世纪，这些国家的工业化从轻工业扩展到重工业，并于 19 世纪末达到高潮。西方国家由此步入工业化社会。

知识链接

工业革命是社会生产从手工工厂向大机器工业的过渡，是生产技术的根本变革，同时又是一场剧烈的社会关系的变革。

工业革命的冲击给城市与建筑带来了一系列新问题。首先是工业城市因生产集中而引起的人口恶性膨胀，由于土地私有制和房屋建设的无政府状态而造成的交通堵塞、环境恶化，使城市陷入混乱之中。其次是住宅问题，虽然资产阶级不断地建造房屋，但他们的目的是为了牟利，或出于政治上的原因，或仅仅是谋求自己的解脱，广大民众仍只能居住在简陋的贫民窟中，严重的房荒成为资本主义世界的一大威胁。最后是社会生活方式的变化和科学技术的进步促成了对新建筑类型的需要，并对建筑形式提出了新要求。

因此，这一时期在建筑创作方面产生了一些矛盾与变化；复古主义思潮与工业革命带来的新的建筑材料和结构对建筑设计思想的冲击之间的矛盾；建筑师所受的传统学院派教育与全新的建筑类型和建筑需求之间的矛盾……最终在建筑创作中形成了两种不同的倾向，一种是反映当时社会上层阶级观点的复古思潮；另一种则是探求建筑中的新功能、新技术与新形式的可能性。

16.2　建筑创作中的复古思潮

建筑创作中的复古思潮是指从 18 世纪 60 年代到 19 世纪末流行于欧美的古典复兴、浪漫主义与折中主义。它们的出现主要是由于新兴资产阶级的政治需要，他们之所以要利用过去的历史样式，是企图从古代建筑遗产中寻求思想上的共鸣。

古典复兴、浪漫主义与折中主义在欧美流行的时间大致见表 16-1。

表16-1　古典复兴、浪漫主义与折中主义流行时间　　　　　　单位：年

国家	古典复兴	浪漫主义	折中主义
法国	1760—1830	1830—1860	1820—1900
英国	1760—1850	1760—1870	1830—1920
美国	1780—1880	1830—1880	1850—1920

16.2.1　古典复兴

　　古典复兴(Classical Revival)是资本主义初期最先出现在文化上的一种思潮，在建筑史上是指18世纪60年代到19世纪末流行于欧美国家，采用严谨的古希腊、古罗马建筑形式的建筑。古典复兴建筑主要用于为资产阶级政权与社会生活服务的国会、法院、银行、交易所、博物馆、剧院等公共建筑和纪念性建筑，对一般的市民住宅、教堂、学校等建筑类型影响相对较小。

 **特别提示**

　　18世纪古典复兴建筑的流行，一方面是受启蒙运动的影响，出于政治上的需要；另一方面是由于考古发掘进展的影响。

　　启蒙运动是一场反封建、反教会的资产阶级思想文化解放运动，起源于18世纪的法国，启蒙主义者宣扬唯物主义和科学，反对宗教迷信，批判所谓封建制度永恒不变等传统观念，它为资产阶级革命做了思想准备和舆论宣传。具有代表性的启蒙思想家有伏尔泰、孟德斯鸠、卢梭和狄德罗等人。他们的学说具有一个共同的核心，那便是资产阶级的人性论，"自由""平等""博爱"是其主要内容，被用作宣传资本主义制度的口号。正是由于对民主、共和的向往，唤起了人们对古希腊、古罗马的礼赞，这是资本主义初期古典复兴建筑思潮的社会基础。

　　18世纪下半叶到19世纪，考古工作成绩显著，尤其是当发掘出来的古希腊、古罗马艺术珍品运到各大博物馆时，欧洲人的艺术眼界才真正打开，人们真正看到古希腊艺术的优美典雅，古罗马艺术的雄伟壮丽。而曾经盛行一时的巴洛克与洛可可建筑风格反映了封建贵族奢侈腐化的生活，引起了讲究理性的新兴资产阶级的厌恶。于是，古希腊古罗马的古典建筑遗产成了当时创作的源泉。

　　到拿破仑帝国时代，在上层资产阶级的心目中，"民主""自由"已逐渐成为抽象的口号，他们真正向往的却是罗马帝国称霸世界的霸权。于是，古罗马帝国时期雄伟的广场和凯旋门、纪功柱等纪念性建筑便成了效仿的榜样。

　　古典复兴建筑在各国的发展有所不同，大体上法国以罗马复兴为主，而英国、德国的希腊复兴较多。

　　法国在18世纪末到19世纪初是欧洲资产阶级革命的据点，也是古典复兴运动的中心。早在大革命(1789年)前后，法国已经出现了像巴黎万神庙(1755—1792年，图16.1)那样的古典复兴建筑。此后，罗马复兴的建筑思潮在法国盛极一时。到拿破仑帝国时代，在巴黎建造了许多国家级的纪念性建筑，如星形广场上的凯旋门(1808—1836年，图16.2)、马德莱娜教堂(1806—1842年)等建筑都是罗马帝国时期建筑式样的翻版。这类建筑在外观

上追求雄伟、壮丽，内部却常常吸取东方的各种装饰或洛可可的手法，因此形成了所谓的"帝政风格"。

万神庙原是献给巴黎守护神圣什内维埃芙的教堂，后来用作国家重要人物公墓，改名为万神庙。它形体简洁，几何性明确，结构轻盈。穹顶为 3 层构造，内径 20m，中央有圆洞，可看到第二层上画的粉彩画。穹顶顶端采光亭的最高点高 83m。正面构图仿古罗马庙宇，西面柱廊有 6 棵 19m 高的罗马科林斯柱式，上面顶着山花，下面没有基座层，只有 11 步台阶。室内的巨大科林斯柱及壁柱、圆拱、穹顶、巨大的壁画和雕塑等，构成了一个相当集约、气氛高亢向上的空间，传承了罗马万神庙的空间精神。

凯旋门坐落于星形广场中央，是拿破仑为纪念他在奥斯特利茨战役中大败奥俄联军的功绩，于 1806 年 2 月下令兴建的。巴黎凯旋门高约 50m，宽约 45m，厚约 22m。四面各有一门，中心拱门宽 14.6m。外墙上刻有取材于 1792—1815 年间法国战史的巨幅雕像。所有雕像各具特色，同门楣上花饰浮雕构成一个有机的整体，其中最为著名的是《马赛曲》浮雕。内壁刻的是曾经跟随拿破仑远征的数百名将军的名字和宣扬拿破仑赫赫战功的上百个胜利战役的浮雕。1920 年 11 月，在凯旋门的下方建造了一座无名烈士墓。

【参考图文】

图 16.1　巴黎万神庙

图 16.2　星形广场上的凯旋门

英国以希腊复兴为主，典型实例有爱丁堡中学(1825—1829 年)、不列颠博物馆(1823—1847 年)等。不列颠博物馆的正面中央采用古希腊神庙的形式，两端向前突出。整个正立面由 44 根爱奥尼柱式构成的柱廊形成，爱奥尼柱式的比例尺度等严格参照雅典卫城上伊瑞克提翁神庙的柱式。整个建筑端庄典雅，真正体现了古希腊建筑的纯净，如图 16.3 所示。

图 16.3　不列颠博物馆

德国也是以希腊复兴为主，著名的柏林勃兰登堡门(1789—1793年，图16.4)就是从雅典卫城山门吸取来的灵感。另外，著名的建筑师辛克尔设计的柏林宫廷剧院(1818—1821年，图16.5)、柏林老博物馆(1824—1828年)也是希腊复兴建筑的代表作。

美国在独立以前，建筑造型皆采用欧洲式样，这些由不同国家的殖民者所盖的房屋风格称为"殖民时期风格"(Colonial Style)。独立战争时期，美国资产阶级在摆脱殖民统治的同时，曾力图摆脱"殖民时期风格"。但由于美国没有悠久的传统，也只能

图16.4　柏林勃兰登堡门

用古希腊和古罗马的古典建筑去表现民主、自由、光荣和独立，所以古典复兴在美国盛极一时，尤其以罗马复兴为主。1793—1867年建的美国国会大厦(图16.6)就是罗马复兴的实例，它仿照了巴黎万神庙的造型，极力表现雄伟的纪念性。希腊复兴在美国的纪念性建筑和公共建筑中也比较流行，华盛顿林肯纪念堂(图16.7)即是其中一例。

【参考图文】

图16.5　柏林宫廷剧院

图16.6　美国国会大厦

图 16.7　华盛顿林肯纪念堂

16.2.2　浪漫主义

浪漫主义(Romanticism)是 18 世纪下半叶到 19 世纪上半叶活跃于欧洲文学艺术领域中的一种主要思潮，它在建筑上也得到了一定的反映。

浪漫主义建筑的范围主要局限于教堂、学校、车站、住宅等类型。同时，它在各个地区的发展也不尽相同，大体来说，英国、德国流行较广，时间也较早，而法国、意大利则流行面较小，时间也较晚。

浪漫主义最早出现于 18 世纪下半叶的英国。18 世纪 60 年代到 19 世纪 30 年代为其发展的第一阶段，称为先浪漫主义时期。这时期，没落的封建贵族追忆往昔，对往日的辉煌无限怀念，唱起了美化中世纪生活和文化的哀歌，形成了一股逃避现实、渲染中世纪田园情趣的文学艺术潮流。先浪漫主义在建筑上表现为模仿中世纪的寨堡，追求非凡的趣味和异国情调，有时甚至在园林中出现了东方建筑小品。如德国波茨坦无忧宫的中国式茶亭(图 16.8)；英国布莱顿的皇家别墅(1818—1821 年)就是模仿印度伊斯兰教礼拜寺的建筑形式。

图 16.8　中国式茶亭

19世纪30年代到70年代是浪漫主义的第二个阶段，是英国浪漫主义建筑的极盛期。它的产生背景极为复杂。一方面，在反拿破仑的战争中，各国的民族意识高涨，热衷于发扬本民族文化传统，而中世纪关闭自守状态下的文化，是最富民族特点的。另一方面，拿破仑失败后，欧洲反动者嚣张一时，开始鼓吹恢复中世纪的宗教，主张使用中世纪的建筑式样。再一方面是资产阶级革命胜利以后，大资产阶级的统治使资本主义经济法则替代了封建权势。但是，曾支持革命的小资产阶级在革命斗争中却落了空，社会地位和生活不断恶化，他们憎恨工业化城市带来的恶果，痛恨"机器的奴役"，提倡中世纪的手工艺艺术风格，甚至提倡手工作坊式的生产。

浪漫主义追求中世纪的哥特式建筑风格，又称为"哥特复兴"，最著名的代表作品是英国国会大厦(1836—1868年，图16.9)。它采用的是亨利第五时期的哥特垂直式。此外，英国伦敦的圣吉尔斯教堂(1842—1844年)、曼彻斯特市政厅(1868—1877年)等都是哥特复兴式建筑代表性作品。

图16.9　英国国会大厦

 **特别提示**

浪漫主义既带有反抗资本主义制度与大工业生产的情绪，又夹杂有消极的虚无主义色彩。它在艺术上强调个性，提倡自然主义，主张用中世纪的艺术风格同古典艺术相抗衡。

16.2.3　折中主义

折中主义(Eclecticism)是19世纪上半叶兴起的一种创作思潮，它任意选择与模仿历史上的各种风格，把它们组合成各种式样，所以也称之为"集仿主义"。

19世纪中叶以后，资本主义社会发展迅速，一些生产都已经商品化，成为商品的建筑理所当然需要丰富多彩的式样，并满足资产阶级猎奇的嗜好，加上人们认识和掌握各个地区各个时代的建筑遗产越来越便利，于是出现了希腊、罗马、拜占庭、中世纪、文艺复兴和东方情调的建筑在许多城市中纷然杂陈的局面。

折中主义建筑并没有固定的风格，它风格混杂，但讲究比例权衡的推敲，常沉醉于对"纯形式"美的追求。但是它在总体形态上并没有摆脱复古主义的范畴。

　　巴黎歌剧院(1861—1874 年，图 16.10)是折中主义的代表作。它的立面是意大利晚期的巴洛克风格，并掺杂了烦琐的洛可可雕饰。

图 16.10　巴黎歌剧院

巴黎圣心教堂(1875—1877 年，图 16.11)属于拜占庭与罗马风建筑风格的混合。

图 16.11　巴黎圣心教堂

　　罗马的伊曼纽尔二世纪念碑(1885—1911 年，图 16.12)采用了罗马的科林斯柱廊和类似希腊古典晚期的宙斯神坛的造型。

图 16.12　伊曼纽尔二世纪念碑

折中主义在欧美的影响非常深刻，持续的时间比较长。19 世纪中叶以法国最为典型；19 世纪末与 20 世纪初以美国较为突出。1893 年美国在芝加哥举行的哥伦比亚博览会是折中主义建筑的一次大检阅。在这次博览会中，建筑物都采用了欧洲折中主义的形式，并特别热衷于古典柱式的表现。

知识链接

法国大革命以后，原来由路易十四奠基的古典主义大本营——皇家艺术学院被解散。1795 年它被重新恢复，1816 年扩充调整后改名为巴黎美术学院，它在 19 世纪与 20 世纪初成为整个欧洲和美洲各国艺术和建筑创作的领袖，是传播折中主义的中心。

16.3 建筑的新材料、新技术和新类型

由于工业大生产的发展，建筑科学有了很大的进步。新的建筑材料、新的结构技术、新的设备、新的施工方法不断出现，为近代建筑的发展开辟了广阔的前途。正是应用和发挥这些新技术的可能性，突破了传统建筑高度与跨度的局限，在平面与空间的设计上也比过去自由多了，由此影响到建筑形式的变化。

16.3.1 新材料、新技术的应用

1. 生铁与玻璃

随着铸铁业的兴起，1775—1779 年在英国塞文河上建造了第一座生铁桥(图 16.13)，桥的跨度达 100 英尺(30m)，高 40 英尺(12m)。1793—1796 年在伦敦又出现了一座更新式的单跨拱桥——森德兰桥(Sunderland Bridge)，桥身亦由生铁制成，全长达 236 英尺(72m)，是这一时期构筑物中最大胆的尝试。

图 16.13 英国第一座生铁桥

真正以铁作为房屋的主要材料，最初应用于屋顶上，如 1786 年巴黎法兰西剧院的铁结构屋顶。后来逐步在工业建筑上推广，如 1801 年建于英国曼彻斯特的索尔福德棉纺厂的 7 层生产车间，它是生铁梁柱和承重墙的混合结构，铁构件首次采用了工字形断面。在民用

建筑中，英国布莱顿的皇家别墅使用了重约 50 吨的铁制大穹隆，支撑在细瘦的铁柱上。

铁和玻璃两种建筑材料的配合应用在 19 世纪的建筑中获得了新的成就。1829—1831 年在巴黎老王宫的奥尔良廊(设计人 P. F. L. Fontaine)中最先应用了铁构件与玻璃配合建成的透光顶棚。1833 年又出现了第一个完全以铁架和玻璃构成的巨大建筑物——巴黎植物园的温室(设计人 Rouhault)。这种构造方式对后来的建筑有很大的启示。

2. 新型结构技术

框架结构最初在美国得到发展，其主要特点是以生铁框架代替承重墙，外墙不再承重，从而使外立面得到了解放。1854 年建造的纽约哈珀大厦(一座 5 层楼的印刷厂)、1858—1868 年建造的巴黎圣日内维夫图书馆等，都是初期生铁框架形式的代表。美国 1850—1880 年间"生铁时代"建造的大量商店、仓库和政府大厦大多应用生铁构建门面或框架。

在新结构技术的条件下，建筑在层数和高度上都出现了巨大的突破，第一座依照现代钢框架结构原理建造起来的高层建筑是芝加哥家庭保险公司大厦(1883—1885 年，图 16.14)，该大厦共 10 层，但它的外形还仍然保持着古典的比例。

图 16.14 芝加哥家庭保险公司大楼

3. 升降机与电梯的应用

随着工厂与高层建筑的出现，垂直运输成为建筑内部交通一个很重要的问题。最初的升降机仅用于工厂中，后来逐渐用到高层房屋上。第一座真正安全的载客升降机是美国纽约由奥蒂斯(E. G. Otis)发明的蒸汽动力升降机，1853 年曾在世界博览会上展出，1857 年被装至纽约一商店中。1864 年升降机技术传至芝加哥。1870 年贝德文(C. W. Badwin)在芝加哥应用了水力升降机。1887 年开始发明电梯。欧洲直到 1867 年才在巴黎国际博览会上装置了一架水力升降机，1889 年应用于埃菲尔铁塔内。

16.3.2 新建筑类型

1. 图书馆

19 世纪中叶，法国建筑师拉布鲁斯特(Henri Labrouste)提出用新结构与新材料来创造新的建筑形式。由他设计的巴黎圣吉纳维夫图书馆(1843—1850 年)是法国第一座完整的图书馆建筑，铁结构、石结构与玻璃材料在这里有机结合。巴黎国立图书馆(图 16.15，1858—1868 年) 是拉布鲁斯特的著名作品，书库共有 5 层(含地下室)，可藏书 90 万册，地面与隔墙全部用铁架和玻璃制成，这样既可以采光，又保证了防火安全。在书库内部，一切都是根据功能的需要而布置的，但在阅览室等部分的处理上仍有折中主义的影响。

2. 市场

这一时期市场建筑也有新的发展，出现了巨大的生铁框架结构的大厅。如巴黎的马德莱娜市场(1824 年)、伦敦的亨格尔福特鱼市场(1835 年)、英国利兹货币交易所(图 16.16)等。

图 16.15　巴黎国立图书馆

图 16.16　英国利兹货币交易所

3. 百货商店

随着城市发展，人口增多，出现了大规模的商业建筑，如百货商店。百货商店最早出现于19世纪的美国，是在借用仓库建筑形式的基础上发展起来的。如纽约华盛顿商店(1845年)，它的外观基本上保持着仓库建筑的简单形象。以后，这种形象逐渐形成百货商店独具的风格。

4. 博览会与展览馆

19世纪后半叶，近代工业的发展和资本主义工业品在世界市场的竞争促使博览会的产生，工业博览会给建筑的创造提供了最好的条件与机会。

1851年的英国伦敦世界博览会上，"水晶宫"展览馆(图16.17和彩图32)开辟了建筑形式与预制装配技术的新纪元。它由园艺师约瑟夫·帕克斯顿(Joseph Paxton)设计，总面积为74000m²，长度为555m，宽度为124.4m，共有5跨，外形简单，为阶梯形的长方形，并有一个垂直拱顶，没有任何多余的装饰，显现出铁架骨架与玻璃。整座建筑不到9个月的时间便全部装备完成。璀璨而华丽的水晶宫引起世界各国不小的骚动，人们惊奇地认为这是建筑工程的奇迹。

图 16.17　伦敦"水晶宫"展览馆

1889年法国巴黎世界博览会上，跨度最大的机械馆和高度最高的埃菲尔铁塔成为中心。机械馆(图16.18)长度为420m，跨度达115m，在结构方法上首次应用了三铰拱的原理，主要结构由20个构架组成，四壁与屋顶全部为大片玻璃。埃菲尔铁塔(图16.19)由工程师埃菲尔设计，塔身为钢架镂空结构，高 328m，内部设有 4 部水力升降机，17 个月建成。它的巨型结构与新型设备显示了资本主义初期工业生产的最高水平与强大威力。

图 16.18　巴黎世界博览会机械馆的三铰拱

图 16.19　巴黎埃菲尔铁塔

 特别提示

在 19 世纪的建筑领域中，工程师对新技术与新形式的发展起了重要作用，他们成为新建筑思潮的促进者。

 拓展讨论

在我国城乡建筑中，出现了一些所谓"欧陆风格"的建筑（不包括特定的城市文脉中的新古典主义建筑），为什么会出现这样的建筑？你认为应该怎样对待外国建筑文化？

本 讲 小 结

本讲概述了 18 世纪下半叶—19 世纪下半叶工业革命对城市与建筑的影响；阐述了这时期欧美国家在建筑创作中建筑的 3 种复古思潮(即古典复兴、浪漫主义、折中主义)产生的背景与代表作品；简要介绍了同时期建筑创作中出现的新材料、新技术、新类型及其代表作品。

思 考 题

1. 什么是古典复兴？古典复兴的表现形式有哪些？
2. 什么是浪漫主义建筑思潮？
3. 什么是折中主义？折中主义的特征是什么？

第17讲
欧美探求新建筑运动

教学目标

　　了解19世纪下半叶到第一次世界大战后欧美各国建筑探新活动概况及社会背景；理解探求新建筑运动中主要流派的思想理论；掌握主要流派的代表人物与代表性作品。

教学要求

能力目标	知识要点	相关知识
能够结合当时的时代背景，分析各建筑流派的主要理论和代表性作品，掌握其主要设计思想和设计创新之处，具备一定的建筑作品赏析能力	工艺美术运动	以莫里斯为代表的工艺美术思想、莫里斯红屋、工艺美术运动的影响
	新艺术运动	霍塔及其代表作品、高迪及其代表作品、麦金托什及其代表作品、新艺术运动的影响
	维也纳分离派	分离派主要思想、瓦格纳及其代表作品、分离派会馆
	德意志制造联盟	宗旨、主要活动及影响、贝伦斯及其代表作品
	芝加哥学派	形成背景、风格特征、沙利文的设计思想及其代表作品、芝加哥学派的积极作用
	表现主义	设计思想、爱因斯坦天文台
	风格派	主要设计思想、里特维尔德及其代表作品
	未来主义	主要思想、圣·伊里亚及其未来城市

　　历史的巨轮驶入 19 世纪下半叶，一个日新月异的时代开始到来。工业革命及一系列的技术创新，如内燃机、电灯、电话、无线电等的先后发明，使得资本主义世界生产急速发展，技术飞速进步，城市人口急剧增长，城市建设不断发展……一切都处在变化之中。

　　建筑能否跟上社会发展的需求？所谓"永恒的"古典建筑形式，是会永恒下去还是会根据时代要求变化与革新呢？

17.1　新建筑运动概述

　　19 世纪下半叶，随着钢铁、玻璃、混凝土等新材料的大量生产和应用，建筑的新功能、新技术与占统治地位的学院派折中主义的设计方法和复古形式之间的矛盾日益突出，从而促使一些对新事物敏感的建筑师掀起了一场积极探求新建筑的运动。

17.1.1　工艺美术运动

　　工艺美术运动(Arts and Crafts)出现在 19 世纪 50 年代的英国，是英国小资产阶级浪漫主义的社会与文艺思想在建筑及日用品设计上的反映。

　　英国是最早发展工业的国家，工业技术发展的同时也带来了各种城市痼疾，交通混乱、居住与卫生条件恶劣、各种粗制滥造而价格低廉的工业产品充斥着生活空间，从而激起一些社会活动家、评论家和艺术家等把批判的矛头指向了机器，他们反对和憎恨机器生产，鼓吹逃离工业城市，怀念手工艺时代的哥特式风格与向往自然的浪漫主义情绪，这些都促使了工艺美术运动产生。

　　以拉斯金(John Ruskin)和莫里斯(William Morris)为首的"工艺美术运动"赞扬手工艺的效果和自然材料的美，强调古趣，反对机器制造的产品，提倡艺术化的手工制品。莫里斯主张艺术家与工匠结合，提出了"要把艺术家变成手工业者，把手工业者变成艺术家"的口号；并强调艺术与实用结合，他说"美就是价值，就是功能"，"不要在你家里放一件虽然你认为有用，但你认为并不美的东西"。在建筑上，他们主张建造"田园式"的住宅，来摆脱古典建筑形式。在装饰上，反对过分的装饰，反对哗众取宠，提倡中世纪哥特式风格，崇尚自然主义及东方装饰艺术。

　　1859 年受莫里斯的邀请，建筑师韦布(Philip Webb)在肯特设计建造了莫里斯的新婚住宅——莫里斯红屋，平面根据需要布置成"L"形，每个房间都能自然采光，使用本地产的红砖建造，并大胆摒弃了传统的贴面装饰，不加任何粉饰，表现材料本身的质感，如图 17.1 所示。红屋的室内由莫里斯与其朋友一起设计完成，力图创造灵活舒适的家居环境。起居室顶棚木梁露明，中间铺板贴壁纸。壁纸是莫里斯设计的，色彩明快、图案简洁。壁炉采用清水红砖砌筑，造型饱满独特，灰缝精致，表现出很强的工艺感，如图 17.2 所示。整个建筑从内到外表现出浓重的英国田园风情，营造出一种和谐、自然、亲切宜人的气氛。

图 17.1　莫里斯红屋

图 17.2　红屋起居室

 特别提示

这种将功能、材料与艺术造型结合的尝试对后来的新建筑及室内装饰产生了一定的启示作用。

为了反对粗制滥造的机器制品，1861 年，莫里斯等人成立了"莫里斯·马肖尔·福科公司"，专门从事手工艺基础上的家具、壁纸、地毯、铁花栏杆等实用工艺品的设计与制作。他们生产的家具、墙纸、挂毯、室内装饰品等都具有非常鲜明的特征，朴素大方，崇尚哥特式风格和自然主义，大量采用从自然尤其是植物形象中得来的素材。图 17.3(a)所示为莫里斯本人设计的椅子，扶手、靠背和坐垫都采用植物图案的织物，舒适实用，古朴典雅。图 17.3(b)、图 17.3(c)所示为"莫里斯·马肖尔·福科公司"设计的椅子，造型简洁大方，质朴实用。

 特别提示

从本质上讲，英国"工艺美术运动"不是革命性的，而是对传统的一种改变。

(a) 莫里斯椅

(b) 莫里斯·马肖尔·福科公司
设计的椅子(一)

(c) 莫里斯·马肖尔·福科公司
设计的椅子(二)

图 17.3　工艺美术运动时期的家具

"工艺美术运动"的贡献在于：它首先提出了"美术与技术结合"的原则，倡导以实用性为设计要旨，强调"师法自然"，崇尚自然造型。在工艺上，注重手工艺效果和自然材料的美，从而创造出了一些朴素而实用的作品。莫里斯和拉斯金等人的工艺美术思想影响并推进了欧美各国对新建筑的积极探索。但莫里斯等人始终厌恶机器，在思想上把机器看成是一切文化的敌人，向往回归手工艺生产，这种思想是不合时宜的。

知识链接

"工艺美术运动"得名于 1888 年在伦敦成立的英国工艺美术展览协会。这个协会举办展览，出版刊物，广泛地宣传"工艺美术运动"的宗旨和内容，促进了"工艺美术运动"的发展，并影响到欧洲其他国家及美国，促使新艺术运动产生。

约翰·拉斯金是英国著名文艺理论家和社会评论家，他的贡献主要在于理论上的创新。拉斯金主张艺术与技术结合，认为设计应为社会大众服务，提出了设计的实用性目的，并主张"向自然学习"。威廉·莫里斯是英国艺术家、诗人，他继承和发展了拉斯金的思想，并身体力行地将其付诸实践，在家具设计、平面设计等诸多方面做出了突出贡献，成为英国工艺美术运动的领导者。

17.1.2　新艺术运动

新艺术运动(Art Nouveau)开始于 19 世纪 80 年代的比利时首都布鲁塞尔，随后在欧洲迅速传播，甚至影响到了美洲。

【参考图文】

19 世纪中叶以后，比利时首都布鲁塞尔成为欧洲文化和艺术中心之一。以画家威尔德(Henry Van de Velde)为代表的比利时新艺术画派致力于在绘画、装饰及建筑领域寻求一种不同于以往的新的艺术设计语言。他们极力反对历史式样，主张创造一种前所未有的，能适应工业时代精神的简化装饰，目的在于革新建筑和工艺品的艺术风格。他们极力探索新的装饰纹样，并积极探索与新兴的铸铁技术结合的可能性，逐渐形成一种特有的富于动感的艺术风格：在绘画和装饰主题上，大量采用模仿自然界生长茂盛的植物藤蔓的自由连续的纤细曲线，淋漓尽致地运用于墙面、家具、壁纸、窗棂、栏杆及梁柱上，装饰中大量应用铁构件。

比利时建筑师霍塔(Victor Horata)是新艺术运动的杰出代表，他的建筑与室内设计中喜用植物藤蔓般相互缠绕和扭曲的线条，被称为"比利时线条"，如图 17.4 所示，这些线条的起伏常常是与结构或构造相联系的。霍塔于 1893 年设计的布鲁塞尔都灵路 12 号住宅成为新艺术风格的经典作品，如图 17.5 所示，室内装饰热情奔放，铁制内柱裸露在室内，铁制的卷藤线条盘结其上，楼梯栏杆和灯具也是铁制卷藤装饰，从天花板的角落、墙面到马赛克地面也无一例外地装饰着卷藤图案。他在 1897 年设计的布鲁塞尔人民宫，是工业技术与装饰艺术融合的有力尝试。铁框架直接裸露在建筑外立面上，与大片玻璃组合成外墙，金属结构上的铆钉也不加掩饰，坦然裸露，如图 17.6 所示。室内金属梁架也直接暴露，展现出结构的韵律美。室内外的金属构件上都有许多或简或繁的曲线，使硬冷的金属材料看起来柔和了许多，如图 17.7 所示。

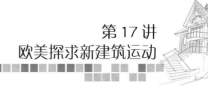

图 17.4　霍塔设计的楼梯栏杆

图 17.5　都灵路 12 号住宅室内

图 17.6　布鲁塞尔人民宫

图 17.7　布鲁塞尔人民宫室内

在英国，新艺术运动中最有影响力的是麦金托什(Charles R.Mackintosh)，他所设计的格拉斯哥艺术学校，室内外都表现出新艺术的精致细部与朴素的传统苏格兰石砌体的对比，室内空间按功能进行组合，柱、梁、顶棚及悬吊的饰物上使用了明显的竖向线条及柔和的曲线，如图 17.8 所示。

麦金托什的设计开始摆脱为艺术而艺术的陷阱，将艺术形式和使用功能巧妙结合。如他在一个餐室设计中，使用了造型新颖的高背靠椅，如图 17.9 所示，当人们就餐时，椅子的靠背会自然形成一个高 135cm 的矮屏障，减少了空间尺度，增强了餐桌上的家居气氛。在装饰风格上，早期的植物图案转换成晚期的三角、方形等几何图形，家具上用方格栅，窗棂也用纤细的方格。麦金托什的设计风格以及他把使用功能与艺术创作的有机结合，对维也纳学派与分离派产生了深刻的影响。

图 17.8　格拉斯哥艺术学校阅览室　　　　图 17.9　麦金托什设计的高背靠椅

　　在西班牙，建筑师高迪的艺术风格虽可识别为新艺术一派，但在艺术形式的探索中却另辟蹊径。他从自然界各种形体结构——如植物、骨架、壳体、软骨、熔岩、海浪等中获取灵感，以浪漫主义的幻想极力使塑性的艺术形式渗透到建筑空间中去，并吸取了东方的艺术风格与哥特式建筑的结构特点，独创了具有隐喻性的塑性造型建筑。高迪的代表性作

【参考视频】

品巴特罗公寓、米拉公寓和吉尔公园等均以造型怪异闻名于世。巴特罗公寓(彩图 33、图 17.10)的入口和底部两层的墙面故意模仿熔岩和溶洞，上面几层的阳台栏杆像假面舞会的面具，柱子像一根根骨头，屋脊如带鳞片的兽类脊背，屋顶上的尖塔及其他突起物个个都形状怪异，表面贴以五颜六色的碎瓷片。位于街道转角处的米拉公寓(图 17.11)，仿佛是一座被海水长期侵蚀又经风化布满孔洞的岩体，其墙面凹凸不平，像波涛汹涌的海面，富有动感；屋檐和屋脊高低不等，呈蛇形曲线；阳台的栏杆由扭曲缠绕的铁条和铁板构成，如同挂在岩体上的一簇簇杂乱的海草，公寓屋顶上有 6 个大尖顶和若干小的突出物体，造型怪异奇特，有的似怪兽，有的如骷髅，有的如无名的花蕾……1900 年高迪设计的巴塞罗那市居埃尔公园如图 17.12 所示，公园入口处有两座小楼，小楼的屋顶上也有许多小塔和突出物，造型非常古怪，外表镶嵌着白、棕、蓝、绿、橘红等色的碎瓷片，图案怪异。园内一条造型别致的有分有合的大台阶把人引向一个多柱大厅，其屋顶是一个宽阔的平台，周围有矮墙和座椅，是游人游憩、聚会、散步和跳舞的好去处。屋顶平台周围的矮墙曲折蜿蜒，墙身上贴着五颜六色的瓷片，组成怪异莫名的图案，仿佛一条弯曲蜷伏的巨蟒。

(a) 室内空间　　　　　　　　　　　　　　(b) 室内楼梯

图 17.10　巴特罗公寓

图 17.11　米拉公寓　　　　　　　　图 17.12　居埃尔公园屋顶平台周围的矮墙

在这些造型怪异的建筑形体内部，任何房间和墙面都没有直角体系，扭曲的圆柱状体、螺旋体、双曲面在室内空间中延展、起伏。墙面上裸露着石块加工的痕迹、砖的砌缝、瓷片的拼缝，即使抹灰墙面也有斑驳的色块和裂纹，这些纹理在起伏的墙面上蔓延，像久经侵蚀的遗迹。

 特别提示

高迪的建筑过于奇特，他把建筑形式的艺术表现性放在了首位，很少考虑经济效益、技术的合理性、施工效率等问题。因此，在当时高迪和他的建筑并未受到很大的重视，直到 20 世纪后期，他才被推崇到极高的地位，甚至被视为后现代主义建筑的"试金石"。

新艺术运动在建筑上的革新主要局限于艺术形式和装饰手法，其未能真正解决建筑形式与内容的关系和建筑艺术与新技术结合的问题。因此，新艺术运动流行一时之后就逐渐衰落，仅存在了短暂的 20 余年时间，但它对 20 世纪前后欧美各国在新建筑探求方面的影响却是广泛而深远的。

 特别提示

新艺术运动在本质上仍是一场装饰运动，未能从根本上影响建筑。但它用新的装饰手法摆脱了折中主义的外貌，是简化建筑形式过程中一个有力的步骤。

17.1.3　维也纳学派与分离派

在新艺术运动的影响下，奥地利形成了以瓦格纳教授为首的维也纳学派。瓦格纳(Otto Wagner，1841—1918 年)是奥地利著名的建筑师，他早年擅长设计文艺复兴式样的建筑，在工业时代的影响下，他的建筑思想出现了很大变化，逐步形成了新的建筑观点。1894 年，53 岁的瓦格纳就任维也纳艺术学院教授，次年出版专著《论现代建筑》，指出新结构、新材料必将导致新形式的出现，并反对历史式样的重演。他的建筑作品推崇整洁的墙面，水平线条和平屋顶，认为从时代的功能与结构形象中产生的净化风格具有强大的表现力。

【参考视频】

251

【参考图文】

维也纳邮政储蓄银行(1905年)是瓦格纳的代表作品。建筑立面对称，墙面划分严整，虽然带有文艺复兴建筑的敦厚风貌，但墙面装饰与线脚大为简化。银行营业大厅采用纤细的铁架和玻璃组成玻璃顶棚，中厅高出呈拱形；两行钢柱上大下小，柱上的铆钉裸露着；墙面与柱不加任何装饰，空间白净明亮，充满了现代感，如图17.13所示。

瓦格纳的见解和作品对他的学生影响很大，1897年，他的学生奥别列兹、霍夫曼等人与画家克里姆特、设计师莫瑟等一批年轻的艺术家组成了一个名为"分离派"的团体。他们宣称要与过去的传统决裂，要从古典艺术风格中分离出来。他们的口号是"为时代的艺术——艺术应得的自由"，反对多余的装饰，认为艺术构图应以几何形体组合为主，主张几何造型和机械化的生产技术相结合，逐渐形成了以直线和简单几何形体为共同特征的艺术风格。

1898年，奥别列兹设计的维也纳分离派会馆是分离派的典型代表作品，如图17.14所示。奥别列兹的设计受到分离派画家克里姆特一张草图的启示，在设计中用简单的立方体、整洁的墙面、水平的线条和平屋顶构成了厚重的建筑主体，同时运用横与纵、方与圆、明与暗、石材与金属的对比形

图17.13 维也纳邮政储蓄银行

成视觉变化。会馆看起来庄重、典雅，而安装在建筑顶部的金色的大金属镂空球使整个建筑变得轻巧活泼起来，如图17.15所示。

图17.14 维也纳分离派会馆

图17.15 分离派会馆屋顶的金属镂空球

 特别提示

屋顶上金色的金属镂空球实际上是由约3000片金色的月桂叶构成的。维也纳分离派会馆的建成使维也纳分离派声誉大增。

在维也纳，另一位建筑师——卢斯(Adolf Loos，1870—1938年)在建筑理论上也有独到的见解。他主张建筑应以实用为主，反对把建筑列入艺术的范畴，并竭力反对装饰。他认为，建筑"不是依靠装饰，而是以形体自身之美为美"。1908年，他发表《装饰与罪恶》一文，称"装饰就是罪恶"，反映了当时在批判"为艺术而艺术"中的另一种极端思想。

图 17.16　斯坦纳住宅

卢斯的代表作是1910年在维也纳建造的斯坦纳住宅，如图17.16所示。这个建筑完全看不到装饰，建筑成为简洁的立方体组合，门窗也都是长方形，但强调墙面与窗等各部分的比例关系。

 特别提示

卢斯的观点在今天看来当然是过于偏激了，但在当时不少建筑装饰过度的情况下，矫枉过正是难免的。

17.1.4　德意志制造联盟

19世纪末，德国的工业水平迅猛发展，赶超英国和法国，跃居欧洲第一位。为了进一步争夺国际市场，德国特别注意改进工业产品的质量，而改进产品的设计是其中重要一环。

1907年，由企业家、艺术家、设计师、技术人员等组成的德意志制造联盟宣告成立。其目的在于共同推动设计改革，提高工业产品的质量。

德意志制造联盟在建筑领域的代表人物是彼得·贝伦斯，他认为，建筑应当是真实的，建筑要符合功能的要求，并在建筑中表现出现代结构的特征，从而产生前所未有的新形式。贝伦斯以工业建筑为基地来发展真正符合功能与结构特征的建筑。作为德国通用电气公司的设计总顾问，他在1909年为德国通用电气公司设计了透平机车间，如图17.17所示，

【参考图文】

车间的屋顶由三铰拱钢结构组成，形成了宽敞的大生产空间；柱间为大面积玻璃窗，以满足生产车间对充足采光的要求；山墙的上部轮廓呈多边形，与内部钢屋架的轮廓一致。这座造型简洁、摒弃了任何附加装饰的工业建筑为探求新建筑起到了一定的示范作用，成为现代建筑史上的一个里程碑，被称为第一座真正的"现代建筑"。

 特别提示

彼得·贝伦斯的贡献不仅在于对新建筑的积极探索，而且还培养了一批人才，著名现代建筑大师格罗皮乌斯、勒·柯布西耶、密斯·凡·德·罗都先后在贝伦斯的建筑事务所里工作过，他们在这里接受了许多新的建筑观点，学到了许多有益的知识，为以后的发展打下了坚实的基础。

图 17.17　德国通用电气公司透平机车间

　　1911 年，格罗皮乌斯与 A. 迈耶合作设计的法古斯工厂就是在贝伦斯建筑思想影响下的新探索，建筑造型简洁、轻巧虚透，一反传统建筑沉重厚实的面貌，展现出现代建筑的特点(详见第 18 讲)。1914 年，德意志制造联盟在科隆举办展览会，展览会的建筑也作为新的工业产品来展出，如图 17.18 所示。其中，格罗皮乌斯设计的展览会办公楼造型新颖独特，运用了结构构件外露、材料质感对比、室内外空间交融等新的设计手法，让人耳目一新，受到了广泛的关注。1927 年，德意志制造联盟在斯图加特举办了一次住宅建筑展览会，对现代建筑的发展产生了重要影响。

图 17.18　德意志制造联盟科隆展览会

注：从左至右依次为发动机展厅、机械展厅、车库、办公楼。

　　从 1907 年到第一次世界大战爆发的几年中，德意志制造联盟产生了广泛的影响，20 世纪 20 年代，德意志制造联盟继续积极活动，直到 1933 年希特勒上台，德意志制造联盟才宣告解散。

 特别提示

　　德意志制造联盟这种有目的、有组织、有步骤的活动对后来的建筑创新活动产生了重要的影响。

17.1.5　芝加哥学派

芝加哥是美国中西部的一个小镇，随着美国的西部开发，这个小镇在 19 世纪后期因成为东西部航运与铁路的交通枢纽而飞速发展起来。由于城市人口的快速膨胀，营造高层的公共建筑成为当时形势所需，而且有利可图。特别是 1871 年芝加哥市中心的一场大火灾，毁掉了全市约 1/3 的建筑，使城市重建问题特别突出。这时，一大批建筑师云集芝加哥，积极探索新形势下高层商业建筑的设计建造，逐渐自成一派，被称作"芝加哥学派"。

芝加哥学派最兴盛的时期是 1883—1893 年。当时的房地产商迫切要求在最短的时间内，在有限的土地上建造出尽可能大的有效建筑面积，以取得更多的利润。芝加哥学派的建筑师们积极探索新材料、新结构、新技术、新设备在高层商业建筑上的应用；在建筑形式上，削减或取消多余的装饰，建筑立面大为简化；为了增加室内的光线和通风，出现了宽度大于高度的横向窗子，被称为"芝加哥窗"；这些使得当时的一些商业建筑展现出全新的面貌。高层、金属框架结构、简单的立面、整齐排列的横向大窗成为"芝加哥学派"建筑共同的特点。

芝加哥学派中最著名的建筑师是路易·沙利文，他是芝加哥学派的理论家和中坚人物。沙利文提出了"形式随从功能"的论点，他说"自然界中的一切东西都具有一种形状，即一种形式，一种外部造型，以此来告诉人们这是什么，以及如何和别的东西互相区别开来"。因此他对建筑的结论是要给每个建筑物一个适合的和不错误的形式，这才是建筑创作的目的。他强调说："形式永远随从功能，这是法则……功能不变，形式就不变。"沙利文的代表作品为 1899—1904 年建造的芝加哥 C.P.S.百货公司大楼，大楼高 12 层，立面形式充分利用和体现出钢铁框架结构的优点，框架的方格网成为立面的基本构图，二层以上整齐地排列着芝加哥窗，如图 17.19 所示。但在底层和入口处使用了铁制装饰，图案相当复杂，窗子周边也有细巧的花饰，如图 17.20 所示。

图 17.19　芝加哥 C.P.S.百货公司大楼

图 17.20　芝加哥 C.P.S.百货公司大楼底层装饰

事实上，沙利文的其他作品上也不乏装饰，由此可见，沙利文在"形式随从功能"之外，还是很注重建筑艺术的，只是他不追随历史式样，而是广泛汲取各种手法，灵活应用。

芝加哥学派在 19 世纪探求新建筑运动中发挥的积极推动作用是不

【参考图文】

可忽视的。它突出了功能在建筑设计中的主体地位，明确了功能与形式的主从关系；探索了新技术在高层建筑中的应用；使建筑艺术反映了新技术的特点，其简洁的立面符合新时代工业化的精神。

特别提示

芝加哥学派在建筑上的成就只不过是资本家追逐利润的技术手段，1893 年芝加哥国际博览会折中主义全面复活，"芝加哥学派"的建筑被认为只是在特殊地点和时间为解燃眉之急的权宜之计，如昙花一现般淹没在 19 世纪末美国建筑的复古浪潮中。

17.2　第一次世界大战前后的建筑流派与建筑活动

1914—1918 年发生了第一次世界大战。战争造成城市破坏、房屋倒塌、经济困难，同时也给人们留下了严重的精神创伤，这一切给欧洲的政治、经济和社会思想状况都带来了巨大的变化。这时期，古典复兴虽然还相当流行，却越来越不合时宜。因为严重的房荒、经济的拮据促使建筑倾向讲求实用；科学技术的发展，社会生活方式的变化，建筑材料、技术、结构的进步，促使建筑师进行改革创新；战争的创伤及俄国十月革命的胜利促使人心思变。与此同时，艺术思想的异常活跃，促使许多先锋派艺术活动对新建筑活动产生了较大的影响，其中对建筑活动影响较大的有表现主义、风格派、未来主义等。

17.2.1　表现主义

20 世纪初，在德国、奥地利首先出现名为"表现主义"的绘画、音乐和戏剧的艺术流派。表现主义者认为，艺术的任务在于表现个人的主观感情和内心感受，认为主观是唯一真实的，否定现实世界的客观性。在表现主义绘画中，外界事物的形象不求准确，常常有意加以改变，如夸张、变形乃至怪诞处理等。例如，画家心目中认为天空是蓝色的，他就会不顾时间、地点，把天空都画作蓝色的；人的脸部在极度悲喜时会发生变形。总之，一切都取决于画家主观"表现"的需要，以期把内心世界的某种情绪或思想表现出来，并借助奇特的形式来挑动观者的情绪，包括恐怖、狂乱的心理感受。

在建筑作品中，建筑师常常采用奇特、夸张的造型和构图手法，塑造超常的、强调动感的建筑形象，来表现某些思想情绪，象征某种时代精神，引起观者和使用者非同一般的联想和心理效应。例如，某电影院在室内天花上做出许多下垂的券形花饰，使观众如同身临挂满石钟乳的洞窟之中；某轮船协会的大楼上做出许多象征轮船的几何图案。

最具代表性的表现主义建筑是 1921 年德国建筑师门德尔松(Eric Mendelsohn)设计完成的德国波茨坦市爱因斯坦天文台，如图 17.21 所示。1917 年爱因斯坦提出了广义相对论，这座天文台就是为了验证相对论而建造的。对于一般人来说，相对论是深奥的、神秘的、新奇的。设计师正是抓住这一印象，把它作为建筑表现的主题。他用混凝土和砖塑造了一座混混沌沌、浑浑噩噩、稍带流线型的建筑形体，墙面上有一些形状奇特的窗洞和莫名其妙的突起。整个建筑造型奇特，难以言状，给人以匪夷所思、神秘莫测的感受，正吻合了一般人对相对论的印象。

图 17.21　爱因斯坦天文台

　　表现主义建筑师主张革新、反对复古，但他们只是用一种新的表面处理手法去替代旧的建筑形式，同建筑技术与功能的发展没有直接的关系，甚至与建筑技术和经济的合理性相左。它在第一次世界大战后初期时兴过一阵，不久就消退了。

 **特别提示**

　　表现主义虽然在 20 世纪初很快消退了，但到了 20 世纪后期，表现主义的设计手法在建筑领域再次回升，如勒·柯布西耶的朗香教堂(彩图 33)、小沙里宁设计的纽约肯尼迪机场 TWA 候机楼等，它们夸张、奇特的造型都让人浮想联翩。

17.2.2　风格派

　　第一次世界大战期间，荷兰作为中立国，其建筑与艺术活动继续繁荣。一些青年艺术家，如画家蒙德里安(Piet Mondrian)、设计师凡·杜埃斯堡(Theo Van Doesburg)、建筑师奥德(J.J.P.Oud)、里特维尔德(G.T.Rietveld)等人组成了一个造型艺术团体，1917 年出版名为"风格"的期刊，因此得名"风格派"。

　　风格派强调艺术需要抽象和简化，以寻求"纯洁性、必然性和规律性"，其认为最好的艺术就是基本几何形体的组合和构图。蒙德里安认为，用最简单的几何形和最纯粹的色彩组成的构图才是有普遍意义的、永恒的绘画。为了获得构图的均衡与视觉的和谐，他们拒绝方形以外的一切形式，色彩也简化为红、黄、蓝 3 原色，以及黑、白、灰，绘画成了几何图形和色块的组合，绘画题名则成了"有黄色的构图""直线的韵律""构图第×号"等，如彩图 30 所示。风格派的雕塑作品则往往是一些大小不等的立方体和板片的组合。

特别提示

风格派的几何构图式的绘画从反映现实的要求来看，的确没有什么意义，然而，风格派艺术发挥了几何形体组合的审美价值，它们很容易也很适宜移植到新的建筑艺术中去。

风格派建筑的代表作是建筑师里特维尔德设计的荷兰乌特勒支市的施罗德住宅。这座住宅大体上是一个简单的立方体，其中的一些墙板、屋面板和几处楼板挑出到主体，这些挑出的板片横竖相间，形成纵横穿插、错落有致的外观造型，如图 17.22 所示。同时，不透明的实墙面与透明的大玻璃窗形成虚与实的对比、透明与反光的交错，蓝灰色和白色的墙面穿插着黑、白、红、黄的纯色线条，构成活泼新颖的建筑形象。住宅的室内与外观风格一致，色彩也相互呼应，黑、白、灰的调子中央，点缀红、黄、蓝 3 原色，虽然颜色很鲜艳，但因分布巧妙，并无纷乱之感，如图 17.23 所示。因业主施罗德夫人提出是否"不用墙但仍然可以分隔空间"的想法，里特维尔德创造性地利用活动隔断墙分隔各个功能空间，当活动隔断墙收起时，整个空间呈现出独特的开放性和流动感。室内家具也由里特维尔德设计，式样简洁明快，除椅子外(彩图 31)，全部家具都是固定的，可能是为了进一步限定空间。整个设计从室外到室内，从建筑形体到色彩，都集中体现了风格派的设计理论，它正是风格派画家蒙德里安绘画的立体化。

图 17.22　乌特勒支市的施罗德住宅　　　　图 17.23　施罗德住宅室内

17.2.3　未来主义

未来主义是第一次世界大战之前在意大利出现的一个文学艺术流派。1909 年，意大利诗人马里内蒂发表了《未来主义的创立和宣言》一文，他歌颂工厂、机器、火车、飞机、工业、速度，赞美现代化大城市，强调近代的科技和工业交通改变了人的物质生活方式，人类的精神生活也必须随之改变。未来主义否定文化艺术的规律和一切传统，宣称要创造一种全新的、未来的艺术。

未来主义在建筑领域的代表人物是意大利年青的建筑师圣·伊里亚(Antonio Sant-Elia)。他在 1912—1914 年画了一系列以"新城市"为题的未来城市和建筑想象图，如图 17.24 和图 17.25 所示。1914 年 5 月，这些作品的其中一部分在名为"新趋势"的团体举办的展览会上展出，同时

【参考图文】

圣·伊里亚发表了《未来主义建筑宣言》。他写道："我们必须创建的未来主义城市是以规模巨大的、喧闹奔忙的、每一部分都是以灵活机动而精悍的船坞为榜样，未来主义的住宅要变成巨大的机器……在混凝土、钢和玻璃组成的建筑物上，没有图画和雕塑，只有它们天生的轮廓和体形给人以美的感受。这样的建筑物将是粗犷的，像机器那样简单，需要多高就多高，需要多大就多大。大街……深入地下许多层，并且将城市交通用许多交叉枢纽与金属的步行道和快速输送带有机地联系起来。"在他的设计图样中，建筑物全部为阶梯形的高层，林立的高楼下面是分层的车道和地下铁道，"运动感"成为现代城市的主要特征。

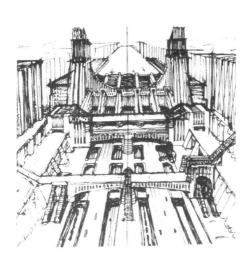 

图 17.24　圣·伊里亚的未来城市设想图　　图 17.25　圣·伊里亚的建筑想象图设想图

未来主义并没有实际的建筑作品，但未来主义的建筑思想却对一些建筑师产生了很大的影响。直到 20 世纪后期，还能在一些著名建筑作品中看到未来主义建筑的思想火花，如巴黎蓬比杜艺术与文化中心、香港汇丰银行等。

 特别提示

未来主义的建筑观点虽然带有一些片面性和极端性，但是，它是到第一次世界大战前为止，西欧建筑改革思潮中最激进、最坚决的一部分，其观点也最肯定、最鲜明、最少含糊和妥协。

 拓展讨论

党的二十大报告提出"必须坚持科技是第一生产力、人才是第一资源、创新是第一动力，深入实施科教兴国战略、人才强国战略、创新驱动发展战略。"新建筑运动中各种创新实践活动十分活跃，为现代主义建筑登上历史舞台奠定了基础，你从新建筑运动中获得哪些启示？

本 讲 小 结

　　本讲通过对19世纪下半叶到第一次世界大战后的建筑探新运动中工艺美术运动、新艺术运动、维也纳分离派、德意志制造联盟、芝加哥学派和表现主义、风格派、未来主义等主要流派的思想理论，代表人物与代表性作品的讲述及分析，介绍了各流派的主要特征及其对建筑发展的贡献与影响。

思 考 题

1. 简述工艺美术运动的艺术风格。
2. 举例说明新艺术运动的艺术特色。
3. 芝加哥学派在建筑探新运动中起到了哪些作用？
4. 简述第一次世界大战前后的主要建筑思潮。

第 **18** 讲
现代主义建筑及代表人物(上)

教学目标

　　了解现代主义建筑的形成过程；理解现代主义建筑的设计原则；通过评析现代主义建筑代表人物格罗皮乌斯、勒·柯布西耶等的代表性作品，理解并掌握其建筑思想和艺术风格，从中学习一些建筑处理方法，拓展思维，提高建筑作品的赏析能力。

教学要求

能力目标	知识要点	相关知识
能够分析理解现代建筑形成的背景和意义	现代主义建筑的形成	早期现代建筑活动及成就，包括理论方面、实践活动和建筑教育活动等
能够理解现代建筑设计原则的内涵	现代主义建筑的设计原则	现代建筑的基本设计原则
能够赏析格罗皮乌斯的作品，理解其建筑思想，掌握其艺术特色	格罗皮乌斯	格罗皮乌斯的生平、建筑思想、主要作品评析、风格特色
能够分析勒·柯布西耶不同时期的作品，理解其不同时期的建筑思想，掌握其艺术特色	勒·柯布西耶	勒·柯布西耶的生平、建筑思想、主要作品评析、风格特色

引例

到 20 世纪 20 年代后期，经历了漫长而曲折的探索之路，新建筑运动逐步走向高潮，20 世纪最重要、影响最普遍最深远的现代主义建筑终于登上历史舞台。什么是现代主义建筑？它与以往的建筑有着怎样的不同？哪些建筑师以怎样的建筑活动引领现代主义建筑成为世界建筑的主流？

18.1　现代主义建筑的形成

从 19 世纪后期以来，欧美各国的政治、经济、科学技术、文学艺术等有了巨大的发展和变化。建筑的发展之路在哪里？许多建筑师做过多方面的探索，如美国芝加哥的沙利文、奥地利的瓦格纳和卢斯、德意志的贝伦斯等，他们先后提出过富有创新精神的建筑观点，做过建筑设计的创新尝试。但他们的努力是零散的，未能形成系统的观点，更重要的是还没能产生一批比较成熟而有影响的实际建筑作品。

而第一次世界大战结束后的头几年，实际建筑任务很少，倾向革新的人士所做的工作带有很大的试验和畅想的成分。表现主义、风格派、未来主义等流派都是从当时的美术和文学方面衍生出来的，它们没有也不可能提出或解决建筑发展所涉及的许多实际的根本性问题，如建筑师如何面对和满足现代社会生产和生活中的各种复杂的建筑功能要求？建筑设计如何同工业和科学技术的迅速发展相结合？如何创造符合时代精神的新的建筑风格？建筑师如何改进工作方法？

到 20 世纪 20 年代后期，欧洲经济稍有恢复，第一次世界大战后城市重建过程中的实际建筑任务逐渐增多，面对第一次世界大战后矛盾繁杂的现实，一批思想敏锐并且具有一定经验的年轻建筑师，如格罗皮乌斯、密斯·凡·德·罗、勒·柯布西耶等，提出了比较系统和彻底的建筑改革主张，并积极地开展建筑实践活动，从而把新建筑运动推向高潮——形成了 20 世纪最重要、影响最普遍最深远的现代主义建筑。

1919 年，格罗皮乌斯出任包豪斯学校校长，并大力改组革新，聘请一批激进的艺术家任教，推行全新的教学制度和教学方法，使之成为西欧最激进的现代设计和教育中心，培养了一批又一批有思想、有实践的设计人才，充实了新建筑运动的有生力量。

1920 年，勒·柯布西耶在巴黎同一些年轻的艺术家和文学家创办了《新精神》杂志，他撰写文章为新建筑摇旗呐喊。1923 年，他整理出版了《走向新建筑》一书，为现代建筑运动提供了一系列理论根据。

在建筑实践方面，随着实际建造任务的增多，格罗皮乌斯等人陆续设计出一些很有影响力的建筑作品。如 1926 年格罗皮乌斯设计的包豪斯校舍，1928 年勒·柯布西耶设计的萨伏伊别墅，1929 年密斯·凡·德·罗设计的巴塞罗那博览会德国馆(彩图 34)等。这些建筑不仅成为现代主义建筑的经典作品，而且成为建筑史上的传世之作。

1927 年，德意志制造联盟在斯图加特举办的住宅展览会上展出了 5 个国家 16 位建筑师设计的住宅建筑，设计者充分发挥钢和钢筋混凝土结构及各种新材料的性能特点，认真解决实用功能问题，建筑外形大都采用没有装饰的朴素清新的立方体，成为现代建筑的一次正式宣言。1928年，在格罗皮乌斯、勒·柯布西耶等人的倡导下，在瑞士成立了第一个国际性的现代建筑师组织——国际现代建筑协会(CIAM)。他们交流和研究建筑工业化、土地规划等问题，1933年的雅典会议专门研究了现代城市建设问题，还提出了一个城市规划大纲，即著名的"雅典宪章"。

 特别提示

有了比较完整的理论观点，有了一批有影响的成功设计范例，有了包豪斯学校的教育实践和人才储备，现代主义的队伍迅速扩大，步伐也渐趋一致。

18.2　现代主义建筑的设计原则

纵观这一时期的建筑思潮，这些建筑师的设计思想并不完全一致，但是有一些共同的特点：①重视建筑的使用功能，以使用功能作为建筑设计的出发点，提高建筑设计的科学性；②注重发挥新型建筑材料和建筑结构的性能特点，比如框架结构中墙可以不承重，利用这一特点，可以灵活布置、分隔空间；③把建筑的经济性提到重要高度，努力用最少的财力、人力、物力创造出适用的房屋；④主张创造建筑新风格，坚决反对套用历史上的建筑样式，强调建筑形式与内容(功能、材料、结构、工艺)相一致，主张突破传统的构图格式，灵活自由地处理建筑造型；⑤认为建筑空间是建筑的主角，空间比建筑平面、立面更重要，强调建筑艺术处理的重点应是空间和体量的总体构图，并考虑到时间因素的影响，产生了"空间-时间"的建筑构图理论；⑥废弃表面外加的装饰，认为建筑美的基础在于建筑处理的合理性和逻辑性。

这些建筑观点与设计方法被人们称为建筑中的"功能主义""理性主义"。事实上，这些提法都不尽妥当，"功能主义"的提法只突出了这种理论对功能的侧重，"理性主义"的提法表现了这种理论在思维上对物质构成的侧重，格罗皮乌斯和勒·柯布西耶等人都反对这些名称。现在更多的人称之为"现代主义"。

知识链接

现代主义设计思想的影响是广泛的，这时期的现代建筑在室内设计的形式上也表现出现代主义的特征：①根据功能的需要和具体的使用特征，确定空间的体量与形状，灵活自由地布置空间；②室内空间开敞，室内外通透；③室内装饰及陈设造型简洁、质地纯正、工艺精细；④尽可能不用装饰和取消多余的东西；⑤建筑及室内装修部件尽可能采用标准化设计与制作；⑥室内选用不同的工业产品家具和日用品。

18.3　格罗皮乌斯

　　瓦尔特·格罗皮乌斯(Walter Gropius，1883—1969 年)是世界上最著名的建筑师之一，被公认为现代主义建筑的奠基者和领导人之一，他同时是一位建筑教育家。

　　格罗皮乌斯生于柏林，青年时期在慕尼黑和柏林学习建筑，1907—1910 年在柏林著名建筑师 P·贝伦斯的建筑事务所工作。1910—1914 年自己开业，设计了他的两座成名作：1911 年法古斯工厂(与 A·迈耶合作)和 1914 年德意志制造联盟科隆展览会办公楼。1919 年出任魏玛艺术与工艺学校校长，在此基础上创立公立包豪斯学校，并设计了包豪斯新校舍。1928 年格罗皮乌斯同勒·柯布西耶等人组织国际现代建筑协会(CIAM)，1929—1959 年任副会长。纳粹德国期间，他受到迫害和驱逐，1934 年离德赴英，1937 年受美国哈佛大学邀请出任建筑系主任，从此定居美国。到美国后，主要从事建筑教育工作，并与布劳埃合作设计了几座小住宅，比较有代表性的是格罗皮乌斯自宅；1945 年与他人合作创办"协和建筑师事务所"，以后的作品都是在这个集体中合作完成的，其中 1949 年设计的哈佛大学研究生中心是他后期的重要作品。

18.3.1　包豪斯

　　1919 年，格罗皮乌斯出任魏玛艺术与工艺学校校长后，将该校与魏玛美术学校合并，创立了一所专门培养工业日用品和建筑设计人才的高等学校，名为公立建筑学校(Das Staatlich Bauhaus)。Bauhaus 是由德文 Bau-Haus 组成(Bau 建造之意；Haus 为名词，房屋之意)，简称包豪斯。格罗皮乌斯担任校长。

　　格罗皮乌斯在包豪斯按照自己的观点实行了一套新的教学方法。包豪斯设纺织、陶瓷、金工、玻璃、雕塑、印刷等科；学制为 3.5 年；学生进校后先学习半年的基础课程，然后一面学习理论课，一面在车间中学习各种手艺；3 年后考试合格的学生取得"匠师"资格，其中一部分人再进入研究部学习建筑。

　　在格罗皮乌斯的指导下，包豪斯打破了传统学院式教育的框框，使设计教学同生产的发展紧密结合起来，在设计教学中贯彻一套全新的教学方针和方法，主要有以下特点。

　　(1) 在设计中强调自由创造，反对模仿因袭、墨守成规。

　　(2) 将手工艺和机器生产结合起来。格罗皮乌斯认为新的工艺美术家既要掌握手工艺，又要了解现代机器生产的特点，要设计出高质量的能供给工厂大规模生产的产品设计。

　　(3) 强调各门艺术之间的交流融合，提倡工艺美术和建筑设计向当时兴起的抽象派绘画和雕塑艺术学习。

　　(4) 既培养学生动手能力又培养其理论素养。学生在理论学习的同时，必须到各个车间去学习石、木、金属、黏土、玻璃、色彩、染织等科目。车间里有两位"师傅"指导学生学习，一位是造型师傅，主要负责理论指导；另一位是"车间师傅"，帮助学生掌握具体工艺的操作技巧。

　　(5) 把学校教育同社会生产挂钩。包豪斯师生所做的工艺设计常常被厂商投入实际生产。

　　而且，在格罗皮乌斯的主持下，一些最激进的流派的青年画家和雕刻家到包豪斯担任教师，其中有康定斯基(Wassily Kandinsky)、保尔·克利(Paul Klee)、费林格(Lyonel Feininger)、莫何里·纳吉(Lazsl Moholy-Nagy)等人。当时，西欧美术界产生了许多新的思潮和流派，如立体主义、表现主义、超现实主义等，不同流派的艺术家把各具特色的设计思想和最新奇的抽象艺术带到了包豪斯。如匈牙利艺术家纳吉是构成派的追随者，他将构成主义的要素带进了基础训练，强调形式和色彩的客观分析，注重点、线、面的关系等。包豪斯成了20世纪欧洲最激进的艺术流派的据点之一。

在抽象艺术的影响下，通过实际的工艺训练，加上同工业生产的联系，包豪斯师生在设计建筑和实用美术品时，注重满足实用要求，努力发挥新材料和新结构的技术性能和美学性能，摒弃了附加的装饰，讲求材料自身的质地和色彩的搭配效果，注重发挥结构本身的形式美，发展了造型简洁、灵活多样的非对称构图手法，从而产生了一种新的艺术风格——"包豪斯风格"。这种风格体现在包豪斯师生创作的许多作品之中，包括家具、建筑、器皿、灯具、织物等，如图18.1所示。

在家具设计方面，布劳埃设计的钢管椅是最具代表性的。布劳埃是包豪斯的毕业生并留校任教，1925年他以金属代替木材，设计出第一把钢管椅——华西莱椅，如图18.2所示，成为使用钢管制作家具的创始人。钢管椅充分利用了材料的特性，造型简洁新颖，轻巧灵便，可以折叠、拆装、易搬运。布劳埃以后又设计了一系列简洁、美观而实用的钢管家具，在市场上畅销不衰。

图18.1 包豪斯设计作品　　　　　图18.2 布劳埃设计的华西莱椅

1923年包豪斯举行了第一次展览会，展出了设计模型、学生作业以及绘画和雕塑等，取得了很大的成功，受到欧洲许多国家设计界和工业界的重视和好评。

 特别提示

包豪斯是20世纪最具影响力的艺术院校，它为现代设计教育的发展开创了一个新的里程碑，对世界设计领域产生了深远的影响。

 拓展讨论

为什么包豪斯会对世界设计领域产生深远的影响？

 知识链接

包豪斯的活动及其提倡的设计思想和风格引起了广泛的注意，也被保守派视为异端，并受到德国右派势力的攻击和纳粹党的迫害。1928年格罗皮乌斯辞职，H. 迈尔接任校长，1930年H. 迈尔被解职，密斯·凡·德·罗接任校长，1932年纳粹党在德绍掌权，要求马上关闭学校，密斯极力周旋，将包豪斯作为私立教育机构迁往柏林，1933年希特勒上台，包豪斯被查封。虽然包豪斯仅存在了15年，但是它简洁实用的设计理念产生了广泛而深远的影响。

18.3.2　建筑思想理论

格罗皮乌斯 1907 年进入柏林著名建筑师贝伦斯的建筑事务所工作,在这里格罗皮乌斯接受了许多新的建筑观点,对他后来的建筑方向产生了重要影响。格罗皮乌斯后来说:"贝伦斯第一个引导我合乎逻辑地综合处理建筑问题,在我积极参加贝伦斯的重要工作任务中,在同他以及德意志制造联盟的主要成员的讨论中,我变得坚信这样一种看法:在建筑表现中不能抹杀现代建筑技术,建筑表现要应用前所未有的形象。"

格罗皮乌斯 1910 年独立执业后,与 A. 迈耶合作设计的法古斯工厂和德意志制造联盟科隆展览办公楼突破性地使用新材料、新结构,有着合理的空间和简洁的外形,表明了格罗皮乌斯的现代主义设计思想已初步形成。这个时期他比较明确地提出要突破旧传统,创造新建筑的主张,提出建筑要随着时代向前发展。他说:"现代建筑不是老树上的分枝,而是从根上长出来的新株。"

格罗皮乌斯特别关心面向大众的居住建筑、城市建设及建筑工业化问题。在他设计的达默斯托克居住区(1927—1928 年)和柏林西门子城住宅区(1930 年)等公寓建筑中,在总体布局上打破了传统的周边布置方式,按好的朝向采取行列式布局;在个体设计上,经济地利用建筑面积和空间,外形简朴整洁。他主张建造 10~12 层的高层住宅,以获得充分的阳光、通风和建筑之间大片的绿地。他同时强调要用工业化方法供应住宅,他在 1952 年发表的《工业化社会中的建筑师》一文中写道,"在一个逐渐发展的过程中,旧的手工建造房屋的过程正在转变为把工厂制造的工业化建筑部件运到工地上加以装配的过程",他还提出一整套关于房屋设计标准化和预制装配的理论和办法。20 世纪 40 年代初,他和 K. 瓦许曼合作研制了供装配用的大型预制构件和预制墙板。

1923 年,格罗皮乌斯在包豪斯展览会的开幕式上发表题为《艺术与技术的新统一》的演讲,第一次公开提出技术与艺术的结合。1925—1926 年,他在《艺术家与技术家在何处相会》一文中写道:"物体是由它的性质决定的,……一件东西必须在各方面都同它的目的性相配合,就是说,在实际上能完成它的功能,是可用的,是可信赖的,并且是便宜的。"由此表明,在 20 世纪 20 年代,格罗皮乌斯在建筑设计原则和方法上比较明显地把功能因素和经济因素放在最重要的位置上,并在他这时期设计的建筑作品中得到充分表现。

但是,1937 年格罗皮乌斯在美国却公开声明:"我的观点时常被说成是合理化和机械化的顶峰,这是对我的工作的错误的描述。"1953 年,在他的 70 岁生日宴会上,他说人们给他贴了许多标签,"包豪斯风格""国际式""功能风格"等,都是不正确的,把他的意思曲解了。他并不是只重视物质的需要而不顾精神的需要;相反,他从来没有忽视建筑要满足人精神上的要求。他说:"许多人把合理化的主张看成是新建筑的突出特点,其实它仅仅起到净化的作用。事情的另一面,即人们灵魂上的满足,是和物质的满足同样重要的。"

 **特别提示**

并非人们误解了格罗皮乌斯。作为一个建筑师,格罗皮乌斯从不轻视建筑的艺术性,只是当时德国的实际社会条件和需要使他比较强调功能、技术和经济因素,而他到美国后,美国的社会状况和需要使其理论上的着重点发生了改变。

18.3.3 主要作品赏析

1. 法古斯工厂

1911 年，格罗皮乌斯与 A. 迈耶合作设计了法古斯工厂，如图 18.3 所示，这是一个制造鞋楦的厂房。厂房的布置和体型主要依据生产的需要，采用了不对称的构图形式。厂房办公楼的建筑处理十分新颖，平屋顶没有挑檐，长达 40m 的外墙面是由大面积玻璃窗和金属板窗下墙组成的幕墙，幕墙安装在柱子的外皮上，使墙面简洁整齐，愈发轻巧。在建筑的转角部位，取消了角柱，玻璃和金属板幕墙连续转过去，充分发挥了钢筋混凝土楼板的悬挑性能，使建筑立面产生了与众不同的通透效果，如图 18.4

图 18.3　法古斯工厂

所示。这些处理方法符合钢筋混凝土结构的性能特点，符合玻璃和金属的特性，也适合实用性建筑的功能需要，同时产生了一种新的形式美。

2. 科隆展览会办公楼

1914 年，德意志制造联盟在科隆举办展览会，格罗皮乌斯完成了展区的设计。其中展览会办公楼的建筑造型最为新颖独特，建筑采用平屋顶，可以防水和上人，建筑立面上除中间入口处有一道砖墙外，大面积都是透明的玻璃窗，正面两端各有一个圆柱形的楼梯间，使用大片玻璃作外墙，通透的玻璃使里面的螺旋形楼梯与上下楼梯的人全部展现出来，不仅加强了室内外空间的联系，而且展现出一种奇妙的动感空间，如图 18.5 所示。这些设计手法，结构构件外露、材料质感对比、室内外空间交融等，都让人耳目一新，并被以后的现代建筑广泛借鉴。

图 18.4　法古斯工厂办公楼局部

图 18.5　科隆展览会办公楼

3. 包豪斯校舍

1925 年，包豪斯从魏玛迁到德绍，格罗皮乌斯亲自设计了新校舍。包豪斯校舍包括教室、车间、办公室、礼堂、餐厅和学生宿舍。德绍市一所规模不大的职业学校也同包豪斯放在一起。

【参考视频】

校舍的建筑面积接近 $10000m^2$，平面为两个倒插的"L"形。格罗皮乌斯按照各部分的功能性质，把整个建筑大体分为 3 个部分，如图 18.6 所示。第一部分是教学用房，主要为各科的工艺车间。它面临主要街道，4 层高，采用钢筋混凝土框架结构，如图 18.7 所示。第二部分是生活用房，包括学生宿舍、餐厅、礼堂及厨房、锅炉房等。学生宿舍位于教学楼后面，是一个 6 层小楼。宿舍与教学楼之间是单层饭厅及礼堂。第三部分是职业学校用房。由于职业学校是独立的，所有用房集中在一个 4 层小楼中，与包豪斯教学楼间隔一条道路，两楼用过街楼相连，两层的过街楼为教师及办公用房。除教学楼外，其余均为砖与钢筋混凝土混合结构，全部采用平屋顶，外墙面为白色抹灰。

图 18.6　包豪斯校舍及平面图

图 18.7　包豪斯教学楼

包豪斯校舍的建筑设计有以下特点。

(1) 把建筑的实用功能作为建筑设计的出发点。格罗皮乌斯把整个校舍按功能的不同进行分区，按照各部分的功能需要和相互关系确定建筑的位置及体型，体现出以功能分析为基础，由内而外的设计思想和方法。

(2) 采用灵活的不规则的构图手法。包豪斯校舍的各个部分大小、高低、形式、方向各不相同，以多条轴线、多种体量，多个入口、多个方向，达到了纵横交错、变化丰富的总体效果。特别是建筑构图上对比的运用，有高与低、长与短、纵与横、玻璃墙面与实墙面的虚与实、透明与不透明、轻薄与厚重等多种对比，营造了生动活泼的建筑形象，如图 18.8 所示。

图 18.8　包豪斯校舍外观

(3) 结合现代建筑材料和结构的特点，运用建筑本身要素取得建筑艺术效果。包豪斯校舍采用钢筋混凝土框架结构以及砖墙承重结构，屋顶是没有挑檐的平屋顶，墙面根据房间需要布置不同形式的玻璃窗，几乎没有任何附加的装饰，简洁朴素。但却精心地把房屋的各种要素如窗格、雨篷、阳台栏杆、大片玻璃墙面、抹灰墙等恰当地组合起来，形成极富变化的建筑形式，取得了简洁清新、富有动感的构图效果。

包豪斯校舍是在建造经费困难的条件下建造起来的，但是它较好地解决了实用功能问题，同时创造了清新活泼的建筑形象。由此表明，把实用功能、材料、结构和建筑艺术紧密结合起来，不仅可以创造出前所未见的新颖活泼的建筑艺术形象，还能降低造价、节省投资。

 **特别提示**

包豪斯校舍是现代建筑史上的一个重要里程碑。

4. 哈佛大学研究生中心

哈佛大学研究生中心包括 7 幢宿舍楼和一个公共活动楼，按照功能分区并结合地形而建，房屋之间以长廊和天桥相连，围合出一些大大小小的院子。院子既各自独立，又相互联系，形成了变化丰富的空间环境，如图 18.9 所示。

公共活动楼是建筑群的核心，外观呈弧形，底层架空，二层是大面积的玻璃窗，墙面为石灰石板贴面，如图 18.10 所示。楼上的餐厅可容纳 1200 人同时用餐，中间有一个坡道把餐厅巧妙地分成了 4 部分，消除了大空间给人的空旷感。楼下的会议室和休息室之间设置了灵活的分隔，需要时可以连通成一个大空间。宿舍建筑为 4 层，采用了内廊式平面，外墙为淡黄色面砖，如图 18.11 所示。

图 18.9　哈佛大学研究生中心鸟瞰图

图 18.10　哈佛大学研究生公共活动楼

图 18.11　哈佛大学研究生宿舍楼

　　整个建筑群高低错落、虚实交映、尺度得当、环境宜人，建筑造型简洁、朴素优雅，处处表现出独具匠心的精确与细致。

 特别提示

　　哈佛大学研究生中心由格罗皮乌斯和他的学生合作创办的协和建筑师事务所(TAC)设计。协和建筑师事务所创办于 1945 年，后发展成为美国最大的以建筑师为主的设计事务所之一。

 知识链接

　　格罗皮乌斯自宅如图 18.12 所示，它建在一处小山坡的顶端，风景优美，视野开阔。建筑高两层，平屋顶。从入口大厅经过几步台阶可以通往阳台，餐厅和客厅相互连通，没有明显的界限，餐厅和工作室之间用一道玻璃砖墙分隔，如图 18.13 所示。楼上是带露台的卧室，露台上有一个旋转楼梯，可以直达花园。建筑周围特意安置了大树、玫瑰花架、葡萄藤等，以模糊建筑与自然环境的界限，减少外界的干扰。

【参考图文】

图 18.12　格罗皮乌斯自宅

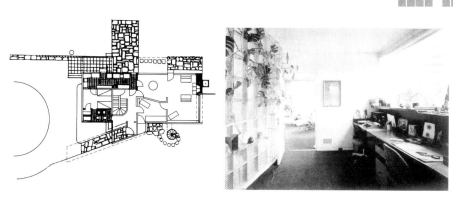

图 18.13　格罗皮乌斯自宅一层平面与工作室内景

　　这座小小的住宅设计得紧凑舒适，平面布局合理，外形简洁朴素，完全以功能和使用的需要为出发点，注重技术与艺术的结合，反映了格罗皮乌斯一生所提倡的建筑思想。

18.3.4　建筑风格特色

　　格罗皮乌斯始终如一地重视建筑的功能问题。无论是早期的包豪斯校舍，还是后期的哈佛大学研究生中心，都是以使用功能作为设计的出发点。只是在早期，受当时德国的实际社会条件和需要的影响，他同时比较强调技术、经济因素；而后期美国的社会状况使他在重视功能的同时，开始注重建筑的精神需要，突破盒子建筑，创造出活泼多变的建筑形式。格罗皮乌斯始终坚持理性主义的设计原则，并对理性主义进行充实和提高，对现代建筑的发展产生了深远的影响。

18.4　勒·柯布西耶

　　勒·柯布西耶是 20 世纪最著名的建筑大师和城市规划专家，是现代建筑运动的激进分子和主将，机器美学的重要奠基人。

　　勒·柯布西耶 1887 年出生于瑞士，父母是制表业者。少年时在故乡的钟表技术学校学习，后来从事建筑。1908 年他到巴黎，在著名建筑师贝瑞处工作过，后又到德国柏林著名建筑师贝伦斯处工作。1917 年，勒·柯布西耶移居巴黎。1920 年他与一些新派画家、诗人合编《新精神》杂志，在这里他发表一些短文，为新建筑摇旗呐喊。1923 年，他把这些文章汇编出版，即名著《走向新建筑》，书中提出了住宅是"居住的机器"。1926 年他提出了新建筑的 5 个特点。1928 年他与格罗皮乌斯、密斯·凡·德·罗组织了国际现代建筑协会。第二次世界大战后，勒·柯布西耶的设计风格发生了明显变化，郎香教堂等建筑充分表明了这一点。勒·柯布西耶以丰富多变的建筑作品和充满激情的建筑哲学对现代建筑产生了广泛而深远的影响，他始终走在时代的前列。

18.4.1　建筑思想理论

　　勒·柯布西耶没有受过正规的学院派建筑教育，从一开始就接受当时建筑界和美术界

新思潮的影响，走上新建筑道路。1923 年他的名著《走向新建筑》出版。这本书中心思想明确，就是激烈否定 19 世纪以来因循守旧的复古主义、折中主义的建筑观点与建筑风格，极力主张创造表现新时代的新建筑。

书中大篇幅歌颂现代工业的成就，他说"工业像一股洪流，滚滚向前，冲向它注定的目标，给我们带来了适合于受这个新精神鼓舞的新时代的新工具"，"机器，人类事物中的一个新因素，已经唤起了一种新的时代精神"。他特别举出轮船、汽车与飞机是表现新时代精神的工业产品，并在书中写道："这些机器产品由自己经过试验而确立标准，它们不受习惯势力和旧样式的束缚，一切建立在合理分析问题和解决问题的基础上，因而是有效和经济的。"由此他认为房屋也存在自己的标准，但"建筑艺术被习惯势力所束缚"，"工程师的美学在发展着，而建筑艺术正处于倒退的困难之中"。他主张建筑师向生产工业品的工程师学习。

在书中，勒·柯布西耶给住宅下了一个新定义，"住房是居住的机器"。并极力鼓吹用工业化的方法大规模建造房屋，他认为"住宅问题是时代的问题，……在这更新的时代，建筑的首要任务是促进降低造价，减少房屋的组成构件"。

在建筑形式方面，勒·柯布西耶赞美简单的几何形体，"原始的形体是美的形体，因为它使我们能清晰地辨识"。在设计方法上，他强调"平面是由内到外开始的，外部是内部的结果"。勒·柯布西耶同时又强调建筑的艺术性，他认为"建筑艺术超出实用的需要，建筑艺术是造型的东西"，"轮廓不受任何约束"，"轮廓线是纯粹精神的创造，它需要造型艺术家"。

从书中表述的这些观点可以看出，勒·柯布西耶既是理性主义者，同时又是浪漫主义者。总的来看，他前期的作品如萨伏伊别墅、巴黎瑞士学生公寓等，表现出更多的理性主义；第二次世界大战以后的作品如朗香教堂等，表现出更多的浪漫主义。

 特别提示

《走向新建筑》被认为是 20 世纪最重要的建筑理论书籍之一。

1926 年，勒·柯布西耶提出了新建筑的 5 个特点：①房屋底层采用独立支柱；②屋顶花园；③自由平面；④横向长窗；⑤自由的立面。这些特点在 1929 年的萨伏伊别墅中得到了完美的体现。

勒·柯布西耶不反对大城市，主张用全新的规划和建筑方式改造城市。他提出过许多现代城市的设想和规划方案，他认为在现代条件下，城市既可以保持人口的高密度，又可以形成安静卫生的环境，关键在于利用高层建筑和快速交通。他还提出了居住单位的设想，一个"居住单位"几乎就是一个竖向的居住小区，包含有各种生活服务设施。

第二次世界大战后，曾在战争中蛰居乡间的勒·柯布西耶虽然创作锐气不减，但其创作思想及风格明显发生了变化，原有的工业技术热情似乎不见了，原先极力主张的理性被一种神秘性所代替，建筑形象也从简单的几何形体转向复杂的塑性形体，从追求平整光洁的视觉效果转向粗犷原始的审美趣味。

18.4.2 主要作品赏析

1. 萨伏伊别墅

萨伏伊别墅位于巴黎附近,建在12英亩(1英亩≈4046.86平方米)大的一块基地的中心。建筑平面为矩形,长约22.5m,宽为20m,共3层。底层3面有独立的支柱,中心部分是门庭、车库、楼梯和坡道及佣人房;二层为客厅、餐厅、厨房、卧室和院子;三层为主人房和屋顶晒台。

勒·柯布西耶所说的新建筑的5个特点在这里都表现出来了。别墅采用了钢筋混凝土结构。平面和空间布局自由,空间相互穿插,内外彼此贯通。各部分形体都是简单的几何形体。外形像一个白色的方盒子被细细的圆柱支起。长方形的横向长窗平阔舒展。墙面光洁,无任何装饰线脚,但光影变化丰富,并使用一些曲线形墙面来增加变化,如图18.14和图18.15所示。

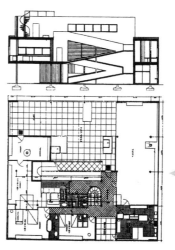

【参考图文】

图 18.14　萨伏伊别墅图　　　　图 18.15　萨伏伊别墅平、剖面图

但是别墅的内部空间却相当复杂,在楼层之间采用了室内很少用的斜坡道,从门厅延伸至二层的院子,又变为通往屋顶晒台的室外步廊,增加了上下层空间的连续性。二楼的起居室有大落地窗与院子敞通,院子本身除了没有屋顶外,与房间没什么区别,如图18.16所示。

图 18.16　萨伏伊别墅室内楼梯、坡道和起居室

萨伏伊别墅的外形轮廓比较简单,但内部空间复杂,如同一个内部精巧镂空的几何体,又好像一架复杂的机器——居住的机器。勒·柯布西耶所追求的并非机器般的实用与效率,而是机器般的造型。这种艺术趋向被称为"机器美学"。

2. 巴黎瑞士学生宿舍

巴黎瑞士学生宿舍建于 1930—1932 年,主体是长条形的 5 层楼,底层敞开只有 6 对柱子,2～4 层是学生宿舍,5 层是管理员寓所和晒台。南立面上,2～4 层全是玻璃墙面,5 层是实墙,开有少量窗洞,从而形成虚实对比,如图 18.17 所示。北立面上整齐排列小窗,楼梯和电梯突出呈不规则 L 形,并延伸出一片不规则的单层建筑,作为门厅、食堂、管理员室等。这里,建筑的高与低、墙面的平直与弯曲、空间的规整与不规则形成了生动的对比,甚至单层建筑弯曲的北墙特意用天然石材砌成虎皮墙面,带来了质感及色彩的对比,如图 18.18 所示。这些对比使建筑富于变化,更加生动。

图 18.17　巴黎瑞士学生宿舍南面

图 18.18　巴黎瑞士学生宿舍北侧

3. 马赛公寓

马赛公寓建于 1947—1952 年,是一座长 165m、宽 24m、高 56m 的住宅大楼,如图 18.19 所示。底层架空,上面 17 层,可容纳 337 户,约 1600 人居住。户型多变,有 23 种之多,可以满足从单身住户到有 8 个孩子的家庭的需要。每户都采用复式布局,有室内楼梯和两层高的起居室。大楼的第 7、8 层布置了各种商店和公用设施,第 17 层及屋顶平台设有幼儿园和托儿所,有坡道相连。屋顶上还有小游泳池、儿童游戏场地、一个 300m 长的跑道、健身房以及供休息和观看电影的设备等服务设施。大楼不仅解决了居住的问题,还满足了居民日常生活的基本需要。

图 18.19　马赛公寓外观

马赛公寓主体采用现浇钢筋混凝土结构,由于现浇混凝土模板拆除后,表面未做任何处理,让粗糙的混凝土暴露在外,连浇筑时的模板印儿还留着,表现出了一种粗犷、原始、敦厚的艺术效果。

特别提示

马赛公寓是勒·柯布西耶理想的现代化城市中"居住单位"设想的第一次尝试。到20世纪60年代，马赛公寓被带上了"粗野主义"始祖的"桂冠"。

4. 昌迪加尔高等法院

昌迪加尔高等法院(图18.20)建于1956年，其外形轮廓简单。建筑主体长100多米，由11个连续拱壳组成的巨大屋顶罩起来，屋罩前后檐略翘起，既可遮阳，又可组织穿堂风，以降低室内温度。建筑前后都是镂空格子形遮阳墙板，略微向前探出。法院入口没有门，有3个高大的柱墩形成一个开敞的大门廊，柱墩分别刷上了红、黄、绿3色，十分醒目。整幢建筑的外表都是粗糙的混凝土，留着模板的印迹，墙壁上开着大小形状不同的孔洞或壁龛，并涂上鲜艳的红、黄、白、蓝之类的颜色，给建筑带来了粗野怪诞的情调。【参考视频】

图18.20　昌迪加尔高等法院

 **知识链接**

1951年，勒·柯布西耶受邀开始对印度昌迪加尔进行城市规划和设计，昌迪加尔位于喜马拉雅山下的干旱平原上，是一座新城市。勒·柯布西耶采用棋盘式道路系统，把城市划分为整齐的矩形街区。政府建筑群布置在城市的一侧，自成一区，主要建筑有议会大厦、省长官邸、高等法院和行政大楼等。建筑的主要入口面向广场，在背面或侧面有日常使用的停车场和次要入口。为了降温，议会大厦、省长官邸和高等法院前面布置了大片的水池，建筑的方位也考虑到夏季的主导风向，以获得穿堂风。但是建筑过于分散，无法形成亲切的环境。

5. 朗香教堂

1955年，勒·柯布西耶设计的朗香教堂建成，这座位于法国东部浮日山区一个小山顶上的小教堂立即在全世界建筑界引起轰动。

朗香教堂(彩图34)规模不大，仅能容纳200余人，教堂前有一可容万人的场地。教堂造型奇异，令人过目难忘。教堂的平面为不规则形，墙体几乎全是弯曲的，南面的墙还是倾斜的，粗糙的白色墙面上开着大大小小形状各异的窗洞，上面镶嵌着五颜六色的彩色玻璃；其他几个立面形象差异很大，很难由一个立面料想到其他立面的模样，如图18.21所

示。裸露着混凝土本色的大屋顶自东向西倾斜，并向上翻卷着，与东、南两面墙体交接处留有一条带形缝隙，可透进光线；教堂主要空间周围有 3 个小祷告室，它们的上部向上拔起呈塔状，突出到屋面之上；教堂的主入口在倾斜的南墙与塔楼的夹缝处，只有一扇金属门扇，上面画着勒·柯布西耶的抽象画，门轴居中，旋转 90° 时人可以从两旁进入。进入室内，弯曲倾斜的墙面、下坠的顶棚、奇异的窗洞、神秘暗淡的光线使空间神秘异常，让人难以琢磨，宗教气氛极其浓厚，如图 18.22 所示。

 **特别提示**

朗香教堂是勒·柯布西耶在第二次世界大战后最引人注目的作品，他解释说要建造一个"形式领域的听觉器件"，它应该"像听觉器官一样的柔软、微妙、精确和不容改变"。朗香教堂表明勒·柯布西耶创作风格的转变。

图 18.21　朗香教堂东面

图 18.22　朗香教堂室内

18.4.3　建筑风格特色

勒·柯布西耶从一开始就走上新建筑的道路，他为新建筑摇旗呐喊，歌颂工业时代，提倡理性，崇尚机器美学，并在萨伏伊别墅等建筑作品中实践自己的建筑理论，成为现代主义建筑的著名旗手。第二次世界大战后，他出人意料地走出了另一条建筑创作道路。在他第二次世界大战后设计的马赛公寓、昌迪加尔高等法院等建筑作品中，表现出笨重、粗犷、古拙甚至原始的面貌。朗香教堂的建成更是震惊世界，它那带有表现主义倾向的怪诞奇特的造型推翻了他在早期极力主张的理性主义原则，转向浪漫主义和神秘主义。

总的来看，勒·柯布西耶从当年的崇尚机器美学转而赞赏手工劳作之美，从显示现代化派头转而追求古风和原始情调，从主张清晰表达转而爱好混沌模糊，从明朗走向神秘，从有序转向无序，从常态转向超常，从瞻前转而顾后，从理性主导转向非理性主导。这些显然是十分重大的风格变化、美学观念的变化和艺术价值观的变化。

本 讲 小 结

本讲介绍了现代主义建筑的设计原则，格罗皮乌斯、勒·柯布西耶等现代建筑代表人物的思想理论、风格特色和代表性作品。

思 考 题

1. 简述现代主义建筑的设计原则。
2. 试分析包豪斯新校舍的设计特点。
3. 举例说明格罗皮乌斯的建筑思想和建筑风格。
4. 举例说明勒·柯布西耶的建筑风格及其变化。

第 **19** 讲

现代主义建筑及代表人物(下)

　　了解现代主义建筑的代表人物密斯·凡·德·罗和赖特在建筑领域的成就及其影响；通过对他们的代表性作品的评析，理解他们的建筑设计思想及理论；掌握他们的建筑艺术特色，从中学习一些设计处理方法，拓展思维，提高建筑作品的赏析能力。

教学要求

能力目标	知识要点	相关知识
能够赏析密斯的作品，理解其建筑观点，掌握其建筑艺术特色	密斯·凡·德·罗的建筑思想理论及作品	密斯·凡·德·罗的生平、建筑思想理论、主要作品评析、设计风格
能够赏析赖特的作品，理解其建筑设计思想及有机建筑理论，掌握其建筑艺术特色	赖特的设计思想及作品	赖特的生平、建筑思想理论、主要作品评析、设计风格

引例

密斯·凡·德·罗和赖特都是世界公认的现代主义建筑大师,但又各具艺术特色。密斯·凡·德·罗的设计风格风靡欧美达 20 余年,他的建筑被处处效仿,尤其是钢和玻璃的摩天楼,更是使美国乃至世界成为现代玻璃摩天楼风靡一时的代表。而赖特则另辟蹊径,他的"有机建筑"虽然不能被到处采用,但同样受到普遍的赞誉。他们各自究竟有着什么样的建筑设计思想?以怎样的建筑诠释自己的设计思想,又展现出了怎样的建筑艺术特色?

19.1　密斯·凡·德·罗

路德维西·密斯·凡·德·罗(1886—1969 年)是 20 世纪最著名的建筑大师之一,也是一位卓越的建筑教育家。

1886 年,密斯出生于德国亚琛的一个石匠家庭。密斯没有受过正式的建筑学教育,他对建筑最初的认识与理解始于父亲的石匠作坊和亚琛那些精美的古建筑。可以说,他的建筑思想是从实践与体验中产生的。1908 年密斯进入贝伦斯事务所任职,1919 年开始在柏林从事建筑设计,1926—1932 年任德意志制造联盟第一副主任,1929 年他设计了久负盛名的巴塞罗那世界博览会德国馆(彩图 34),1930—1933 年任德国公立包豪斯学校校长,希特勒上台后,包豪斯被查封。1937 年,密斯应邀到美国,1938—1958 年任伊利诺理工学院建筑系主任,并完成了校园规划和主要建筑设计,从此定居美国。20 世纪 40 年代后期,他不断发展钢和玻璃在建筑中的应用,设计了许多经典作品,赢得了无数荣誉。

19.1.1　建筑思想理论

密斯·凡·德·罗在第一次世界大战结束后,积极地投入新的建筑原则和建筑手法的探索中。虽然当时并没有实际的建筑工程可做,但并不妨碍思想活跃的建筑师在纸上展现构思。1919—1924 年间,密斯·凡·德·罗先后提出了 5 个建筑示意方案,其中有两个玻璃摩天楼,如图 19.1 所示。这时期他发表的言论中强调建筑要符合时代特点,"所有的建筑都和时代紧密联系,只能用活的东西和当代的手段来表现,任何时代都不例外。……在我们的建筑中试用以往时代的形式没有出路"。他重视建筑结构和建造方法的革新,"建造方法的工业化是当前建筑师和营造商的关键问题","我们不考虑形式问题,只管建造问题。形式不是我们工作的目的,它只是结果"。

图 19.1　玻璃摩天楼模型

 **特别提示**

密斯·凡·德·罗矢志不渝地把他的建筑观点贯彻在自己的设计中。但在建筑形式问题上,从他的作品中反映出密斯并非不考虑形式,而是相当注重形式。

 知识链接

两个玻璃摩天楼的方案是密斯于1919—1921年提出的,它们通体用玻璃作外墙,晶莹剔透,从外面可以看见内部一层层的楼板,密斯解释说:"在建造过程中,摩天楼显示出雄伟的结构,巨大的钢架壮观动人。可是砌上墙以后,作为一切艺术的基础的骨架就被无意义的琐屑形象所淹没。"到20世纪50年代,摩天楼终于得以实现,并风靡世界,足以说明密斯的摩天楼构想是具有前瞻性的。

1928年,密斯·凡·德·罗提出了"少就是多"(Less is more)的建筑处理原则。在这一原则指导下,密斯设计的建筑,无论是建筑造型、结构构造、材料选择,还是室内装饰和家具,都精炼到不能再改动的地步,从而创造出一种以精确简洁为特征,并富有结构逻辑性的建筑艺术。"少就是多"的建筑处理原则在1929年密斯设计的巴塞罗那世界博览会德国馆等建筑中得到了充分体现。

密斯·凡·德·罗创造性地提出了解决建筑空间问题的新方法——"流动空间"。在巴塞岁那世界博览会德国馆中,玻璃和大理石的墙面纵横交错、自由分隔,形成了一些半封闭半开敞的空间,它们隔而不断、相互穿插、内外连通,成为"流动空间"思想的典型范例。

20世纪50年代以后,密斯又提出了"全面空间"的新概念。他认为"建筑物服务的目的是经常会改变的,但是我们并不能去把建筑物拆掉。因此我们要把沙利文的口号形式跟从功能倒转过来,去建造一个实用和经济的空间,以适应各种功能的需要"。在这种"形式不变、功能可变"的思想指导下,密斯身体力行地在20世纪50—60年代建造的伊利诺理工学院克朗楼、西柏林国家美术馆、范斯沃斯住宅等建筑中对"全面空间"概念做出了最完美的诠释。"全面空间"概念成为20世纪后期建筑界影响最大的设计思想之一。

密斯·凡·德·罗认为结构和构造是建筑的基础,他说:"我认为,搞建筑必定要直接面对建造的问题,一定要懂得结构构造。对结构加以处理,使之能表达我们时代的特点,这时,仅仅在这时,结构成为建筑。"由此,他致力于钢结构在建筑中的应用探索,把钢和玻璃完美结合,创造出严谨、精确、纯净以致精美的形式语言。伊利诺理工学院克朗楼、范斯沃斯住宅等建筑无不展现出简洁精致的形式、优美的比例关系、清晰的结构逻辑、精美的节点处理。密斯实现了他在1919—1921年关于玻璃摩天楼的憧憬,他设计的西格拉姆大厦等钢框架和玻璃的高层建筑成为美国乃至世界现代玻璃摩天楼的代表。

19.1.2 主要作品评析

1. 巴塞罗那博览会德国馆

【参考视频】

巴塞罗那博览会德国馆(图19.2)建于1929年。整个德国馆建在一个石砌的平台基座之上,由一个主厅和一个附属用房组成。这两部分相对独立,之间有一条长长的大理石墙连接,如图19.3所示。入口处前方的平台上面有一个大水池,与主厅后院的一个小水池相互呼应。

图19.2　巴塞罗那博览会德国馆

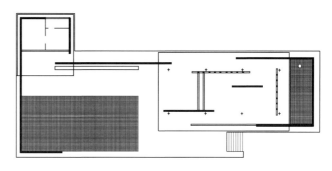

图19.3　巴塞罗那博览会德国馆平面图

　　主厅的承重结构为 8 根十字形断面的钢柱，上面直接顶着一片薄薄的平板屋顶。大理石和玻璃构成的墙片都只是隔墙，它们似乎很偶然地布置在那，有的独立一片，有的穿插交汇，有的从室内一直延伸出去成为室外的院墙，如图 19.4 所示，由此形成了似封闭似开敞、既分隔又连通、相互穿插融合的空间，室内外空间也交融在一起，没了明确的界限。处处似隔非隔，隔而不断，形成了奇妙的流动空间。

　　这座建筑形体处理十分简单，薄薄的平板屋顶向四面挑出，墙也是简单光洁的薄片，没有任何线脚，镀铬的钢柱上下也没有变化。所有构件的连接都是直接相遇，不同构件和不同材料之间不做过渡性的处理，一切都是简单明了、干净利落，给人以清新明快的印象，如图 19.5 所示。

图19.4　主厅内墙板延伸成室外院墙

图19.5　简单明了的构件连接

　　整个建筑没有附加的雕刻装饰，但突出了建筑材料本身的颜色、纹理和质感。地面均采用灰色的大理石，墙面为绿色大理石，主厅内其中一片独立的墙面采用了色彩绚丽斑斓的条纹玛瑙石材，如彩图 35 所示。玻璃隔墙有灰色和绿色两种，内部的一片玻璃墙还带有刻花。这些丰富多彩、色泽斑斓的大理石墙面、明净含蓄的玻璃隔墙与挺拔光亮的镀铬钢柱交相辉映，表现出高雅华贵、超凡脱俗的气质。

　　室内布置着几处桌椅，这些椅子是密斯亲自设计的，它们造型优美，被称为"巴塞罗那椅"。除此之外，再无其他陈设品。其实，建筑本身就是展览品。

特别提示

巴塞罗那博览会德国馆以其灵活多变的空间布局、新颖的体形构图和简洁的细部处理获得了成功。它充分体现了密斯"少就是多"的建筑处理原则，解读了"流动空间"的概念。

知识链接

巴塞罗那博览会德国馆建成 3 个月之后，就随着博览会的闭幕而拆除了。德国馆存在的时间不长，但其所产生的重大影响一直持续着。仅当时拍摄的十几张黑白照片，就影响了几代建筑师。

1957 年，一位年轻的西班牙建筑师博西加斯写信给密斯，提出重建巴塞罗那德国馆，密斯同意了，但因经费问题搁置下来。到 20 世纪 70 年代，又有两位西班牙建筑师建议重建这一建筑，以纪念德国馆建成 50 周年，但没能实现。1981 年，博西加斯当上了巴塞罗那市的城市部部长，他发起创立"密斯-德国馆基金会"，募集资金，决心重建德国馆。在密斯百年诞辰时，人们在原址，按照原来的样子，认认真真地把它重建起来。为了尽可能接近原作，人们花费了很多心思。如原来的绿色玻璃，从仅有的几张黑白照片上很难确定是哪一种绿色。于是找来多种绿色玻璃，在天光下拍出黑白照片，与原来的黑白照片一一比对，选出颜色、质感、透明度最接近者使用。现在，人们终于可以看到和原作几乎一模一样的巴塞罗那德国馆了。

2. 范斯沃斯住宅

范斯沃斯住宅建于 1946—1951 年，是一位单身女医生的周末乡村别墅，它坐落在 3.8 公顷的绿地上，南面是福克斯河，周围林木茂密，环境优美，如图 19.6 所示。

整幢住宅是一个透明的玻璃方盒子。平面为长方形，如图 19.7 所示。住宅由 8 根工字形钢柱作支撑骨架，通过焊接贴在屋面和地板的横梁外，四周全是落地玻璃，如图 19.8 所示。房子的地板是架空的，在门廊前有一个过渡平台，使入口处理别具趣味。室内中央有个长条形的服务核心，包括卫生间和管道井等，其他再无固定的分隔，起居室、卧室、餐厅、厨房都位于一个敞通的大空间中，仅以家具分隔，如图 19.9 所示。

【参考图文】

图 19.6 环境优美的范斯沃斯住宅

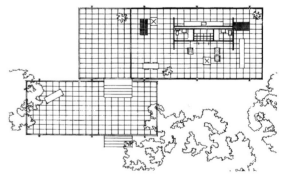

图 19.7 范斯沃斯住宅平面

图 19.8　范斯沃斯住宅　　　　　　　　图 19.9　范斯沃斯住宅室内

这个像水晶一样纯净的玻璃盒子简洁明净,高雅别致。袒露于外部的钢结构均被漆成白色,与周围的树木草坪相映成趣。玻璃围合而成的开敞性空间使身处室内的人似乎置身于自然环境中,周围那些糖枫林与灌木丛也仿佛就穿梭于室内外之间,室内外空间融合在一起。

在这个晶莹的玻璃盒子里观赏风景再适宜不过了,或许它更像是一座亭榭。然而,作为住宅,它在使用功能和私密性等方面却存在很大问题。

 特别提示

范斯沃斯住宅以其简洁纯净的形式著称于世,精简到了极限的结构构件使它成为一个名副其实的玻璃盒子。它是密斯·凡·德·罗把"全面空间"思想应用于住宅建筑上的一个创举。

 知识链接

范斯沃斯是一位单身女医生,在距芝加哥47英里的普南诺南郊购置了一片3.8公顷的土地,希望建造一座周末乡村别墅。密斯受邀设计,1946年住宅方案已形成,1949年正式动工,1951年才竣工。建造过程中,密斯越来越关心他的理想是否转化为现实,他毫不顾及因朝鲜战争而造成的通货膨胀,只管选用优质的材料和精美的施工方法,因而女医生对他越来越不满。

住宅建成后,显得晶莹夺目,高贵雅致,其纯净的形式和技术的精美是无可否认的,与自然环境的结合也处理得极为协调。然而,作为住宅,它在使用功能和私密性等方面都存在很大问题。夏天,骄阳透过糖枫林,把室内变成暖炉,热得女医生大汗淋漓;严冬,大片的玻璃面凝冻,冷得她直打寒战;这个透明的房子也让她在使用中处处感到不便,她说自己就像是一个被展览的动物,任人窥视;而且房子的造价比原计划超出了85%。结果,范斯沃斯一纸诉状把密斯告上法庭,使这座备受赞誉的建筑也惹来了许多非议。

3. 伊利诺理工学院克朗楼

1950—1956 年密斯设计了伊利诺理工学院建筑系馆——克朗楼。整座建筑为长方形基地,共两层。上层是一座精美的玻璃方盒子,由"工"字形钢柱支撑着四榀大钢梁,屋顶悬挂在大梁之下,四壁全是大玻璃窗,如图 19.10 所示。内部为一个没有内柱和墙体、可供 400 多人同时使用的大通间,里面包括绘图室、图书室、展览室和办公室等,这些不同的区域都是用一人多高的活动木隔板来划分的，如图 19.11 所示，目的是让学生可以把设计方案挂在隔板上，以便教师和学生、学生之间相互讨论，增加教学气氛。下层是半地下室，包括车间、教室、贮藏室和盥洗间等，外墙面开有高侧窗，以解决下层空间的采光和通风问题。这种大通间的空间形式体现了密斯以"形式不变"应"功能万变"的"全面空间"思想。

图 19.10　克朗楼

图 19.11　克朗楼上层内景

 特别提示

　　克朗楼像它的名字 crown(皇冠)一样精致典雅，它诠释的"全面空间"思想是 20 世纪建筑界影响最大的思想之一。但据说很少有人愿意在这个毫无遮拦的偌大空间里学习和工作，情愿躲到地下室去。

 知识链接

　　密斯·凡·德·罗出任伊利诺理工学院建筑系主任后不久，就接受了伊利诺理工学院新校园规划和设计的任务。新校园位于芝加哥市区东南端，基地为面积 110 英亩的长方形地段，设置由行政管理楼、图书馆、各系馆、小教堂等十多幢建筑。新校园总体布局是按照 24 英尺(1 英尺≈0.31 米)模数的方格网来规划的，每座建筑也都采用同样模数，高度以 12 英尺为模数。在形式上，黑色的钢框架显露在外，框架之间是透明的玻璃或米色的清水砖墙，施工十分精确和细致，一切都显得那么有条理和现代化。密斯在校园中较著名的作品有矿物与金属研究馆、校友纪念馆、小教堂、食堂与商店服务楼等。

　　4．纽约西格拉姆大厦

　　位于纽约曼哈顿区花园街的西格拉姆大厦是一座豪华的办公楼，建于 1954—1958 年。大厦共 38 层，总高达 158m。整座建筑放在一个粉红色花岗石砌成的大平台上，前面留有一个带水池的小广场。大厦底层除了门厅和交通设备外，留出两层高的开敞的空廊，如图 19.12 所示。建筑物外形极为简单，是方方整整的正六面体。整座大厦采用刚刚发明的染色隔热玻璃作幕墙，以笔挺的垂直线为主的窗框用钢材制成，外包铜皮。稳重的古铜色的窗框与茶色玻璃相配合，使大厦显得优雅华贵，与众不同，外观如图 19.13 所示。大厦的细部处理都经过慎重的推敲，精巧的结构构件、茶色的玻璃、简约的内部空间、昂贵的建材加上精确无误的施工，使西格拉姆大厦成为纽约最精美的大厦之一。

图 19.12　西格拉姆大厦底层空廊

图 19.13　西格拉姆大厦

 特别提示

西格拉姆大厦实现了密斯本人在 20 世纪 20 年代初的摩天楼构想，体现出密斯讲求技术精美的设计倾向。西格拉姆大厦被认为是现代建筑最经典的作品之一。

5．西柏林国家美术馆

西柏林国家美术馆建于 1962—1968 年，美术馆正面朝东，建在一个方形的大平台上，平台正面和两侧都有踏步可供上下。美术馆分两层。上层用于短期展览美术作品，为一个宽敞的正方形玻璃大厅，整个屋顶由 8 根钢柱支撑，每边两根，没有角柱，大厅的玻璃幕墙自平屋顶边缘向内退进 24 英尺，形成一圈宽阔开敞的回廊，如图 19.14 所示。大厅内没有任何支柱，只有楼梯、电梯、衣帽间、管道间等辅助设施，以及 4 片装饰性的绿色大理石墙来划分空间。供展览用的活动隔板全部从屋顶梁架上向下悬挂，在地面上无支撑固定，如图 19.15 所示。玻璃幕墙除正面外，全用白色生丝窗帘遮挡。方格网状的天花内嵌有可变的灯光设备，以供各种展览的需要。下层为地下室，主要用于存放永久性美术品。平台后面是一个长条形下沉式庭院，布置有露天的雕刻展品和花木。

图 19.14　西柏林国家美术馆

图 19.15　西柏林国家美术馆上层内景

图 19.16 钢柱与屋顶的连接

【参考图文】

特别提示

在西柏林国家美术馆的设计中，柱子已经简到不能再简的地步，64.8m² 的巨大屋顶只靠 8 根十字形钢柱支撑，钢柱与屋顶的连接处被精简成一个小圆球，如图 19.16 所示，让人不由惊叹密斯的设计精致无比。

19.1.3 建筑艺术特色

密斯·凡·德·罗 1928 年提出的"少就是多"集中反映了他的建筑观点和艺术特色。密斯通过对钢框架结构和玻璃在建筑中应用的探索，发展了一种具有古典式的均衡而又极端简洁的风格。裸露的骨架、纯净透明的外形、灵活多变的流动空间或全面空间、简练精美的细部是密斯建筑作品的鲜明特点，成为密斯的标志，被称为密斯风格。

19.2 赖 特

赖特是 20 世纪美国最重要的建筑师，对现代建筑有很大的影响，他的建筑思想和欧洲新建筑运动的代表人物有明显的差别，他走出了一条独特的道路。

1867 年，赖特出生在美国的威斯康星州。少年时代他曾在威斯康星州的农场寄居，这段日出而作日落而息的庄园生活使他深刻地了解了自然，热爱上自然。赖特在大学中学习土木工程，后来转而从事建筑。19 世纪 80 年代后期，赖特开始在芝加哥从事建筑活动，曾经在芝加哥学派著名建筑师沙利文的建筑事务所中工作过。1893 年，赖特建立自己的工作室，开始独立创业。从 19 世纪末到 20 世纪最初的 10 年中，他在美国中西部设计了许多小住宅和别墅。1910 年《赖特摄影展》在欧洲展出，引起欧洲各界的强烈反响。1922 年赖特受邀设计了日本东京帝国饭店，它在 1923 年的东京大地震中奇迹般地保存下来，为赖特赢得了声誉。1935—1939 年完成了久负盛名的流水别墅。1940—1959 年是赖特一生最辉煌的一个时期，他获得了很多奖项和荣誉。1959 年 4 月，赖特逝世。他毕生共做了 400 多个建成的设计，出版几十部建筑著作及论文集，对美国乃至全世界建筑界产生了极其深远的影响。

19.2.1 设计思想与理论

赖特的青少年时代是在 19 世纪度过的，早年在威斯康星州农场的生活经历对赖特的影响非常深刻，赖特在自传中描述："威斯康星牧场的自然美是人造花园不能相比的，在自然的怀抱中，我纵情享受和体验，感受尤深的是鲜红的百合花，以致这种火一样红的方块在后来成为我的书、画和建筑的一个标记，我还观察蚁穴、抓青蛙、研究蜻蜓、海龟，兴趣十足地琢磨它们的奇异生态、斑斓的花纹和迷人的结构。这些就是我后来称为风格的东西。……突然有一天，我开始领悟到了一切建筑风格的秘诀，这与树木产生特征的道理是相同的。"对自然的热爱和崇敬深刻影响着赖特的建筑思想。在他看来，美源于自然，对建筑师来说自然是最丰富、最有启示的美学源泉。赖特后来总是对他的学生说："你们应当了解大自然、热爱大自然、亲近大自然，它永远都不会亏待你的。"

赖特崇尚自然的建筑设计理念贯穿在他一生的设计创作中。他坚持认为"建筑是自然的，要成为自然的一部分"，建筑应该和它周边的环境相互和谐，就像是原来就长在那儿的一样。赖特一直崇尚材料的自然美，尊重材料的天然特性。他注意观察材料的内在性能，包括形态、纹理、色泽、力学和化学性能等，并在建筑中运用和表现它们。他指出"每一种材料有自己的语言……每一种材料有自己的故事"，"对于创造性的艺术家来说，每一种材料有它自己的信息，有它自己的歌"。

赖特声称，他设计的建筑是有机建筑。他说自然界是有机的，建筑师应该从自然中得到启示，房屋应当像植物一样，是"地面上一个基本的和谐的要素，从属于自然环境，从地里长出来，迎着太阳"。赖特主张设计每一个建筑都应该根据各自特有的客观条件形成一个理念，把这个理念由内到外，贯穿于建筑的每一个局部，使每一个局部都互相关联，成为整体不可分割的组成部分。"只有当一切都是局部对整体如同整体对局部一样时，我们才可以说有机体是一个活的东西，……这种'活'的观念能使建筑师摆脱固有的形式的束缚，注意按照使用者、地形特征、气候条件、文化背景、技术条件、材料特征的不同情况而采用相应的对策，最终取得自然的结果而并非是任意武断地加强固定僵死的形式"。赖特还认为建筑之所以为建筑，其实质在于它的内部空间。他倡导着眼于内部空间效果来进行设计，"有生于无"，屋顶、墙和门窗等实体都处于从属的地位，应服从所设想的空间效果。这种思想与中国古代思想家老子的"凿户牖以为室，当其无，有室之用，故有之以为利，无之以为用"所论述的"有"与"无"的辩证关系不谋而合。

事实上，赖特的有机建筑理论本身很散漫，说法很虚玄，让人不易捉摸。人们普遍认为，赖特的有机建筑理论的核心就是"整体和局部不可分割的一体性"。体现建筑的内在功能和目的、与环境协调、体现材料的本性是有机建筑在创作中的具体表现。

赖特对农村和大自然的深厚感情影响到他对 20 世纪美国社会生活方式的不满，他对现代大城市持批判态度，他很少设计大城市里的摩天楼。赖特对于建筑工业化也不感兴趣，他一生中设计得最多的建筑类型是有钱人的别墅和小住宅，大量性的建筑类型和有关国计民生的建筑问题较少触及。

19.2.2 主要作品评析

1. 草原式住宅

草原式住宅大都属于中产阶级，坐落在郊外，用地宽阔，环境优美。住宅平面常做成"十"字形，以壁炉为中心，起居室、书房、餐室都围绕壁炉布置，卧室常设在楼上。室内空间尽量做到既分隔又连成一片，并根据需要有着不同的净高。窗户宽敞，使室内外空间联系密切。建筑外形上，高低不同的墙垣、坡度平缓的屋面、深远的挑檐和层层叠叠的水平阳台与花台组成水平线条，以垂直的烟囱统一起来，显得舒展、安定而又丰富。外部材料多表现为砖石本色，与自然很协调。

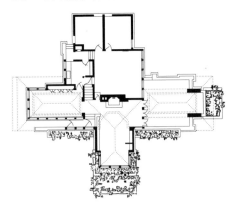

图 19.17　罗伯茨住宅平面

赖特于 1907 年设计的罗伯茨住宅是草原式住宅的典型范例之一。建筑平面是惯用的十字形，大火炉在它的中央，如图 19.17 所示。室内采用两种不同的层高，起居室净高为两层的高度，顶棚根据屋顶的自然坡度灵活处理，顶棚下设了一圈陈列墙，使室内空间富有变化。建筑外形上互相穿插的水平屋檐及其在墙面门窗上的落影，衬托出一幅生动活泼的图景，整个建筑与自然环境十分协调。

1908 年设计的罗比住宅是赖特最著名的作品之一，如图 19.18 所示。住宅平面根据地形布置成长方形，起居室纵向升起，但又通过壁炉的厚重体积将它牢牢地锚固在地上。入口在背街处，层层的水平阳台和花台使沿街立面保持连续不断的水平线条。整个外形低矮舒展，与美国西部广阔的草原风光构成完美的图画。

2. 东京帝国饭店

1915 年，赖特被邀请到日本设计了东京的帝国饭店，如图 19.19 所示。这是一个层数不高的豪华饭馆，平面大体为"H"形，有许多内庭院。建筑的墙面是砖砌的，用了大量的石刻装饰，显得复杂热闹。从建筑风格来说它是西方和日本的混合，而在装饰图案中又夹有墨西哥传统艺术的某些特征。

为赖特赢得声誉的是这座建筑在结构上的成功。日本是多地震的地区，赖特和参与设计的工程师采取了一些新的抗震措施，甚至庭园中的水池都考虑到兼作消防水源之用。帝国饭店建成一年后，即 1923 年，东京发生了大地震，周围大批房屋都倒塌了，帝国饭店经受住了地震的考验，并在火海中成为一个安全岛。

图 19.18　罗比住宅图

图 19.19　东京帝国饭店

3. 流水别墅

1934 年，德裔富商考夫曼邀请赖特在宾夕法尼亚州匹兹堡市东南郊的熊跑溪设计一座周末度假别墅。赖特经过实地考察，看中一处山石起伏、林木繁茂的风景点，这里一条小溪从岩石上跌落而下形成小瀑布，赖特别出心裁地将别墅建造在小瀑布上方。

流水别墅(图 19.20 和彩图 36)最成功的地方是与周围自然环境的紧密结合。别墅共 3

层，从外观上看，巨大的钢筋混凝土挑台自山体向前伸展出来，一层挑台向左右延伸，二层挑台向前方挑出，杏黄色的横向挑台栏板参差错叠，有凌空飞翔之势。几道用当地灰褐色片石砌筑的宛若天成的毛石竖墙交错穿插在挑台之间，将建筑牢牢地锚固在山体上，瀑布自挑台下奔流而出。建筑与溪水、山石、树木自然地结合在一起，仿佛整座建筑是由地下生长出来似的。

【参考图文】

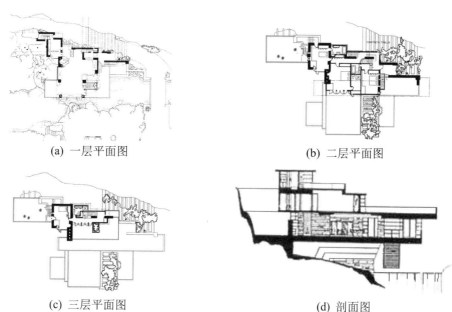

(a) 一层平面图

(b) 二层平面图

(c) 三层平面图

(d) 剖面图

图 19.20 流水别墅平、剖面图

别墅的室内空间也不同凡响，以起居室为中心自由延伸，相互穿插，并与室外空间融合。起居室内采用磨光的片石铺地，粗犷的毛石墙，右侧的壁炉也是用当地的片石砌成，壁炉前一大块原本就有的岩石突出地面，成了天然装饰，加上木柴、铜壶、树墩等物件，使这里犹如天然洞府一般，充满山林野趣。一览无遗的带形窗把人的视线引向室外，使室内空间与四周繁茂的山林相互交融，如图 19.21 所示。起居室的左侧悬挂有一个小楼梯，从这里拾级而下，可以直达水面，楼梯洞口不仅可以俯视水面，也引来了潮润的清风。

图 19.21 流水别墅起居室

 知识链接

流水别墅在完工前就已受到广泛关注，以后每年都有超过 13 万的游客访问。1963 年，考夫曼决定将别墅捐赠给宾夕法尼亚州文物保护协会。

4. 西塔里埃森

西塔里埃森是赖特冬季使用的居住和工作的总部，坐落在荒凉的沙漠中，那里气候炎热，雨水稀少。赖特和他的学生自己动手建造了这组不拘形式、充满野趣的建筑群，如图 19.22 和图 19.23 所示。建筑方式就很特别，先用当地的石块和水泥筑成厚重的矮墙和墩子，上面用木料和白色帆布板遮盖。需要通风的时候，帆布板可以打开或移走，这时可以对四周景观一览无余。建筑的外形十分特别，粗犷的毛石墙参差起伏，巨大的不加油饰的赭红色木梁裸露着，与白色帆布板错综复杂地组织在一起，显得野趣十足，整个建筑就像是从那块土地里生长出来的。

图 19.22　西塔里埃森

图 19.23　西塔里埃森室内

 知识链接

赖特反对正规的学校教育，经常有一些来自世界各地的追随者和学生与他居住在一起，一边学习一边为他工作。西塔里埃森是赖特 1938 年起在亚利桑那州的一处沙漠上修建的冬季使用的总部。赖特曾在 1911 年威斯康星州斯普林格林建造了一处居住和工作的总部，称为"塔里埃森"。

5. 约翰逊制腊公司办公楼

1936 年，赖特设计了约翰逊制腊公司办公楼。它是一个低层建筑，外墙用砖砌成，并不承重。外墙与屋顶相接的地方有一道用细玻璃管组成的长条形窗带。这座建筑物的许多转角部分是圆的，墙和窗子平滑地转过去，组成流线型的横向建筑构图。

【参考视频】

最引人注目的是它的开敞式的办公大厅，如图 19.24 所示，可容纳几百名办公人员。办公大厅的结构别出心裁地采用了钢丝网水泥的蘑菇形柱子，中心是空的，由下而上逐渐增粗，到顶部扩大成一片圆板。许多这样的柱子排列在一起，在圆板的边缘互相连接，其间的空隙用组成图案的细玻璃管填充，再用玻璃覆盖形成带天窗的屋顶，阳光柔和地洒进室内。这种柔软、重复、轻盈飘浮的植物般的支柱创造了一种垂直方向的空间体验。著名建筑理论家吉提翁在参观时感叹道："我抬头看见上面的光线，恍若池底的游鱼。"为此，他容忍了建筑的造价超过一倍，认为这种增加创造了意义。

这座建筑结构特别，形象新奇，仅建成后前两天就吸引 30000 多人前来参观，约翰逊制腊公司也因此随之闻名。

6. 纽约古根海姆博物馆

S.R.古根海姆是一个富豪,他邀请赖特设计这座博物馆以展览他的美术收藏品。设计方案在 1942 年完成,但博物馆直到 1959 年 10 月才建成开幕。博物馆坐落在纽约第五号大街上,如图 19.25 所示。博物馆分为两个部分,主体部分是展览大厅,一个很大的 6 层高的螺旋形建筑,另一部分是行政办公部分,4 层圆形建筑。展览大厅内部是一个高约 30m 的圆筒形空间,其底部直径在 28m 左右,向上逐渐加大。圆筒形空间周围有盘旋而上的螺旋坡道,下部坡道宽度接近 5m,到上部扩宽到 10m 左右。大厅内的光线来自上面的玻璃圆顶以及外墙上的条形高窗。美术作品沿着坡道的墙壁悬挂,参观时观众先乘电梯到达最顶层,然后循着坡道边看边下,如图 19.26 和图 19.27 所示。

图 19.24　约翰逊制腊公司办公楼大厅

图 19.25　纽约古根海姆博物馆

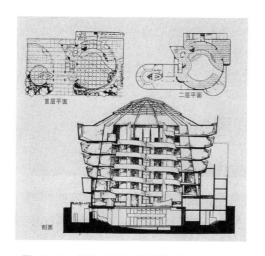

图 19.26　纽约古根海姆博物馆平、剖面图

图 19.27　纽约古根海姆博物馆室内

在盘旋而上的坡道上陈列美术品的确是别出心裁,它能让观众从各种高度看到许多奇异的室内景象。赖特认为人们沿着螺旋形坡道走动时,周围的空间才是连续的、渐变的,而不是片断的、折叠的。他说:"在这里,建筑第一次表现为塑性的。人从一层流入另一层,代替了通常那种呆板的楼层重叠……处处可以看到构思和目的性的统一。"但是,作为欣赏美术作品的展馆来说,这种布局引来许多麻烦。坡道是斜的,墙面也是斜的,这同挂画就有矛盾(因此开幕时陈列的绘画都去掉了边框)。还有,人们在欣赏美术作品时,常常要停

下来并且退远一些细细欣赏,这在不太宽的坡道上就不方便了。

博物馆开幕之后,许多评论者就指出古根汉姆博物馆的建筑设计同美术展览的要求是冲突的,建筑压过了美术,赖特取得了"代价惨重的胜利"(《纽约时报》的评论)。

 **特别提示**

赖特对现代大城市持批判态度,因此他很少为大城市设计建筑。纽约古根海姆博物馆是他在纽约设计的唯一建筑,那上大下小的白色螺旋形体、沉重封闭的外貌、异常的尺度等,使这座建筑看起来更像是童话世界中的房子,与高楼林立的街道环境很不协调。

19.2.3　建筑艺术特色

在建筑艺术方面,赖特的确有其独特之处。他的建筑空间灵活多样,既有内外空间的交融渗透,又有幽静隐蔽的特色;他既运用新材料和新结构,又始终重视和发挥传统建筑材料的优点,并善于把两者结合起来。注重与自然环境的紧密结合则是他的建筑作品的最大特色。赖特是 20 世纪建筑界的一个浪漫主义者和田园诗人,他的成就不能被到处采用,但却是建筑史上的一笔珍贵财富。

本 讲 小 结

本讲介绍了密斯·凡·德·罗、赖特等现代建筑代表人物的思想理论,代表性作品和艺术特色。

思 考 题

1. 分析巴塞罗那博览会德国馆的建筑设计特点。
2. 举例说明密斯·凡·德·罗的建筑观点和艺术风格。
3. 简述赖特的有机建筑论。
4. 分析赖特的有机建筑理论在流水别墅中的体现。

第20讲

第二次世界大战后的建筑活动与建筑思潮

　　了解第二次世界大战后的主要建筑活动；理解现代建筑的多元化发展及现代主义之后的建筑思潮；掌握各种设计倾向的特点及其代表人物与代表作品；掌握后现代主义建筑、解构主义建筑、新现代建筑等风格流派的主要特点及代表作。

能力目标	知识要点	相关知识
能够正确认识文化、社会意识形态、经济、技术等因素对建筑发展的影响，具备一定的建筑赏析能力，开阔视野，拓展思维	第二次世界大战后的主要建筑活动	世界各国在第二次世界大战后的建筑活动与发展
	第二次世界大战后建筑设计的主要思潮	主要建筑设计思潮的特点、代表人物及作品
	现代主义之后的建筑思潮	后现代主义建筑及其代表作品、解构主义建筑及其代表作品、多元化的当代建筑

第二次世界大战后,建筑活动十分活跃,占据主导地位的现代主义建筑得到了更广泛的传播与发展。同时,现代主义建筑的不足也日益显现并受到批判,现代建筑应该走向何方——死亡或变质?

20.1　第二次世界大战后的建筑活动

1939—1945 年的第二次世界大战给世界各国人民带来了灾难,对各国的建筑都造成了极大的损失。在第二次世界大战后的重建过程中,各国大力发展经济,从而带动了建筑业的迅猛发展;尖端科学在第二次世界大战后的发展日新月异,也强烈地影响着建筑;建筑材料工业、建筑设备工业、建筑机械工业与建筑运输工业也在不断地发展,又促进了许多国家的经济发展。与此同时,各国的建筑思潮非常活跃,现代建筑的设计原则得以普及,各种建筑思潮五花八门,建筑设计的理论呈现出多元化的趋势。

20.1.1　第二次世界大战后的建筑概况

第二次世界大战后初期,许多国家开始重建战争中受破坏的城镇。英国及荷兰在城市的规划设计方面做得尤为出色。当时,英国的城市人口膨胀问题非常严重,为此,英国做了大量的卫星城镇的规划,并付诸实施。如伦敦周围 8 个独立式的卫星城镇,到 20 世纪 50 年代中叶已经拥有一半的原计划人口。卫星城镇的规划实施在世界各国产生了较大的影响,具有很高的参考价值。在建筑设计上,以青年建筑师史密森夫妇为代表的新粗野主义和以库克为代表的阿基格拉姆派提出的未来乌托邦城市设想产生了较大影响。英国还建造了架空的"新陆地"(即上面是房屋,下面是机动车交通等一些服务性设施)以应对日益严重的交通堵塞问题。

法国在第二次世界大战后经济恢复得较快,建筑活动相当活跃。为解决居住紧张问题,住宅建设成为当务之急,大板结构体系、大模板现浇工艺等预制装配的工业体系用于住宅建造;20 世纪 60 年代,巴黎开始了其周围 5 个卫星城镇的规划建设,其中西郊的台方斯卫星城(图 20.1)是巴黎改建中的一个典型实例,它与旧城有很大的区别,整个城市分区明确,有最先进的设施,完善的交通系统,高层建筑林立;在建筑设计方面,建筑大师勒·柯布西耶的一些建筑设计给法国建筑界带来了深刻的影响,如马赛公寓、郎香教堂等。法国在建筑技术上也不断创新,建于 1958 年的国家工业与技术中心陈列大厅跨度达 218m,是迄今跨度最大的薄壳结构。

战争中损失严重的德国在第二次世界大战后经济发展较快,到 1970 年居于美、日之后排在第三位。第二次世界大战后德国首先着手于住宅建设;在设计思想上,以现代建筑为主要潮流,受巴特宁、夏隆等现代建筑师的影响,西德建筑开始趋向现代化,如柏林爱乐音乐厅和斯图加特的罗密欧与朱丽叶公寓(夏隆设计);可同时容纳 2 万人活动的西柏林国际会议中心代表了 20 世纪 70 年代西德的经济水平和科技水平。

意大利在战争中受破坏的程度比德国要轻得多，到1970年它的工业产值居世界第7位。意大利的第二次世界大战后重建工作也是从住宅建设开始的，住宅以多层为主。在设计思想上，意大利比其他国家更加多样善变，传统风格在意大利从未消失，同时20世纪20年代的建筑思潮又给意大利建筑师以很大的影响。意大利还是较早发展高层建筑的国家，在20世纪50年代已出现了高层建筑，如1958年在米兰建成的皮瑞利大厦(图20.2)。

图20.1　巴黎台方斯卫星城

图20.2　皮瑞利大厦

 知识链接

在北欧一些国家，第二次世界大战后的建筑活动也非常出色，如瑞典、丹麦与芬兰，它们的建筑都有很重的"人情化"与"地域化"的倾向。

美国参与了两次世界大战，但在战争中并没有太大损失。因此，美国在建筑理论探索和建筑科学研究等建筑领域都处于世界领先水平。发展高层建筑是美国第二次世界大战后建筑的一个主要方面。昂贵的地价和业主炫耀财富与威信的需要，促进了高层建筑的发展，如利华大厦、西格拉姆大厦等。20世纪60年代后期，美国向新型结构的超高层发展，如汉考克大厦、纽约世界贸易中心、芝加哥西尔斯大厦(图20.3)等高度都达到100层以上。美国对居住建筑进行了多种建筑类型的探索，既有低标准的活动房，也有高档豪华的别墅花园，私人汽车的普及促使了城郊住宅区的蔓延。美国大城市周围也建过卫星城镇，主要是为了满足富裕阶层舒适生活的需求，但并不成功，美国曾兴建13个新城，到20世纪70年代末，只有6个发展较为成功。在建筑设计方面，美国在第二次世界大战期间摆脱了学院派设计思想，全面走上现代建筑道路。20世纪50年代以后，又出现了多种设计倾向，如典雅主义倾向、讲究技术精美的倾向等，20世纪70年代以后，美国的建筑思潮进入多元化发展时期。

 **特别提示**

美国在第二次世界大战后发展的高层建筑对各国的高层建筑发展都起到了积极的推动作用。

日本在第二次世界大战中经济遭受重创，但经过十几年的恢复，无论是工业生产还是科学技术都发展迅速，成为仅次于美国的经济大国。在建筑方面，通过建筑技术革新活动与技术管理，建筑企业很快实现了现代化。针对住房困难问题，第二次世界大战后日本政府立即着手建造简易住宅 30 万户，用来应急；20 世纪 50 年代开始大规模建设，并走上工业化道路。在大型公共建筑等方面也取得了突出的发展，如 1950 年丹下健三设计的广岛和平中心纪念馆和纪念券门(图 20.4)、1961 年前川国男设计的京都文化会馆与东京文化会馆、1963 年大谷幸夫设计的京都国际会馆等。日本在建筑设计方面受西方建筑思想影响较大，但也有建筑师将日本传统建筑与现代建筑结合起来，如东京代代木体育中心。20 世纪 60 年代中期，日本开始发展高层建筑，1968 年建成的东京三井霞关大厦高 36 层，1970 年建成的东京新宿京王广场旅馆高 47 层，1974 年建成的东京新宿住友大厦高 52 层、新宿三井大厦高 55 层。

图 20.3　芝加哥西尔斯大厦

图 20.4　广岛和平中心纪念券门

苏联在第二次世界大战后建设中，大量的住宅、工厂和公共建筑都得以修复和重建；在设计思想方面，苏联建筑师在 20 世纪 30 年代就曾提出"社会主义现实主义"的创作思想与方法，主要是主张建筑形式的审美价值与使用价值要统一，反对形式主义，一切从现实出发。苏联在 20 世纪 50 年代开始建造高层建筑。苏联的建筑无论是在建筑技术还是艺术形象上也都有很多的创新，在建筑领域产生了深远的影响。

20.1.2　高层建筑与大跨度建筑

1. 高层建筑

高层建筑虽然在 19 世纪末已经出现，但真正普遍发展起来是在 20 世纪。因为先进的工业国家城市人口密度过大，市区内的用地紧张，地价昂贵，为了在有限的土地上增加使用面积，迫使建筑向高空发展；另外，高层建筑可以留出空地，有利于城市绿化，改善环境，节约市政投资。而大财团为了展示实力和取得广告效应的需要，也对高层建筑的发展起到了推波助澜的作用。高层建筑现已成为城市建筑活动的主要内容。

1972年，国际高层建筑会议规定按建筑的层数多少将其划分为4类。第一类高层：9～16层(最高到50m)；第二类高层：17～25层(最高到70m)；第三类高层：26～40层(最高到100m)；第四类高层：超高层建筑，40层以上(100m以上)。

纵观高层建筑的发展过程，可以明确地看到高层建筑的发展与垂直交通问题的解决是密不可分的。19世纪以前，欧美的建筑层数都在6层以内，但从1853年载重升降机发明以后，高层建筑才成为可能。这以后高层建筑的发展大致可分为两个阶段。

第一阶段：从19世纪中叶到20世纪中叶，随着电梯的发明和新材料、新技术的应用，城市高层建筑出现。19世纪末，美国的高层建筑已达29层，118m高；1913年建成的伍尔沃斯大厦高度为52层，241m；1931年纽约帝国州大厦(图20.5)建成，高度为102层，381m。

 特别提示

在20世纪70年代前，纽约帝国州大厦一直保持着世界最高的纪录。

第二阶段：20世纪中叶以后，资本主义经济逐渐上升和新的结构体系的发展，促使高层建筑的建造出现了新的高潮，不仅在世界范围内普及，亚洲、非洲都有所发展，而且高度不断增加、数量不断增多、造型新颖。有代表性的高层建筑如下。

1950年，纽约联合国秘书处大厦建成，高39层，是早期板式高层建筑的代表。

1952年，纽约利华大厦建成，高22层，开创了全玻璃幕墙板式高层建筑的先河。

1965年，芝加哥马利纳城大厦建成，其由两座多瓣圆形平面公寓组成，高60层，177m，是塔式玻璃摩天楼的典范。

1968年，汉考克大厦建成，高100层，373m，建筑平面为矩形，在其4个立面上突出5个十字交叉的巨大钢桁架风撑，再加上四角垂直钢柱以及水平的钢横梁，从而构成了桁架式筒壁，大厦造型较独特。

1973年，纽约世界贸易中心大厦建成(图20.6)，其由并列的110层的双塔建筑组成，高411m。

1974年，芝加哥西尔斯大厦建成(图20.3)，高110层，443m，是世界最高的建筑物之一。

【参考视频】

【参考图文】

图20.5　纽约帝国州大厦　　　图20.6　原纽约世界贸易中心大厦

【参考图文】

1976 年在芝加哥建成的水塔广场大厦采用的是钢筋混凝土结构，高 76 层，264m。

除美国以外，高层建筑在世界各地也都有很大的发展，如 1955—1958 年在意大利米兰建成的皮瑞利大厦(图 20.2)，高 30 层，是早期欧洲高层建筑的代表；1969—1973 年法国巴黎的曼恩·蒙帕纳斯大厦地上 58 层，高 229m，是欧洲 20 世纪 70 年代最高的建筑；1974 年在多伦多建成的第一银行大厦高 72 层，285m，是当时除美国以外世界上最高的建筑。

构筑物的高度发展也是惊人的，继埃菲尔铁塔之后，1962 年，莫斯科电视塔高度达 532m；1974 年，加拿大多伦多国家电视塔高达 548m；20 世纪 80 年代初，华沙电视塔高 645.33m，是 20 世纪 80 年代世界最高的构筑物。

2. 大跨度建筑

大跨度建筑的发展是由于社会的需要和新材料、新技术的应用所促成的。在第二次世界大战后，不仅钢和混凝土强度提高，新建筑材料的种类也越来越多，合金钢、特种玻璃、化学材料等广泛用于建筑，为大跨度与轻质高强屋盖的发展创造了有利条件，新的结构形式也不断出现和推广，如混凝土薄壳与折板、悬索结构、网架结构、张力结构、充气结构等空间结构。

(1) 钢筋混凝土薄壳结构。用薄壳结构来覆盖大空间的做法越来越多，屋顶形式也多种多样。它可以用很少的材料来取得最大的效果。1950 年建造的意大利都灵展览馆是波形薄壳屋顶；1957 年建造的罗马奥运会的小体育宫(图 20.7)是网格穹隆形薄壳屋顶；世界上最大的壳体是 1958—1959 年巴黎国家工业与技术中心陈列大厅，双曲双层薄壳，两层壳体厚度只有 12cm，跨度达 218m，总建筑使用面积 90000m²。

(2) 悬索结构。高强钢丝的出现促进了悬索结构的发展。悬索结构的主要结构构件均承受拉力，因而外形与传统建筑迥异，但悬索结构在强风引力下容易丧失稳定性，所以技术要求较高。悬索结构分为单曲面和双曲面两类，一般双曲面的马鞍形结构应用较多，且发展较为迅速，如美国罗利市牲畜展赛馆(1954 年)、1957 年西柏林世界博览会上美国的牡蛎形会堂等。1964 年，日本建筑师丹下健三在东京建造的代代木国立室内综合竞技场(图 20.8)在悬索结构技术与造型方面都有很大的创新。

图 20.7　罗马奥运会的小体育宫

图 20.8　代代木国立室内竞技场

(3) 张力结构。张力结构是在悬索结构的基础上发展起来的，用钢索或玻璃纤维织品形成张力结构。此结构轻巧、施工简便、速度快，覆盖面积也非常大。1967 年，由古德伯罗和奥托设计的蒙特利尔世界博览会联邦德国馆(图 20.9)采用的是钢索网状张力结构。1972 年慕尼黑奥运会比赛场的看台顶棚应用的也是此种结构。

(4) 空间网架结构。这种结构也是大跨度建筑中应用比较普遍的一种结构形式,其是由许多杆件组成的网状结构,由于其自重轻、刚度大、整体性好、适应性强,因此被广泛应用于大型体育馆、飞机库等建筑中。1966 年美国得克萨斯州休斯敦市建造的一座圆形体育馆(图 20.10),直径达到 193m,高度约 64m。20 世纪 70 年代末,世界上跨度最大的建筑是 1979 年建造的美国底特律的韦恩县体育馆,采用圆形平面,直径达 266m。

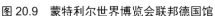

图 20.9　蒙特利尔世界博览会联邦德国馆　　　　图 20.10　休斯敦圆形体育馆

(5) 充气结构。充气结构使用的材料较为简单,一般为尼龙薄膜、人造纤维或金属薄片等,常用来构成建筑物的屋盖或外墙。有代表性的是 1970 年日本大阪世界博览会美国馆,采用椭圆形平面,覆盖面积为 10000m²。典型的还有 1975 年建成的密歇根州庞提亚克体育馆,跨度达到 168m,覆盖面积 35000m²。

 特别提示

20 世纪 70 年代以后,工程技术的进一步发展促使大跨度建筑取得了许多新的成就,尤其在体育场馆和交通类建筑方面,如蒙特利尔奥运会体育中心、莫斯科奥运会体育馆、日本福冈体育馆、挪威哈默尔冬季奥运会滑冰馆、日本关西国际航空港候机楼等,这些建筑空间开阔、功能与结构先进、造型新颖别致。

20.1.3　第二次世界大战后各国工业化的发展

第二次世界大战以后,科学的发展和各种工业技术的进步使人们对物质和生活的水平要求越来越高,建筑工业问题的解决与发展也成为各国亟待解决的问题之一,为了加快建筑的建设速度、节约资源,就必须要发展建筑工业化道路。

发展途径之一就是预制装配式结构建筑,即预先把构件和部件按一定的模数与定性制好,再拿到现场装配,这样人们摆脱了手工的束缚,在工厂大量预制构件运到工地装配,可以缩短工期,减少手工劳动力,如大板建筑。

其次,第二次世界大战后在建筑工业化最先受到欢迎的是轻质薄壁幕墙,尤其是玻璃幕墙,过去由砖石承担的保温、抗风等要求在薄壁高层建筑中需要以复杂的机械和电力设备来取得平衡，所以发达国家应用此技术较早。20 世纪 60 年代中期，预制混凝土外墙板被广泛采用，它取材于廉价的混凝土，生产制作简单、保温隔热性能好，能适用于不同地区和国家的自然与经济条件。

随着建筑工业化的发展，有了专门的工业化全装配建造体系，这些体系从专用到通用的发展，使建筑工业化体系程度越来越高，也使建筑师们可以摆脱传统观念的束缚，创造出更好、更多样化的建筑体系。

20.2 第二次世界大战后建筑设计的主要思潮

第二次世界大战后，现代建筑设计思想和原则被人们广泛接受，取代在西方传承数百年的学院派成为占主导地位的建筑思潮。在第二次世界大战的战后重建过程中，现代建筑显示了旺盛的活力，建筑理论的探索也非常活跃，从实践中发现自身的不足，即建筑应适应不同的人们在各种生活和活动中各种不同的物质与精神需求。因此，在第二次世界大战后的建筑实践活动中，逐渐表现出各种把满足人们的物质需要与精神需要结合起来的设计倾向，主要有对理性主义进行充实和提高的倾向、技术精美的倾向、粗野主义倾向、典雅主义倾向、高度工业技术倾向、人情化和地域化倾向、讲求个性与象征的倾向等。几种倾向虽然表现各异，但都注重满足人们物质和情感两方面的需要，同时又坚持建筑功能与技术的合理及其表现，并在建筑的艺术形式、环境、个性表现等方面不断创新。到 20 世纪 60 年代末，现代主义受到越来越多的批判，同时后现代主义开始兴起，之后各种新的设计思潮不断涌现，建筑设计全面进入了多元化发展时代。

1. 理性主义的充实与提高

理性主义形成于两次世界大战之间，以格罗皮乌斯、勒·柯布西耶等人为代表，因讲究功能、强调理性，常以方盒子、平屋顶、白粉墙、横向长窗的形式出现，又称为“功能主义”“国际主义”。理性主义的设计理念在第二次世界大战后被普遍接受和推广，并在实践过程中逐步进行了充实与提高，既讲究功能与技术合理搭配，又注意结合环境与服务对象的生活兴趣需要，在功能、技术、环境、经济等方面都取得了突破性发展，艺术形式也活泼动人、丰富多样。此类作品众多，最具代表性的作品是 1950 年格罗皮乌斯领导的协和建筑设计事务所设计的哈佛大学研究生中心(图 18.9、图 18.10 和图 18.11)和塞尔特 1963—1965 年设计的皮博迪公寓、1973 年设计的哈佛大学本科生科学中心(图 20.11)。这座建筑的特点是把相当复杂的内容与空间要求布置得十分恰当，科学中心是一个多功能的综合体，建筑面积 $2700m^2$，建筑的空间布局与主体形状呈“T”形，建筑主体的北端高 9 层，阶梯状地向南跌落，到南端入口处是 3 层，建筑的外墙是与哈佛老院砖墙颜色一样的预制板墙。

2. 讲究技术精美的倾向

讲究技术精美的倾向是第二次世界大战后 20 世纪 40 年代末至 20 世纪 50 年代下半期占主导地位的设计倾向。它最先流行于美国，在设计方法上属于比较“重理”的，以密斯·凡·德·罗为代表。它的设计特点是全部用钢和玻璃建造，构造与施工非常精确，内部没有或很少使用柱子，外形纯净与透明，清晰地反映着建筑材料、结构与它的内部空间。设计原则就是由密斯提出的"少就是多"，它主要包含了两个方面：简化结构体系，精简结构构件，使建筑内部产生很大的、没有屏障或者屏障很少、可做任何用途的建筑空间；净化建筑形式，精确施工，使之成为没有任何多余东西的，只由直线、直角组成的钢和玻璃的方盒子。代表作品有范斯沃斯住宅(图 19.6)、湖滨公寓、西格拉姆大厦(图 19.13)、伊利诺理工学院克朗楼(图 19.10)、西柏林国家美术馆(图 19.14 和图 19.15)、通用汽车技术中心(小沙里宁)等。20 世纪 50 年代，小沙里宁是密斯的追随者，他设计的通用汽车中心在形体界面的处理上较密斯更为活泼、丰富，既讲究技巧又接近人情。例如，他把汽车展示厅建造成为一个扁平的没有墙与顶的金属穹隆，把水塔建造成一个由 3 根钢柱顶着的发亮的金属盒子，并把水塔置于水池中，这些处理在整体上软化了周围严谨的密斯式办公楼与厂房。

3. 粗野主义的倾向

"粗野主义"是 20 世纪 50 年代中期到 20 世纪 60 年代中期流行一时的建筑设计倾向。它最早由英国史密森夫妇提出，他们认为建筑的美应以"结构与材料的真实表现作为准则"，"不仅要诚实地表现结构与材料，还要暴露它的服务性设施"。"粗野主义"的典型特点是"毛糙的混凝土，沉重的构件和它们的粗鲁结合"。因而让人很自然地联想到柯布西耶的马赛公寓大楼(图 20.12 和图 18.19)、昌迪加尔高等法院(图 18.20)，最终柯布西耶被戴上"粗野主义"的帽子。此外，英国斯特林和戈尔设计的兰根姆住宅、美国鲁道夫设计的耶鲁大学建筑与艺术系大楼、日本丹下健三设计的仓敷市厅舍等也都是此类作品。到 20 世纪 60 年代下半期以后，"粗野主义"倾向逐渐销声匿迹。

图 20.11　哈佛大学本科生科学中心

图 20.12　马赛公寓

知识链接

英国建筑师斯特林 20 世纪 60 年代的作品开始摆脱"粗野主义"的牵制，比较讲求功能、技术与经济，在形式上没有框框，自由大胆，可谓"野而不粗"，如 1959—1963 年斯特林和戈尔设计的莱斯特大学工程馆。

4. 典雅主义的倾向

"典雅主义"是同"粗野主义"并进但在艺术效果上却与之相反的一种倾向,致力于运用传统的美学法则来使现代的材料与结构产生规整与典雅的庄严感,又称"新古典主义"。赞成者认为:它给人一种像古典建筑似的有条理、有计划的安定感,并能使人联想到业主的权力与财富的雄伟感。反对者认为:它在美学上缺乏时代性、创造性,是思想简单、手法贫乏的、无奈的表现。典雅主义风格主要流行于美国,代表人物是约翰逊(P.Johnson)、斯

【参考图文】

东(E.D.Stone)和雅马萨奇(M.Yamasaki)等第二代建筑师。1955年斯东主持设计的美国驻印度新德里大使馆(图20.13)是"典雅主义"建筑作品的代表作,总体建筑群中包括大使馆主楼、大使住宅、随员宿舍和服务用房等,为适应印度干热的气候,主体建筑采用了封闭的内院式建筑,内外均设柱廊,并在其后衬以白色漏窗式幕墙,整个建筑端庄典雅,金碧辉煌。1958年约翰逊设计的纽约林肯文化中心和1973年雅马萨奇的纽约世界贸易中心,都是"典雅主义"的代表作品。

图 20.13　美国驻印度新德里大使馆

5. 注重高度工业技术的倾向

高度工业技术倾向是指在20世纪50年代末活跃起来的,把注意力集中在创新地采用与表现预制的装配化标准构件方面的倾向。此种倾向特点如下:主张用最新的材料制造体量轻、用料少、能够快速与灵活地装配、拆卸与改建的结构与房屋,在设计上,强调系统设计和参数设计。注重高度工业技术的倾向与当时社会上正高速发展的高度工业技术是分不开的。20世纪60年代企图以这种倾向来挽救城市危机和改造城市与建筑的设想是"巨形结构",它强调高度工业化和快速施工,强调结构的轻质高强与可装可卸,强调内部空间的可变与灵活。对于结构构件以及设备管道不加掩饰,暴露在外。在同一时期,日本著名的建筑师黑川纪章和丹下健三也主张强调事物的生长、变化与衰亡的原则,竭力主张采用最新的技术来解决问题。

【参考视频】

注重高度工业技术的倾向的作品有很多,最具特点和代表性的作品是第三代建筑师皮阿诺和罗杰斯设计的巴黎蓬皮杜国家艺术与文化中心(图20.14、彩图37),其外貌奇特,钢结构梁、柱、木桁架、拉杆等甚至涂上颜色的各种管线都不加遮掩地暴露在立面上。红色的是交通运输设备,蓝色的是空调设备,绿色的是给水、排水管道,黄色的是电气设施和管线。人们从大街上可以望见复杂的建筑内部设备,五彩缤纷,琳琅满目。它根本不像平常所见的博物馆。不可否认,这座建筑确实打破了旧建筑的框框,在技术上和艺术上都有所创新。

由丹下健三设计的山梨文化会馆(图 20.15)也是一座新型的以工业技术为特征的建筑，它是包括新闻广播、报社、印刷厂等在内的综合性建筑。英国设计师福斯特设计的香港汇丰银行(图 20.16)也是高技派的代表作品，室内比蓬皮杜艺术中心更为合理适用，而且充满了人文主义的色彩，入口大厅通向上层营业厅的自动扶梯呈斜向布置，使室内变化较多。

特别提示

高度工业技术倾向被称为高技派，是当代一个较小的建筑流派，特征是在建筑形象方面特别显现建筑结构、构造和机电设备等元素，它是技术主义思潮在建筑方面的产物。

图 20.14　巴黎蓬皮杜国家艺术与文化中心　　图 20.15　山梨文化会馆　　图 20.16　香港汇丰银行内景

6. 讲究"人情化"与"地方性"的倾向

这种倾向是现代建筑中比较"偏情"的方面，是一种既要讲技术又要讲形式，而在形式上又强调自己特点的倾向。讲究"人情化"与"地方性"的倾向最先活跃于北欧，在日本等地也有所发展。主要代表人物为芬兰的阿尔托——他肯定了建筑必须讲经济，批评了两次世界大战之间的"现代建筑"，说它是"只讲经济而不讲人情的技术的功能主义"，提倡建筑应该同时综合地解决人们的生活功能和心理感情需要。在造型上，不局限直线、直角，喜欢用曲线波浪形；在空间布局上，主张有层次感、有变化；在房屋体量上，强调人体尺度。这一

【参考图文】

流派代表作有阿尔托在 1951 年设计的珊纳特塞罗市政中心(图 20.17)，这组建筑位于一个小山坡上，是由会堂、办公楼、图书馆和一些小商店围合的一个四合院，随着地势的高低，布置成参差错落的轮廓线，入口在内院的一角，院内外都有树丛，使整组红砖建筑完全融入风景之中。此外，其他国家与地区的建筑师也有很多代表作品，如丹麦建筑师雅各森设计的苏赫姆的一组联立住宅，它是一座既现代化而又乡土风味浓厚的住宅。日本建筑师丹下健三提出的观点如下："地方性是包括传统性的，而传统性是既有传统又有发展的。"其代表作有香川县厅舍、仓敷县厅舍。

图 20.17　珊纳特塞罗市政中心图

7. 讲求"个性"与"象征"的倾向

讲求"个性"与"象征"的倾向在建筑形式上变化多端，这一流派的建筑师们对千篇一律的现代建筑风格感到厌烦。寻找其设计手段，大致有 3 点：运用几何形构图；运用抽象的或具体的象征；这种倾向的人有把自己固定在某一种手段上，也不与他人结派，而是各显神通地达到自己的预期效果。

首先，在运用几何构图中，美籍华裔建筑大师贝聿铭设计的美国华盛顿国家美术馆东馆(图 20.18)是一个杰出的代表作品。它建于 1978 年，是轰动一时的成功地运用几何形体的建筑，东馆造型醒目而清新，由两个三角形组成的平面与环境非常协调，内部空间十分舒展流畅，适用性极强，各部位的精心设计带给观众宜人的感受。其次，运用抽象的象征设计手法来表达的建筑设计，代表作品有柯布西耶的朗香教堂(图 18.21 和图 18.22)，该教堂像一件镂空的雕塑品一样，形体自由，线条流畅，设计充分采用了表现与象征的手法，柯布西耶认为教堂就应该是一个"高度思想集中与沉思的容器"，他把朗香教堂当作一个听觉器官来设计。此手法代表作品还有沙龙设计的柏林爱乐音乐厅，外形由内部的空间形状决定，周围墙体曲折多变，整个建筑物的内外形体都极不规整，难以形容。最后，运用具体的象征手段表达建筑设计的手法的代笔作品有小沙里宁的纽约肯尼迪航空港候机楼和伍重设计的悉尼歌剧院(彩图 37)。悉尼歌剧院是一座多功能的文化中心，内有中央大厅、音乐大厅、歌剧院、各种排演厅、录音厅、展览厅，坐落于贝尼湖岛，整个建筑设计在一个特大平台上，歌剧院、音乐厅、餐厅 3 个不同功能空间采用了 3 组形式相似而方向相反的钢筋混凝土尖拱形，整个建筑像乘风破浪的大帆船，具有强烈的动态感，这种采用象征主义手法进行的设计突出了建筑的个性，表现了建筑的特征，建筑无论从哪个角度看，都已成为悉尼市的标志性建筑物。

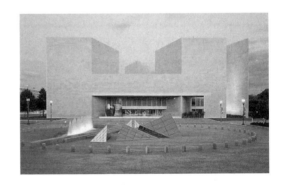

图 20.18　华盛顿国家美术馆东馆

知识链接

【参考视频】

贝聿铭，美籍华裔建筑师，1917 年生于广州。作为 20 世纪世界最成功的建筑师之一，贝聿铭设计了大量的划时代建筑。代表作品有以下几个。1982 年设计的北京香山饭店，是他将现代建筑艺术与中国传统建筑特色相结合的精心之作。1989 年设计的法国巴黎的卢浮宫扩建工程，其入口为一座玻璃金字塔，高 21m，底宽 30m，耸立在庭院中央。它的 4 个侧面由 673 块菱形玻璃拼组而

成。行家们认为，这座玻璃金字塔不仅是体现现代艺术风格的佳作，也是运用现代科学技术的独特尝试。1990 年设计香港中国银行大厦，总建筑面积 12.9 万 m²，地上 70 层，楼高 315m，加顶上两杆的高度共有 367.4m，是当时香港地区最高的建筑物，亦是美国以外最高的摩天大厦。

从以上几种倾向的论述可以看出，"多元论"或"有机"的倾向主要是一种设计方法而不是一种格式，其基本精神是建筑可以有多种目的和多种方法而不是一种目的或一种方法，设计人不是预先把自己的思想固定在某些原则或某种格式上，而是根据对任务与环境的理解来产生能适用多种要求而又内在统一的建筑。建筑是复杂的，不同的人对待建筑有不同的要求，而且由于生活质量的提高，人们对建筑的要求也越来越高，所以各种倾向都有它产生的原因，它不是一个固定的形式，而是一种思想转化为实质的产物。

20.3　现代主义之后的建筑思潮

第二次世界大战结束后，现代主义建筑成为世界许多地区占主导地位的建筑潮流。但是从 20 世纪 60 年代开始，现代主义的设计思想、原则和方法开始受到了质疑和批评，它被指责割断历史，忽视人的感情需要，忽视新建筑与原有环境文脉的配合，冷酷无情、千篇一律。1970 年代开始对现代主义、国际主义风格进行大调整。"后现代主义"潮流因而兴起，到 1990 年代初开始衰退。在这一时期发展起来的其他建筑流派，比如"高技派""解构主义"等仅在很有限的范围维持发展，或者向现代主义改良。而现代主义的合理内涵被重新认识，出现了重新肯定和发展现代主义建筑的大趋势。到了 21 世纪，世界建筑无论从规模上、数量上都有大幅度的增加，建筑进入新的发展阶段。经济发展全球化、技术的发展、设计思想的迅速交流，世界建筑在全球化背景下越来越趋同化，但对于建筑形式、结构的探索和试验依然存在，如新现代主义、可持续性的生态建筑以及"地标建筑"现象等，使建筑呈现出多元面貌。

20.3.1　后现代主义

随着对现代主义的批判，1961 年，纽约大都会博物馆举办了题为"现代建筑：死亡与变质"的讨论会；同年，作家詹·雅可布斯发表《美国大城市的死与生》，猛烈抨击美国的现代主义建筑与城市建设。这时期，部分建筑师和理论家以一系列批判现代建筑派的理论与实践而推动形成一种新的建筑思潮，被称为后现代主义。后现代主义在 1970 年代成为流行风格，一直延续到 1990 年代前期，出现了"后现代主义"总体衰退的趋向，到 21 世纪，其影响力基本消失殆尽。但是后现代主义建筑的某些手法仍然被使用，如利用历史符号、丰富的色彩等装饰细节丰富现代建筑的形式。

知识链接

1972 年 7 月 15 日，在美国密苏里州圣路易斯市，由美籍日裔建筑师山崎实设计的 Pruitt-Igoe 住宅区的 3 栋典型的现代主义设计风格的大楼应民众要求被当局炸毁。英国后现代主义理论家查尔斯·詹克斯在 1977 年发表的论文《后现代建筑语言》中称其为"现代建筑死亡的日期"。

后现代主义建筑主要表现在对现代主义建筑的批判与否定，但对于后现代建筑的主要特征，在建筑理论界并没有一致的看法和理解。

美国建筑师罗伯特·文丘里于 1966 年出版的《建筑的复杂性与矛盾性》一书被认为比较完整地提出了后现代主义建筑的指导思想。书中的主要观点包含建筑本身的复杂性与矛盾性，以及彼此兼顾、兼容并蓄、矛盾共处；建筑的含义由于破坏法式而增强；重新肯定建筑传统的价值，以非传统的方式组织传统部件；以非标准的方式运用标准化；重视建筑内外的差别等。文丘里说："建筑师再也不能被正统的现代建筑的那种清教徒式的语言吓唬住了。"他写道："我赞成混杂的因素，而不赞成纯粹的；赞成折中的，而不赞成洁净的；赞成牵强附会的，而不赞成直截了当的；赞成含混暧昧的，而不赞成直接的和明确的；我宁要世代相传的东西，也不要'经过设计'的；我主张随和包容，不要排他性；宁肯丰盛过度，也不要简单化，发育不全；宁要自相矛盾模棱两可，也不要率直和一目了然；我赞赏凌乱的活力甚于明确统一。我容许违反前提的推理，并赞成二元论。"他还写道："我喜欢'彼此兼顾'，不赞成'非此即彼'；我喜欢有黑白，有时呈灰色的东西，不喜欢全黑或全白。"

文丘里还针对密斯的名言"少即是多"提出了相反的观点，即"少即枯燥"，主张建筑要有装饰，有了装饰，建筑才有个性，才不同于构筑物。文丘里认为，应该打破常规，并提出了在建筑中可以运用的一些新手法，如不协调的韵律和方向；不同比例和不同尺度的东西"毗邻"；对立和不能相容的建筑元件的堆砌和重叠；采用片断、断裂和折射的方式；室内和室外脱开；不分主次的"二元并列"和矛盾共处。

 特别提示

《建筑的复杂性与矛盾性》一书被认为是 20 世纪最重要的建筑理论书籍之一。

美国建筑师斯特恩则提出，后现代主义建筑有 3 个特征：采用装饰；具有象征性或隐喻性；与现有环境融合。1977 年，美国建筑评论家詹克斯在他的《后现代建筑语言》一书中，对后现代主义的理论也进行了系统的阐述，他列举了后现代主义建筑的 6 种类型：历史主义、直接的复古主义、新地主主义、文脉主义、隐喻和玄想、后现代式空间(夸张、荒诞、非理性)。

到了 20 世纪 80 年代，后现代主义的作品在西方建筑界引起广泛关注。1959 年，文丘里为其母亲设计的栗子山住宅(图 20.19)成为后现代建筑的经典作品。住宅采用坡顶，它是传统概念可以遮风挡雨的符号。主立面总体上是对称的，细部处理则是不对称的，窗孔的大小和位置根据内部功能的需要而确定。山墙的正中央留有阴影缺口，似乎将建筑分为两半，而入口门洞上方又装饰弧线似乎有意将左右两部分连为整体，成为互相矛盾的处理手法。平面结构是简单的对称，功能布局在中轴线两侧则是不对称的，中央是开敞的起居厅，左边是卧室和卫浴，右边是餐厅，厨房和后院，反映出古典对称布局与现代生活的矛盾。母亲住宅建成后在国际建筑界引起极大关注，山墙中央裂开的构图处理被称作"破山花"，这种处理一度成为"后现代建筑"的符号。

图 20.19 栗子山住宅(母亲住宅)

　　奥地利建筑师汉斯·霍莱因设计的奥地利维也纳旅行社营业厅(图 20.20)的室内也是对后现代理论最直观的阐释。霍莱因将出自不同背景与文脉的元素，如金属的棕榈树，使用印度母题的金属亭子，长出不锈钢柱子的古希腊柱式残迹，具有金字塔影像的墙面等毗邻、重叠在同一空间里，各种似乎毫无联系的东西相互碰撞、相互冲突，构成了关系含混、复杂的空间集群，使人产生诸多联想。

　　查尔斯·摩尔设计的新奥尔良"意大利广场"(彩图 38)也是后现代理论的代表作之一，广场是本市意大利裔居民的活动休息场所，广场中心部分开敞，一侧有祭台，祭台带有拱券，下部台阶呈不规则形，前面有一片浅水池，池中是石块组成的意大利地图模型，广场铺地以地图模型中的西西里岛为中心，组成一圈圈的同心圆。祭台两侧有数条单片弧形"柱廊"，前后错落、高低不等，好像舞台的布景。这些"柱廊"的柱子分别采用不同的罗马柱式，但有的柱子漆上鲜亮的颜色，有些柱子或柱头是用闪亮的不锈钢包起来的，有的柱头下装有霓虹灯管，额枋底下有时有水流喷射而出。整个广场仿佛一个五光十色的生活舞台，意大利文化传统在这里表现得既古老又新颖、既传统又前卫、既高雅又通俗、既认真又玩世不恭。

　　约翰逊设计的纽约美国电话电报公司大楼则是后现代主义的里程碑建筑，这幢大楼与以往的玻璃摩天楼完全不同，外墙大面积覆盖花岗岩，立面按古典方式分成 3 段，顶部是一个开有圆形缺口的巴洛克式大山花，如图 20.21 所示。

图 20.20 维也纳旅行社营业厅一角

图 20.21 美国电话电报公司大楼

　　从众多后现代主义建筑的创作实践中，可以看出后现代主义的一些基本的共同特征。

（1）历史主义倾向。后现代主义建筑师喜欢使用古典元素，但与 20 世纪前的复古主义完全不同，他们常常戏谑地使用古典元素，使其走向通俗化、大众化，即"以非传统的方式应用传统"。

（2）隐喻主义倾向。后现代主义建筑师常以各种符号的广泛运用和装饰手段来强调建筑形式的含义及象征作用。

（3）装饰倾向。他们主张建筑要装饰，而且装饰意识和手法有了新的拓展，花样翻新，大胆别致。

（4）文脉主义倾向。他们从地区的文化传统出发，对特定的环境予以尊重与照应，注重创造新环境的归属感。

特别提示

"后现代"并不是建筑界专有的名词，在建筑界运用之前，它已经涉及和应用于文学、艺术、电影等方面，有时还会涉及哲学、政治和社会状况等。

20.3.2 解构主义

解构主义是 20 世纪 60 年代，法国哲学家雅克·德里达基于对语言学中的结构主义的批判而提出的哲学观念。解构主义作为一种设计风格的探索兴起于 20 世纪 80 年代。1988 年 3 月，在英国伦敦的泰特美术馆举行了解构主义学术研讨会；同年 6 月，美国现代艺术博物馆举办了解构主义七人(盖里、库哈斯、哈迪德、李伯斯金、蓝天社、屈米、埃森曼)作品展，引起广泛关注。

解构主义是对现代主义的批判地继承，它仍然运用现代主义的语汇，却颠倒、重构各种既有语汇之间的关系，从逻辑上否定传统的基本设计原则，由此产生新的意义。解构主义用分解的观念，强调打碎、叠加、重组，反对总体统一而创造出支离破碎和不确定感。解构主义建筑的精神实质是无绝对权威、非中心的、恒变的，没有预定的设计，即多元的、非同一化的、破碎的、凌乱的、模糊的。

解构主义建筑的特征表现为：散乱，呈打散、分离形态；残缺，构件不完整，留有悬念，以利想象来补充；突变，构件之间联结很突然，没有过渡，生硬；动势，用倾倒、扭转、弯曲、波浪形等富有动态的体型，造成失稳、失重、滑动、滚动、错移、翻倾、坠落等错觉；奇绝，大有"形不惊人死不休"之感，叫人叹为观止。

解构主义的代表性作品有伯纳德·屈米设计的巴黎拉维莱特公园，德国建筑师贝尼希设计的德国斯图加特大学太阳能研究所，弗兰克·盖里设计的西班牙毕尔巴鄂古根海姆博物馆、美国洛杉矶的迪士尼音乐厅、雷姆·库哈斯设计的西雅图中央图书馆等。

巴黎拉维莱特公园用点、线、面 3 种要素叠加，相互之间毫无联系，各自单独成系统。其中的点为 26 个红色的点景物；线要素有长廊、林荫道和一条贯穿全园的弯弯曲曲的小径；面要素即 10 个主题园。

德国斯图加特大学太阳能研究所，看起来像一堆建筑构件的胡乱堆积、拼接，然而在杂乱中又能感受到一种潜在的秩序，一种洒脱的美，如图 20.22 所示。

毕尔巴鄂古根海姆博物馆由一群外覆钛合金板的不规则双曲面体量组

合而成，在邻水的北侧，以较长的横向波动的 3 层展厅来呼应河水的水平流动感及较大的尺度关系，如图 20.23 所示。博物馆以奇美的造型、特异的结构和崭新的材料博得举世瞩目，被媒体界惊呼为"一个奇迹"，称它是"世界上最有意义、最美丽的博物馆"。

图 20.22　德国斯图加特大学太阳能研究所　　　　　图 20.23　毕尔巴鄂占根海姆博物馆

20.3.3　多元化的当代建筑

1. 新现代风格

"新现代"是对比后现代主义出现以前的现代主义风格而言的。新现代风格是当今建筑的主流，所使用的基本元素、手法、语汇，都和传统的现代主义、国际主义风格非常接近。泛意的新现代建筑都是采用突出功能性的空间布局、现代框架结构、建筑本身不装饰或克制使用少量的装饰点缀，广泛应用于住宅建筑、公共建筑上。

理查德·迈耶是新现代主义的重要代表人物，其作品采用现代主义的语汇和方法，突出功能和理性的特点，传达了新现代主义的原则和立场。代表作品有纽约布鲁克林的展望公园项目、意大利罗马阿拉帕西斯博物馆、洛杉矶保罗·盖蒂中心等，保罗·盖蒂中心（图20.24）是一组包括艺术博物馆、文物和考古研究中心、图书馆等的庞大建筑群，全部建筑保持无装饰和功能主义，主要墙面材料为白色大理石以及白色混凝土，通过建筑布局和表面独特的细节处理，整个建筑空间层次分明，现代感强烈，显得非常生动。

 特别提示

当代的新现代建筑和传统的现代主义建筑最大的差异，表现在与城市的关系、对公众互动的态度、和对空间的使用上。

图 20.24　洛杉矶保罗·盖蒂中心

图 20.25　伦敦"海德公园一号"

2. 高技派的新趋向

进入 21 世纪之后，高科技派出现了和新现代主义结合的趋向，如高技派的代表人物理查德.罗杰斯(Richard Rogers，法国蓬皮杜文化中心设计者)和诺曼.福斯特(NormanFoster 香港汇丰银行大楼设计者)，二者的建筑都有了变化，转向了带有高科技色彩的现代主义建筑。如罗杰斯设计的伦敦麦基中心、伦敦希斯罗机场 5 号航站楼、伦敦"海德公园一号"(图 20.25)等，这些作品仍有高技派痕迹，但高科技形式减少，更加内敛精致，不再张扬、炫目。福斯特在技术表现上收敛了很多，趋向棱角鲜明、形式简单的现代主义风格，更多注重建筑本身的空间感和完善的功能，代表作品有悉尼的德意志银行大楼、纽约的赫斯特大厦、利雅得阿里·法沙利亚商业大楼等。

3. 现代地方主义

现代地方主义在现代建筑的基础上，吸收某些国家、地区建筑民族的、地域的传统风格特点，在现代建筑中体现出特定的地方风格。现代地域风格在功能上、结构技术上遵循现代建筑的规则，仅在形式上如建筑立面、空间布置、装饰细节等方面采用了民族传统特点。对地域建筑和现代建筑结合的探索始终是一个重要的探索和创作方向，在亚洲国家的当代建筑中时有所见。

现代地方风格的表现形式有：复兴传统建筑，仅对传统和地域建筑作简化处理，突出其形式上的特征，如印度泰姬玛哈酒店；运用传统和地域建筑的典型符号，重新探索传统建筑的形式，如泰国的曼谷半岛酒店(图 20.26)等；将传统建筑形式扩展运用到新型建筑类型或赋予建筑新的功能和内容，如印度尼西亚巴厘岛的丽晶旅馆等；以近似后现代的某些手法，重新诠释传统建筑，来强调建筑的文脉感，如印度尼西亚巴厘岛的瑟莱旅馆等。

图 20.26　曼谷半岛酒店

4. 可持续性建筑

"可持续建筑"出现在 20 世纪下半叶，早期被称为"环境派"，其提倡建筑与环境保护结合起来。进入 21 世纪，"绿色建筑"一词被普遍使用，进而从建筑的永续发展角度而称为"可持续建筑"。

国际上绿色建筑的设计要求主要表现在三个方面：保护环境，降低对周边环境的影响，减少污染排放；降低能耗，高效能的使用能源、水资源以及其他资源；保护使用者的健康和安全，提高使用效率。比较有代表性的"绿色建筑"有美国纽约的美国银行塔楼、印度高知县的阿巴德.纽克留斯食品商场等。

绿色建筑构成了新的"可持续社区"，这是各个国家、地区都在努力探索和建造的新型社区。可持续性建筑与社区将对全球化的世界城市、乡村面貌的发展和改变做出重要的影响。

可持续性建筑虽然越来越得到重视，但是在严格的建筑学意义上，并没有成为一个独立的学科，而被认为是建筑工程方面的技术领域活动。

 **知识链接**

地标建筑和明星建筑师现象

地标性建筑物是 21 世纪建筑史上最引人瞩目的现象。地标性建筑背后都有强烈的商业动机或者政绩动机，打造"地标建筑往往需要"明星建筑师"。"明星建筑师"则是在大众文化、媒体炒作和开发商推波助澜下产生的，如弗兰克·盖里、扎哈·哈迪德、雷姆·库哈斯、诺曼·福斯特等。所以地标性建筑物一般都强调设计师的个人设计意识，具有炫耀、夸张、虚张声势的表面形态，尤以解构主义、高科技派或有机现代形式较多，但和周边建筑、和城市文脉明显缺乏关联性。

拓展讨论

党的二十大报告提出，以海纳百川的宽阔胸襟借鉴吸收人类一切优秀文明成果，增强文化

自信，发展面向现代化、面向世界、面向未来的，民族的科学的大众的社会主义文化。面对纷乱的外国建筑思潮，我们应该如何对待?建筑的多元化发展带给我们怎样的思考和启示?

本 讲 小 结

　　本讲概述了第二次世界大战后各国的建筑活动、高层建筑和大跨度建筑的发展状况、建筑工业化的发展状况；详细分析了现代建筑思潮所形成的多种设计倾向的影响和代表人物与代表作品，阐述了现代主义之后的后现代主义、解构主义等设计思潮的相关理论、特点及代表作品。

思 考 题

1. 简述大跨度建筑的主要结构体系。
2. 简述第二次世界大战后建筑设计的多种主义倾向。
3. 简述高技派的特点、代表人物及作品。
4. 简述后现代主义建筑的主要特点。

参 考 文 献

[1] 潘谷西. 中国建筑史[M]. 7 版. 北京：中国建筑工业出版社，2015.

[2] 刘敦桢. 中国古代建筑史[M]. 2 版. 北京：中国建筑工业出版社，2004.

[3] 梁思成. 中国建筑史[M]. 天津：百花文艺出版社，2005.

[4] 梁思成. 拙匠随笔[M]. 天津：百花文艺出版社，2004.

[5] 田学哲，等. 建筑初步[M]. 3 版. 北京：中国建筑工业出版社，2010.

[6] 唐学山，李雄，曹礼昆. 园林设计[M]. 北京：中国林业出版社，1997.

[7] 楼庆西. 中国园林[M]. 北京：五洲传播出版社，2003.

[8] 周维权. 中国古典园林史[M]. 3 版. 北京：清华大学出版社，2011.

[9] 徐建融. 中国园林史话[M]. 上海：上海书画出版社，2002.

[10] 刘敦桢. 苏州古典园林[M]. 北京：中国建筑工业出版社，2005.

[11] 董鉴泓. 中国城市建筑史[M]. 3 版. 北京：中国建筑工业出版社，2008.

[12] 侯幼彬，李婉贞. 中国古代建筑历史图说[M]. 北京：中国建筑工业出版社，2002.

[13] 刘叙杰. 中国古代建筑史·原始社会夏商周秦汉建筑(第一卷)[M]. 2 版. 北京：中国建筑工业出版社，2009.

[14] 傅熹年. 中国古代建筑史·三国两晋南北朝隋唐五代建筑(第二卷)[M]. 2 版. 北京：中国建筑工业出版社，2009.

[15] 郭黛姮. 中国古代建筑史·宋辽金西夏建筑(第三卷)[M]. 2 版. 北京：中国建筑工业出版社，2009.

[16] 孙大章. 中国古代建筑史·清代建筑(第五卷)[M]. 2 版. 北京：中国建筑工业出版社，2009.

[17] 张家泰. 济渎北海庙图志碑与济渎庙宋代建筑研究. 中国营造学研究(第 1 辑)[M]. 开封：河南大学出版社，2005.

[18] 刘春迎. 北宋东京城研究[M]. 北京：科学出版社，2004.

[19] 张驭寰. 仿古建筑设计实例[M]. 北京：机械工业出版社，2009.

[20] 王其亨. 古建筑测绘[M]. 北京：中国建筑工业出版社，2006.

[21] 甘肃省文物考古研究所. 秦安大地湾：新石器时代遗址发掘报告(上卷)[M]. 北京：文物出版社，2006.

[22] 陈志华. 外国建筑史[M]. 4 版. 北京：中国建筑工业出版社，2010.

[23] 陈志华. 外国古建筑二十讲[M]. 北京：生活·读书·新知三联书店，2002.

[24] 罗小未. 外国近现代建筑史[M]. 2 版. 北京：中国建筑工业出版社，2004.

[25] 刘先觉. 密斯·凡·德·罗[M]. 北京：中国建筑工业出版社，1992.

[26] 吴焕加. 外国现代建筑二十讲[M]. 北京：生活·读书·新知三联书店，2007.

[27] 《大师》编辑部. 沃尔特·格罗皮乌斯[M]. 武汉：华中科技大学出版社，2007.

[28] 《大师》编辑部. 勒·柯布西耶[M]. 武汉：华中科技大学出版社，2007.

[29] 《大师》编辑部. 密斯·凡·德·罗[M]. 武汉：华中科技大学出版社，2007.

[30] 《大师》编辑部. 赖特[M]. 武汉：华中科技大学出版社，2007.

[31] 樊文龙. 世界美术全集·建筑卷[M]. 北京：光明日报出版社，2003.

[32] 刘先觉. 中国近现代建筑与城市[M]. 武汉：华中科技大学出版社，2018.

[33] 邹德侬. 中国现代建筑二十讲[M]. 北京：商务印书馆，2015.

[34] 邹德侬，张向炜，戴路. 中国现代建筑 2 版[M]. 北京：中国建筑工业出版社，2019.

[35] 王受之. 世界现代建筑史 2 版[M]. 北京：中国建筑工业出版社，2012.

[36] 《建筑评论》编辑部. 中国现代历程（1978-2018）[M]. 天津：天津大学出版社，2019.

[37] 郝曙光. 当代中国建筑思潮研究[D]. 南京：东南大学，2006.

本书课程思政元素

本书课程思政元素从"格物、致知、诚意、正心、修身、齐家、治国、平天下"中国传统文化角度着眼，再结合社会主义核心价值观"富强、民主、文明、和谐、自由、平等、公正、法治、爱国、敬业、诚信、友善"，设计出课程思政的主题。然后紧紧围绕"价值塑造、能力培养、知识传授"三位一体的课程建设目标，在课程内容中寻找相关的落脚点，通过案例、知识点等教学素材的设计运用，以润物细无声的方式将正确的价值追求有效地传递给读者。

本书的课程思政元素设计以"习近平新时代中国特色社会主义思想"为指导，运用可以培养大学生理想信念、价值取向、政治信仰、社会责任的题材与内容，全面提高大学生缘事析理、明辨是非的能力，把学生培养成为德才兼备、全面发展的人才。

每个思政元素的教学活动过程都包括内容导引、展开研讨、总结分析等环节。在课程思政教学过程，老师和学生共同参与其中，在课堂教学中教师可结合下表中的内容导引，针对相关的知识点或案例，引导学生进行思考或展开研讨。

页码	内容导引	展开研讨(思政内涵)	思政落脚点
2	引例	【讨论】中国古建筑为什么能屹立世界建筑之林？	文化自信 民族自豪感
3	斗拱	分组用斗拱配件模型组装出一组斗拱。	科学精神 创新精神 工匠精神
8	屋顶及屋顶曲线	1.中国古建筑的第五个立面指的是什么？为什么说第五个立面是古建筑最富有艺术魅力的组成部分？ 2.王安石的"飞檐出风雨，洒翰落虹蜺"描述的是什么景象？	文化自信 民族自豪感
11	图1.13 古建筑装饰细部	你是否有参观古建筑的经历？古建筑上的哪些细部装饰给你留下了深刻的印象？你的第一感受是什么？	工匠精神 民族瑰宝 文化传承
28	鲁班	1.你知道成语"班门弄斧"的故事吗？ 2.鲁班为什么会被尊为建筑工匠的祖师？	专业能力 创新精神 工匠精神
30	长城	1.不到长城非好汉，你到过长城吗？长城为什么被誉为人类建筑史上的奇迹？ 2.长城在你心中代表着什么？	爱祖国 民族精神 民族自豪感
33	河北赵县安济桥	1.你知道赵州桥的故事吗？安济桥作为世界上最早的敞肩拱桥，屹立千年不倒，给你的感受是什么？ 2.你了解我国当前在桥梁建设方面的成就吗？	工匠精神 职业自豪感 民族瑰宝 民族自豪感
35	唐代建筑	1.为什么唐代建筑会形成规模宏大、规划严整、气魄雄伟、舒朗稳重的风格？ 2.唐代建筑对日本、朝鲜及一些东南亚国家建筑及文化的影响说明了什么问题？	大国风范 文化自信 民族自豪感 世界文化

续表

页码	内容导引	展开研讨(思政内涵)	思政落脚点
47	隋唐长安城	【讨论】隋唐长安城的规划建设对日本古都平城京和平安京的规划营建产生的影响。	文化自信 民族自豪感 世界文化
61	故宫的建筑成就	你参观过故宫吗？谈谈你对故宫的印象和感受。	工匠精神 职业自豪感 民族瑰宝
71	祈年殿	精美绝伦的祈年殿给你的感受是什么？你知道祈年殿隐含了哪些秘密吗？	民族瑰宝 传统文化 工匠精神
82	特别提示：中国住宅建筑历史悠久，特点鲜明	1.谈谈你了解的不同地区的民居特色。 2.为什么中国古代住宅的地域文化特征更为突出？	爱家乡 和谐友善 文化传承
95	拙政园	【讨论】以拙政园为代表的中国古典园林表现出中国古人怎样的自然观。	和谐 绿色发展 传统文化
117	山西应县佛宫寺释迦塔	应县木塔为什么能历经千年屹立不倒？	专业能力 民族瑰宝 民族自豪感
144	中国传统复兴建筑	为什么这个时期会出现中国传统复兴建筑活动？	爱祖国 专业与国家 文化传承
148	开放时期的作品与潮流	中国当前建筑活动繁荣，在桥梁、高铁等方面也成绩斐然。你有哪些印象深刻的现代建筑和大家分享？	责任与使命 职业精神 创新意识 文化传承
192	文艺复兴建筑的巅峰	1.圣彼得大教堂的复杂建造经历反映了什么问题？ 2.你认为文艺复兴运动的本质是什么？	辩证思想 创新精神
219	新材料、新技术的应用	【讨论】工业革命对西方生产技术和社会关系变革带来什么影响？	辩证思想 科技发展 创新精神
243	【特别提示】包豪斯	为什么包豪斯会对世界设计领域产生深远的影响？	他山之石 创新意识 团队合作
278	二战后建筑设计的主要思潮	【讨论】二战后建筑设计呈现多元化发展带给你怎样的思考和启示？	专业能力 创新意识 他山之石 洋为中用

注：教师版课程思政设计内容可联系出版社索取。